EUL VERLAG

Dr. Sylvia Heller

Die Bilanzierung von Versicherungsverträgen nach IFRS

Eine ökonomische Analyse

EUL VERLAG

Bibliographische Information der Deutschen Bibliothek

Die Deutsche Bibliothek verzeichnet diese Publikation in der Deutschen Nationalbibliothek; detaillierte bibliographische Daten sind im Internet über <http://dnb.ddb.de> abrufbar.

Dissertation, Ruhr-Universität Bochum, 2009

ISBN 978-3-89936-795-9
1. Auflage April 2009

JOSEF EUL VERLAG GmbH
Brandsberg 6
D-53797 Lohmar
Tel.: +49 (0) 22 05 / 90 10 6-6
Fax: +49 (0) 22 05 / 90 10 6-88
http://www.eul-verlag.de
info@eul-verlag.de

Bei der Herstellung unserer Bücher möchten wir die Umwelt schonen. Dieses Buch ist daher auf säurefreiem, 100% chlorfrei gebleichtem, alterungsbeständigem Papier nach DIN 6738 gedruckt.

Vorwort

Die vorliegende Arbeit wurde im Februar 2009 von der Fakultät für Wirtschaftswissenschaft der Ruhr-Universität Bochum als Dissertation angenommen. Sie ist vornehmlich in den letzten drei Jahren neben meiner beruflichen Tätigkeit als Wirtschaftsprüferin entstanden. Dies wäre nicht ohne die Unterstützung vieler zu erreichen gewesen. An dieser Stelle möchte ich ihnen hierfür danken.

In erster Linie danke ich meinem akademischen Lehrer und Doktorvater Herrn Prof. Dr. Hannes Streim herzlich für die wissenschaftliche Betreuung und seine Bereitschaft, mich als externe Doktorandin anzunehmen. Er war es, der mich dazu gebracht hat, das Promotionsvorhaben überhaupt erst in Angriff zu nehmen. Seine Lehre hat diese Arbeit stark beeinflusst. Während der Entstehung der Arbeit hat er mir stets mit Rat und wertvollen Anregungen zur Seite gestanden. Herrn Prof. Dr. Bernhard Pellens danke ich für die freundliche Übernahme des Zweitgutachtens.

Meinem Bruder Frank danke ich für die umfangreiche technische Hilfe, ohne die ich wahrscheinlich an der EDV verzweifelt wäre. Bedanken möchte ich mich besonders bei meinem Freund Christoph, der mir während der Entstehung der Arbeit Rückhalt gegeben hat, so manches Tief mit mir durchgestanden hat und immer für mich da war.

Der größte Dank jedoch gilt meinen Eltern, die mich auf meinem gesamten Lebensweg stets begleitet, mich gefördert und mir meine Ausbildung ermöglicht haben. Sie sind es, die mich menschlich geprägt haben. Ihnen sei diese Arbeit gewidmet.

Erkrath, im März 2009 Sylvia Heller

Inhaltsverzeichnis

Abbildungsverzeichnis

Tabellenverzeichnis

Abkürzungsverzeichnis

AASB	Australian Accounting Standards Board
ABl.	Amtsblatt
Abs.	Absatz
abzgl.	abzüglich
A.d.V.	Anmerkung der Verfasserin
a.F.	alte Fassung
AG	Aktiengesellschaft
a.G.	auf Gegenseitigkeit
AGB	Allgemeine Geschäftsbedingungen
AktG	Aktiengesetz
Anh.	Anhang
App.	Appendix
Art.	Artikel
AVB	Allgemeine Versicherungsbedingungen
BaFin	Bundesanstalt für Finanzdienstleistungsaufsicht
BC	Basis for Conclusions
Bd.	Band
BerVersV	Versicherungsberichterstattungs-Verordnung
BGB	Bürgerliches Gesetzbuch
BGBl.	Bundesgesetzblatt
BilMoG	Bilanzrechtsmodernisierungsgesetz
Bsp.	Beispiel
bspw.	beispielsweise
bzgl.	bezüglich

BVZL	Bundesverband Vermögensanlagen im Zweitmarkt Lebensversicherungen e.V.
bzw.	beziehungsweise
CAPM	Capital Asset Pricing Model
CTE	Conditional Tail Expectation
Diss.	Dissertation
d.h.	das heißt
DP	Discussion Paper
DSOP	Draft Statement of Principles
ED	Exposure Draft
EG	Europäische Gemeinschaft
EGHGB	Einführungsgesetz zum Handelsgesetzbuch
einschl.	einschließlich
et al.	et alii
etc.	et cetera
EU	Europäische Union
EUR	Euro
e.V.	eingetragener Verein
EWR	Europäischer Wirtschaftsraum
f.	und folgende Seite
F	Framework
FAS	Financial Accounting Standards
FASB	Financial Accounting Standards Board
FeuerschStG	Feuerschutzsteuergesetz
ff.	und folgende Seiten
FinDAG	Finanzdienstleistungsaufsichtsgesetz
Fn.	Fußnote
GE	Geldeinheit(en)
gem.	gemäß
ggf.	gegebenenfalls
GmbH	Gesellschaft mit beschränkter Haftung
Habil.-Schr.	Habilitationsschrift

HGB	Handelsgesetzbuch
HGB-RefE	Handelsgesetzbuch in der Fassung des Referentenentwurfes
h.M.	herrschende Meinung
Hrsg.	Herausgeber
Hs.	Halbsatz
i.A.	im Allgemeinen
IAS	International Accounting Standards
IASB	International Accounting Standards Board
IASC	International Accounting Standards Committee
i.d.F.	in der Fassung
i.d.R.	in der Regel
i.e.S.	im engeren Sinne
IFRS	International Financial Reporting Standards
IG	Implementation Guidance
inkl.	inklusive
i.S.d.	im Sinne der/des
i.S.v.	im Sinne von
i.V.m.	in Verbindung mit
i.w.S.	im weiteren Sinne
Jg.	Jahrgang
k.A.	keine Angabe
Kap.	Kapitel
KapAEG	Kapitalaufnahmeerleichterungsgesetz
KapCoRiLiG	Kapitalgesellschaften- und Co-Richtlinie-Gesetz
Kfz	Kraftfahrzeug
LuftverkehrsG	Luftverkehrsgesetz
m.E.	meines Erachtens
MindZV	Mindestzuführungsverordnung
Mio.	Millionen
Mrd.	Milliarden
m.w.N.	mit weiteren Nachweisen

No.	Number
Nr.	Nummer
OHG	Offene Handelsgesellschaft
PflVG	Pflichtversicherungsgesetz
RechVersV	Versicherungsunternehmens-Rechnungslegungs-verordnung
RGBl.	Reichsgesetzblatt
Rz.	Randziffer
S.	Seite (bei Paragrafenangaben von Gesetzen: Satz)
SE	Societas Europea (Europäische Gesellschaft)
SFAC	Statement of Financial Accounting Concepts
SichKVV	Verordnung über die Übertragung von Aufgaben und Befugnissen eines Sicherungsfonds für die Krankenversicherung an die Medicator AG
SichLVV	Verordnung über die Übertragung von Aufgaben und Befugnissen eines Sicherungsfonds für die Lebensversicherung an die Protektor Lebensversicherungs-AG
sog.	sogenannt(e)
Sp.	Spalte
StBerG	Steuerberatergesetz
TailVaR	Tail Value at Risk
u.a.	und andere bzw. unter anderem
Univ.	Universität
US-GAAP	United States Generally Accepted Accounting Principles
u.U.	unter Umständen
Vgl.	Vergleiche
VAG	Versicherungsaufsichtsgesetz
VerBafin	Veröffentlichungen der Bundesanstalt für Finanzdienst-leistungsaufsicht
VersStG	Versicherungssteuergesetz
VersVermV	Versicherungsvermittlungsverordnung
VGR	Volkswirtschaftliche Gesamtrechnungen

Vol.	Volume
VU	Versicherungsunternehmen
VVaG	Versicherungsverein auf Gegenseitigkeit
VVG	Versicherungsvertragsgesetz
Wirtsch.H.	Wirtschaftshochschule
WPO	Wirtschaftsprüferordnung
z.B.	zum Beispiel
ZRQuotenV	Verordnung über die Mindestbeitragsrückerstattung in der Lebensversicherung
z.T.	zum Teil
zugl.	zugleich

1 Einleitung

Die zunehmende Internationalisierung und Globalisierung, die sich in allen wirtschaftlichen, politischen und sozialen Bereichen ihren Weg bahnen, haben auch vor der Rechnungslegung nicht Halt gemacht. Die Unternehmen haben sich über die nationalen Grenzen hinweg ausgedehnt, um sich als sog. Global Player multinational zu etablieren. Sowohl internationale Organisationen, Verträge und Entwicklungen – man denke nur an die Entwicklung in Europa bis hin zur EU und zur gemeinsamen Währung des Euros sowie an die politische Öffnung des Ostens durch den Fall des Eisernen Vorhanges – als auch die großen international verzweigten Kapitalmärkte haben diesen Schritt vereinfacht.

Der erste Schritt zur Internationalisierung der Rechnungslegung in Deutschland erfolgte 1998 mit dem Kapitalaufnahmerleichterungsgesetz (KapAEG), das den § 292a HGB[1] einführte, nach dem börsennotierte Mutterunternehmen unter bestimmten Voraussetzungen einen befreienden Konzernabschluss nach international anerkannten Grundsätzen[2] aufstellen konnten. Diese Möglichkeit erweiterte im Jahre 2000 das Kapitalgesellschaften- und Co-Richtlinie-Gesetz (KapCoRiLiG) auf Mutterunternehmen, die selbst oder über ein Tochterunternehmen einen organisierten Kapitalmarkt in Anspruch nehmen.

In 2002 verabschiedete das Europäische Parlament und der Europäische Rat die IAS-Verordnung, nach der alle kapitalmarktorientierten Unternehmen mit Sitz in der EU einen Konzernabschluss nach IAS/IFRS für am oder nach dem

[1] Dieser wurde durch das Bilanzrechtsreformgesetz vom 4. Dezember 2004 aufgehoben und war letztmalig auf das vor dem 1. Januar 2005 beginnende Geschäftsjahr anzuwenden (Art. 58 Abs. 3 S. 4 EGHGB).

[2] Hierzu zählten allgemein anerkannt die IAS/IFRS sowie die US-GAAP. Vgl. *Scheffler* Internationale Rechnungslegung S. 1285; *Graumann* verweist hierzu auf die Gesetzesbegründung. Vgl. *Graumann* Internationale Rechnungslegungsgrundsätze S. 354

1. Januar 2005 beginnende Geschäftsjahre aufzustellen haben.[3] Durch § 315a Abs. 3 HGB wurde nichtkapitalmarktorientierten Mutterunternehmen ein Wahlrecht zur Aufstellung eines Konzernabschlusses nach IAS/IFRS anstelle des HGB-Konzernabschlusses eingeräumt. Das Mitgliedstaatenwahlrecht des Art. 5 der IAS-Verordnung, nach dem auch für Einzelabschlüsse ein Wahlrecht oder eine Pflicht zur Anwendung der IAS/IFRS festgelegt werden konnte, wurde durch den deutschen Gesetzgeber nicht umgesetzt. Allerdings kann nach § 325 Abs. 2a HGB ein nach IAS/IFRS aufgestellter Einzelabschluss mit befreiender Wirkung für Zwecke der Offenlegung aufgestellt werden.

Der Referentenentwurf zum Bilanzrechtsmodernisierungsgesetz (BilMoG), veröffentlicht am 8. November 2007, sah vor, dass in § 264e HGB-RefE ein Einzelabschluss nach IAS/IFRS auch für Aufstellungszwecke befreiend wirken sollte. Im Regierungsentwurf zum BilMoG, veröffentlicht am 21. Mai 2008, wurde dieser Vorschlag jedoch wieder zurückgenommen und die bisherige Regelung beibehalten.

Insofern wird deutlich, dass nicht nur für den Konzernabschluss, sondern auch für den Einzelabschluss die Tendenz zur Internationalisierung gegeben ist.

Deutsche Versicherungskonzerne sind vielfach international tätig, zum Teil auch börsennotiert[4] und damit zur Aufstellung eines Konzernabschlusses nach IAS/IFRS verpflichtet oder nutzen bei fehlender Kapitalmarktorientierung die Befreiungsmöglichkeit nach § 315a Abs. 3 HGB.[5]

Lange Zeit bestand jedoch kein Standard im Regelset des IASBs, der das Kerngeschäft der Versicherungsunternehmen[6], die Versicherungsverträge, behandelte.

[3]Vgl. Verordnung (EG) Nr. 1606/2002 des Europäischen Parlamentes und des Rates vom 19. Juli 2002 betreffend die Anwendung internationaler Rechnungslegungsstandards (ABl. EG L 243/1 vom 11. September 2002); in diesem Zusammenhang wurde § 315a HGB eingeführt.

[4]Hier sind in 2007 bspw. zu nennen: Allianz-Konzern, Münchener-Rück-Gruppe und ERGO-Gruppe (wobei die ERGO-Gruppe wiederum mehrheitlich zur Münchener-Rück-Gruppe gehört), AMB Generali Gruppe, Hannover-Rück Gruppe und die DBV-Winterthur Holding Gruppe.

[5]So z.B. der Gothaer Konzern und die R+V Versicherungsgruppe in 2007

[6]Auch wenn der IFRS 4 nicht als Standard für Versicherungsunternehmen, sondern für alle Versicherer i.S.d. Definition des IFRS 4 Anh. A konzipiert ist, liegt der Hauptanwendungsbereich bei den Versicherungsunternehmen. Vgl. zum Anwendungsbereich des IFRS 4 Abschnitt 4.3.1 auf Seite 77

Dies wurde auch durch das IASB[7] erkannt[8], sodass zur erstmaligen Anwendung der Vorgaben der IAS-Verordnung ab 2005 auch der IFRS 4 Gültigkeit erlangte, der jedoch lediglich rudimentäre Regelungen der Bilanzierung von Versicherungsverträgen enthält. Im Mai 2007 wurde ein Discussion Paper „Preliminary Views on Insurance Contracts" zur Bilanzierung von Versicherungsverträgen veröffentlicht, das zu einer umfassenden Regelung der Bilanzierung von Versicherungsverträgen hinführen soll.

Vor dem Hintergrund der Bedeutung der Versicherungswirtschaft – national und international – ist eine umfassende Regelung dringend erforderlich.

Ziel dieser Arbeit ist, die vom IASB aufgestellten bzw. geplanten Regelungen zur Bilanzierung von Versicherungsverträgen in IFRS 4 sowie dem Discussion Paper „Preliminary Views on Insurance Contracts" auf ihre Zweckmäßigkeit hin zu untersuchen. Dazu ist die Arbeit wie folgt aufgebaut:

Kapitel 2 behandelt die Grundlagen der Versicherungswirtschaft. Es wird dargestellt, was die Versicherung ausmacht, welche gesetzlichen Grundlagen in Deutschland in Bezug auf die Versicherung bestehen, wie ein Versicherungsunternehmen definiert werden kann und welche Formen es gibt. Auf die wirtschaftliche Bedeutung der Versicherungswirtschaft sowie auf den Versicherungsvertrag wird eingegangen.

In **Kapitel 3** wird der Zweck sowie die Zielsetzung der Rechnungslegung erörtert. Zunächst erfolgt eine Darstellung der theoretischen Begründung der Rechnungslegung als Instrument zum Zwecke des Kapitalgeberschutzes. Anschließend wird auf das Konzept der IAS/IFRS mit den verfolgten Zwecken, seinen qualitativen Anforderungen, Bestandteilen des Abschlusses sowie den Ansatz- und Bewertungskonzeptionen eingegangen.

Kapitel 4 umfasst die Darstellung der Regelungen zur Bilanzierung von Versicherungsverträgen nach IAS/IFRS. Nach der bisherigen Entwicklung, der Zielsetzung sowie dem Anwendungsbereich werden die Regelungen zum Ansatz von Versicherungsverträgen behandelt. Dabei liegt der Fokus auf IFRS 4, insbesondere im Hinblick auf die Definition des Versicherungsvertrages. Anschließend wird

[7]Bzw. in 1997 seine Vorgängerorganisation IASC.
[8]Vgl. IFRS 4.BC2

auf die Regelungen zur Bewertung von Versicherungsverträgen eingegangen, wobei hier der Fokus auf dem Discussion Paper liegt. Der vom IASB vorgesehene Bewertungsmaßstab sowie diverse Einzelfragen und Problematiken werden erläutert. Das Kapitel schließt mit der Darstellung der Regelungen zu Anhangangaben und zum Ausweis von Versicherungsverträgen.

In **Kapitel 5** erfolgt auf der Basis der Darstellung der Regelungen zur Bilanzierung von Versicherungsverträgen in Kapitel 4 eine Analyse anhand der in Kapitel 3 erläuterten Zwecke der Rechnungslegung nach IAS/IFRS als Analysemaßstab.[9] Dabei wird einer Dreiteilung gefolgt. Zunächst erfolgt die Analyse im Hinblick auf die Vermittlung entscheidungsnützlicher Informationen im Rahmen einer Informationsbilanz. Anschließend werden die Regelungen hinsichtlich des Zweckes der Gewinnermittlung zur Informationsvermittlung untersucht, wobei eine Unterteilung nach dem Zweck der Gewinnermittlung zur Prognose und nach der Gewinnermittlung zur Performance-Messung des Managementes erfolgt. Als Drittes schließt sich die Analyse in Bezug auf die sonstige Informationsvermittlung an. Zum Schluss wird der Frage nach einem alternativen zweckadäquateren Bewertungsmaßstab nachgegangen.

Kapitel 6 fasst die Ergebnisse der Arbeit zusammen.

[9] Obwohl, wie oben gesehen, die IAS/IFRS in Deutschland primär für den Konzernabschluss bedeutend sind, erfolgt bei der Analyse keine Unterscheidung nach Einzel- und Konzernabschluss, da die Ergebnisse der Analyse sowohl für den Einzel- als auch für den Konzernabschluss Gültigkeit besitzen.

2 Die Versicherung und ihr rechtliches und wirtschaftliches Umfeld

2.1 Das Wesen der Versicherung

2.1.1 Gefahren und ihre Bewältigung

2.1.1.1 Begriff der Gefahr bzw. des Risikos

Menschen begegnen in ihrem Leben dauernd Gefahren. Manche der Gefahren sind vorhersehbar, z.B. weil der Mensch sie bewusst eingeht oder die Gefahrenquelle selbst schafft, manche der Gefahren lassen sich im Voraus nicht prognostizieren.[1]

Das Wort „Risiko“ leitet sich von dem altitalienischen „risco“, was Klippe bedeutet, ab und deutet auf die Gefahr in der Schifffahrt hin.[2]

Als Risiko[3] wird die Möglichkeit des Eintrittes von Ereignissen verstanden, aus denen wirtschaftliche Einbußen resultieren. Die Folgen des eingetretenen Ereignisses heißen Schäden.[4]

---

[1] Im ersten Fall denke man an die Nutzung eines Kraftfahrzeuges oder die Betreibung einer gefährlichen Sportart. Im zweiten Fall sind Naturkatastrophen, eine plötzliche Krankheit oder Diebstahl zu nennen.

[2] Vgl. *Koch* Versicherungswirtschaft S. 2; insofern sollen im Folgenden die beiden Begriffe Gefahr und Risiko synonym verwendet werden.

[3] Zur Risikotheorie vgl. *Kremer* Risikotheorie, *Zweifel/Eisen* Versicherungsökonomie S. 33ff.

[4] Vgl. *Koch* Versicherungswirtschaft S. 2f.

Schäden können materieller Natur sein, wenn sie sich auf den Vermögenswert des Geschädigten auswirken und somit in Geld messbar sind. Hiervon sind immaterielle Schäden negativ abzugrenzen, z.B. seelischer Schmerz oder der Liebhaberwert.[5]

Diese negative Abgrenzung kommt auch in § 253 BGB zum Ausdruck, der begrifflich zwischen Vermögensschäden und Schäden, die nicht Vermögensschäden sind, unterscheidet.

2.1.1.2 Maßnahmen gegen Gefahr bzw. Risiko

Der Mensch ist sich bewusst, dass ihm Risiken drohen können, seien sie nun vorhersehbar oder nicht. Daher ist er bestrebt, Maßnahmen zu ergreifen, um diesen Risiken zu begegnen. Hierzu stehen jedem Einzelnen unterschiedliche Möglichkeiten zur Verfügung, wobei das gesamte Maßnahmenpaket auch als Risikomanagement[6] bezeichnet wird:

- Risikoakzeptanz
- Risikovermeidung
- Risikominderung
- Risikoüberwälzung.[7]

Im Falle der Risikoakzeptanz wird das Risiko bewusst vollständig oder teilweise in Kauf genommen, meist jedoch nur, wenn das Risiko oder der Schadenbetrag gering eingeschätzt werden.[8] Das Risiko wird selbst getragen, man spricht auch von Selbstversicherung.[9]

[5] Vgl. *Koch* Versicherungswirtschaft S. 3, *Koch* Schaden S. 730

[6] Nach § 91 Abs. 2 AktG hat der Vorstand einer Aktiengesellschaft geeignete Maßnahmen zu treffen, insbesondere ein Überwachungssystem einzurichten, damit den Fortbestand der Gesellschaft gefährdende Entwicklungen früh erkannt werden (Risikofrüherkennungssystem).

[7] Vgl. *von der Schulenburg* Versicherungsökonomik II S. 39

[8] Vgl. *von der Schulenburg* Versicherungsökonomik II S. 39

[9] Vgl. *Zweifel/Eisen* Versicherungsökonomie S. 48.; der Begriff „Selbstversicherung“ ist jedoch umstritten, siehe hierzu *Koch* Versicherungswirtschaft S. 6f.

Bei der Risikovermeidung verzichtet der Einzelne in Teilbereichen bewusst auf die risikobehaftete Tätigkeit, z.B. auf die Herstellung eines Produktes aufgrund erhöhtem Produkthaftungsrisiko.[10]

Im Rahmen der Risikominderung kann zwischen Schadenverhütungsmaßnahmen und Schadenminderungsmaßnahmen unterschieden werden. Bei der Schadenverhütung werden Maßnahmen ergriffen, um die Schadenwahrscheinlichkeit zu reduzieren (z.B. Alarmanlagen, Brandschutzvorkehrungen). Bei der Schadenminderung werden hingegen Maßnahmen ergriffen, um die Schadenhöhe zu begrenzen (z.B. Sprinkleranlagen, Notstromaggregate).[11]

Bei der Risikoüberwälzung werden die wirtschaftlichen Einbußen, die durch einen Schaden aufgrund eines Risikos entstanden sind, auf eine andere Wirtschaftseinheit übertragen, die einen Ausgleich durch Geld schafft; das schädigende Ereignis selbst wird jedoch nicht verhindert.[12] Risikoüberwälzung kann in Form der vertraglichen Vereinbarung (z.B. Begrenzung von Garantiezeiten, Haftungsausschlüsse), der Rechtsformwahl bei Unternehmen (z.B. GmbH statt OHG), der Abwälzung auf die Allgemeinheit oder auch des Abschlusses einer Versicherung betrieben werden.[13] *Müller-Lutz* spricht von einer Dreiteilung in öffentliche Hilfe, individuelle Selbsthilfe und kollektive Selbsthilfe durch Versicherung.[14]

In Abhängigkeit von der Schadenhöhe S und der Schadenwahrscheinlichkeit w lassen sich folgende Risikomanagementstrategien darstellen:[15]

[10]Vgl. *Koch* Versicherungswirtschaft S. 4, *von der Schulenburg* Versicherungsökonomik II S. 39, *Zweifel/Eisen* Versicherungsökonomie S. 47

[11]Vgl. *Koch* Versicherungswirtschaft S. 5, *von der Schulenburg* Versicherungsökonomik I S. 403, *Zweifel/Eisen* Versicherungsökonomie S. 47f.

[12]Vgl. *Koch* Versicherungswirtschaft S. 5

[13]Vgl. *von der Schulenburg* Versicherungsökonomik II S. 39f.

[14]Vgl. *Müller-Lutz* Versicherungslehre S. 413f.

[15]In Anlehnung an *von der Schulenburg* Versicherungsökonomik I S. 403

		Schadenhöhe S	
		gering	hoch
Schadenwahrscheinlichkeit w	gering	Risikoakzeptanz	Schadenminderung, Risikoüberwälzung
	hoch	Schadenverhütung	Risikovermeidung

Abbildung 2.1: Risikomanagement-Strategien

2.1.1.3 Definition „Versicherung“

Durch die Wissenschaft sind diverse Vorschläge unterbreitet worden, den Begriff „Versicherung“ im wirtschaftlichen Sinne zu definieren.[16]

Im Folgenden sollen einige Versicherungsdefinitionen vorgestellt werden: Benvenuto Straccha (1509–1578):

> „[...] Versicherung als die Übernahme der Gefahr für fremde Sachen, sei es daß sie zu Lande oder zu Wasser befördert werden, gegen einen bestimmten vereinbarten Preis.“[17]

Karl Hax (1901–1978):

> „Versicherung ist Deckung eines im einzelnen ungewissen, insgesamt aber schätzbaren Geldbedarfs auf der Grundlage eines durch Zusammenfassung einer genügend großen Anzahl von Einzelwirtschaften herbeigeführten Risikoausgleichs.“[18]

[16] Zur Kritik an häufig verwendeten Definitionen vgl. *von der Schulenburg* Versicherungsökonomik II S. 33ff.

[17] Zitiert nach: *Koch* Theorie der Versicherung A. S. 861

[18] *Hax* Grundlagen S. 22

So ähnlich formuliert auch Dieter Farny (geboren 1934):

> „Versicherung ist Deckung eines im einzelnen ungewissen, insgesamt geschätzten Mittelbedarfs auf der Grundlage des Risikoausgleichs im Kollektiv und in der Zeit."[19]

In Abgrenzung zur Wette wird Versicherung auch als Kaufvertrag über die Gefahr bezeichnet.[20]

J.-Matthias Graf von der Schulenburg formuliert eine sog. „moderne" Definition:

> „Versicherung ist die Verknüpfung eines Kapital-, Risiko- und Informationstransfers. Der Kapitaltransfer löst eine bedingte Forderung aus, die beim Versicherungsnehmer risikomindernd wirkt. Im Versicherungsvertrag verpflichtet sich der Versicherte, dem Versicherer bestimmte Informationen zu überlassen."[21]

In dieser Arbeit soll keine Wertung der unterschiedlichen Definitionen vorgenommen werden. Der Autorin geht es vornehmlich darum, dem Leser eine Vorstellung zu vermitteln, was unter „Versicherung" verstanden werden kann. Eine punktgenaue Definition ist auch nicht entscheidend für den weiteren Gang der Arbeit.

Daher sollen abschließend gewisse Merkmale aufgeführt werden, die sich mit dem Begriff „Versicherung" verbinden lassen, von den Wissenschaftlern jedoch unterschiedlich gewichtet werden:[22]

- Risikoausgleich
- Gleichartigkeit
- Entgeltlichkeit
- Schätzbarkeit

[19] *Farny* Theorie der Versicherung B. S. 870
[20] Vgl. *Koch* Theorie der Versicherung A. S. 861
[21] *von der Schulenburg* Versicherungsökonomik II S. 36
[22] Vgl. *von der Schulenburg* Versicherungsökonomik II S. 32

- Zufälligkeit
- Informationstransfer
- Abgrenzung gegen andere Transfers
- Wirtschaftsplanabsicherung.

Im rechtlichen Sinne ist die Versicherung ein Leistungsversprechen, falls das zwischen den Parteien vereinbarte Ereignis eintritt.[23] Der Versicherungsnehmer hat einen Rechtsanspruch auf die Versicherungsleistung.[24]

2.1.2 Versicherungstheorien

Es wurden diverse Theorien entwickelt, die sich mit der Versicherung sowie dem Angebot von und der Nachfrage nach Versicherung beschäftigen. Im Folgenden sollen lediglich zwei grundlegende Theorien, die Bedarfsdeckungstheorie sowie die Gefahrengemeinschaftstheorie, dargestellt werden.

2.1.2.1 Bedarfsdeckungstheorie

Bei der Berdarfsdeckungstheorie handelt es sich um die herrschende Theorie in der Versicherungslehre.

Danach stellt die Versicherung ein geeignetes Instrument dar, um ein eventuelles Bedürfnis nach einem Schadenereignis zu decken.[25]

Im Rahmen der Bedarfsdeckungstheorie hat die unter Abschnitt 2.1.1.3 genannte Definition von Hax Gültigkeit. Sie verkörpert drei entscheidende Merkmale:[26]

- Zusammenfassung einer genügend großen Anzahl von Einzelwirtschaften
- Deckung eines Geldbedarfes
- ungewisser, schätzbarer Bedarf.

[23] Vgl. *Koch* Versicherungswirtschaft S. 24
[24] Vgl. *Müller-Lutz* Versicherungslehre S. 418
[25] Vgl. *Farny* Theorie der Versicherung B. S. 867
[26] Vgl. *Müller-Lutz* Versicherungslehre S. 416

Der erste Punkt dient der Abgrenzung gegenüber der sog. Selbstversicherung, sodass von Versicherung nur gesprochen werden kann, wenn ein Risikoausgleich zwischen verschiedenen Wirtschaftseinheiten erfolgt.[27]

Der Bedarf nach Versicherung ergibt sich durch den Eintritt des versicherten Ereignisses und muss in Geld messbar sein. Es müssen demnach objektive Bewertungsmaßstäbe existieren.[28]

Das dritte Merkmal verdeutlicht, dass der Eintritt des Schadens in keinem Fall sicher ist, sondern ungewiss, d.h. mehr oder weniger wahrscheinlich. Die Messbarkeit ergibt sich aus der Möglichkeit, aus einer großen Anzahl von Ereignissen (Massenerscheinungen)[29] eine numerische Wahrscheinlichkeit für den Eintritt eines Schadens zu berechnen. Hieraus kann eine dem Risiko äquivalente Prämie (Äquivalenzprinzip) hergeleitet werden. Bei einmaligen oder seltenen Risiken fehlt die Grundlage für die Berechnung einer äquivalenten Prämie.[30]

2.1.2.2 Gefahrengemeinschaftstheorie

Die Gefahrengemeinschaftstheorie hat in der Praxis insofern ihren Niederschlag gefunden, als dass Versicherungsunternehmen in der Form der Genossenschaft oder eines Gegenseitigkeitsvereins auf ihr beruhen.[31] Jeder Einzelne leistet seinen Beitrag, was dem Charakter der Selbstversicherung gleichkommt. Dieser wird verbunden mit dem Charakter der gemeinsamen Gefahrtragung, in dem sich eine Mehrzahl von Wirtschaftseinheiten zusammenschließen. Dabei wird davon ausgegangen, dass alle von einem Risiko betroffen sind, der Schadenfall jedoch nur bei Einigen eintritt. Die Belastung aus den Schadenfällen verteilt sich demnach auf alle und wird somit für jeden Einzelnen tragbar. Diese Zusammenfassung von Wirt-

[27] Vgl. *Müller-Lutz* Versicherungslehre S. 416

[28] Vgl. *Koch* Versicherungswirtschaft S. 20f.

[29] Vgl. zum Gesetz der großen Zahlen die Ausführungen in *Albrecht* Gesetze der großen Zahlen, *Helten* Erfassung und Messung S. 175

[30] Vgl. *Müller-Lutz* Versicherungslehre S. 417f.; anzumerken ist hier, dass eine Versicherung auch dann zustande kommen kann, wenn das Risiko nur selten eintritt (z.B. bei Naturkatastrophen). Insofern hängt die Ermittlung von dem Verhandlungsgeschick des Versicherers und des Versicherungsnehmers ab. Es kann jedoch nicht mehr von einer dem Risiko äquivalenten Prämie ausgegangen werden.

[31] Zur geschichtlichen Entwicklung von genossenschaftlichen Zusammenschlüssen vgl. *Koch* Geschichte der Versicherung, insbesondere S. 225f.

schaftseinheiten nennt man „Gefahrengemeinschaft". Als Verfahren zur Verteilung des zum Schadenausgleich benötigten Geldbetrages kommt das Umlageverfahren in der Form der nachträglichen Umlage des tatsächlichen Bedarfes oder der Umlage des im Voraus geschätzten Bedarfes einerseits oder das Beitragsverfahren mit fester Prämie andererseits in Betracht.[32]

Bei einer kommerziellen Versicherung, wie sie heutzutage in der Form großer Versicherungs-Aktiengesellschaften oder ganzer Versicherungskonzerne auftritt, kann jedoch nicht mehr von einer Gefahrengemeinschaft gesprochen werden, da sie irgendeine persönliche Beziehung der Versicherungsnehmer untereinander voraussetzen würde. Bei kleinen Versicherungsvereinen auf Gegenseitigkeit kann dieser Gedanke der Gefahrengemeinschaft jedoch durchaus noch seine Gültigkeit besitzen.[33]

2.1.3 Systematisierung von Versicherungen

Versicherungen lassen sich zunächst grob in die Individual- und die Sozialversicherung aufteilen.

Die Sozialversicherung umfasst fünf Zweige, Träger sind Körperschaften oder Anstalten des öffentlichen Rechtes:[34]

- Rentenversicherung
- Krankenversicherung
- Unfallversicherung
- Arbeitslosenversicherung
- Pflegeversicherung.

Während das Versicherungsverhältnis bei der Individualversicherung auf der freien Willensbildung beruht, entsteht es bei der Sozialversicherung kraft Gesetz.

[32] Vgl. *Müller-Lutz* Versicherungslehre S. 414f.
[33] Vgl. *Koch* Versicherungswirtschaft S. 23
[34] Vgl. *Koch* Versicherungswirtschaft S. 14ff.

Die Beiträge der Versicherten bestimmen sich in der Sozialversicherung nach der Höhe des Einkommens, bei der Individualversicherung nach Risiko und Leistung.[35]

Die Sozialversicherung kann zusammenfassend wie folgt definiert werden:

> „Sozialversicherung ist die von der öffentlichen Gewalt organisierte Deckung eines durch die Wechselfälle des Lebens bedingten (zufälligen), im ganzen aber meßbaren Bedarfs an Geld und Naturalleistungen durch in der Regel auf gesetzlichem Zwang beruhende Zusammenfassung einer genügend großen Zahl von Einzelwirtschaften, die einen gleichzeitig ökonomisch und sozial begründeten Risikoausgleich ermöglicht."[36]

Die vorliegende Arbeit beschränkt sich auf die Individualversicherung. Die Sozialversicherung wurde der Vollständigkeit halber und zu Abgrenzungszwecken erwähnt.

Im Rahmen der Individualversicherung kann weiterhin in Erst- und Rückversicherung unterschieden werden. Als Erstversicherung bezeichnet man ein Versicherungsverhältnis zwischen Versicherer und einem Versicherungsnehmer als Endverbraucher.[37]

Innerhalb der Erstversicherung wird nach Versicherungszweigen[38] unterschieden. In einem Versicherungszweig werden Versicherungen, die weitgehend gleichartigen Risiken Versicherungsschutz gegen (i.d.R.) dieselbe Gefahr gewähren, zusammengefasst.[39]

Eine Verfeinerung der Einteilung in Versicherungszweige erfolgt durch eine weitere Untergliederung in Versicherungsarten, um Unterschieden im versicherten Objekt oder auch der versicherten Gefahr Rechnung zu tragen.[40]

[35] Vgl. *Koch* Versicherungswirtschaft S. 11, *Müller-Lutz* Versicherungslehre S. 432, *von der Schulenburg* Versicherungsökonomik II S. 81

[36] *Müller-Lutz* Versicherungslehre S. 434

[37] Vgl. *Koch* Versicherungswirtschaft S. 25

[38] Statt Versicherungszweig wird oft auch von Branche oder Versicherungssparte gesprochen. Die Termini werden weder im allgemeinen Sprachgebrauch, noch innerhalb der gesetzlichen Regelungen einheitlich verwendet. Vgl. *Koch* Versicherungszweige S. 1251

[39] Vgl. *Koch* Versicherungszweige S. 1251, *Koch* Versicherungswirtschaft S. 25f.

[40] Vgl. *Müller-Lutz* Versicherungslehre S. 437; eine Einteilung in Versicherungsarten erfolgt in der BerVersV Anlage 1 Abschnitt C.

Durch diese Zusammenfassung in Versicherungszweige und ggf. -arten wird es dem Versicherer ermöglicht, eine risikoadäquate Prämie zu berechnen.[41]

Versicherungszweige lassen sich nach verschiedenen Kriterien einteilen:[42]

- versicherter Gegenstand
- Art der Versicherungsleistung
- versicherte Gefahr.

Nach dem versicherten Gegenstand lässt sich zwischen Personen- und Güterversicherung unterscheiden. Die Güterversicherung lässt sich weiter in die Versicherung von Aktiven (Sachgüter und immaterielle Güter), die Versicherung von Passiven (Versicherung gegen die Entstehung von Schulden) sowie die Ertragsversicherung untergliedern. Beispiele für die Aktivenversicherung sind die Feuer- und die Kreditversicherung, für die Passivenversicherung die Haftpflichtversicherung und für die Ertragsversicherung die Betriebsunterbrechungsversicherung. Die Personenversicherung umfasst die Lebens-, Unfall- und Krankenversicherung.[43]

§ 1 Abs. 1 VVG a.F.[44] folgt der Gliederung nach der Art der Versicherungsleistung und unterteilt in Schadenversicherung einerseits sowie der Lebens-, der Unfall- und anderen Personenversicherungen andererseits. Bei der Schadenversicherung wird der tatsächlich angefallene Schaden ersetzt (konkrete Bedarfsdeckung). Bei der Personenversicherung wird i.d.R. ein vorher vereinbarter Betrag als Einmalzahlung oder Rente geleistet. Man spricht hier von Summenversicherung (abstrakte Bedarfsdeckung).[45]

[41] Vgl. *Koch* Versicherungswirtschaft S. 27; zur risikoadäquaten Prämie siehe auch Abschnitt 2.1.2.1 auf Seite 10

[42] Vgl. *Koch* Versicherungswirtschaft S. 28ff.

[43] Vgl. *Müller-Lutz* Versicherungslehre S. 439ff.

[44] Im VVG 2008 findet sich eine Einteilung nach der Art der Versicherungsleistung sowie Risikoarten in der Gliederung des Gesetzes, das im „Allgemeinen Teil“ die Schadensversicherung sowie bei den einzelnen Versicherungszweigen u.a. die Haftpflichtversicherung, die Transportversicherung sowie die Lebens- und Krankenversicherung regelt. Zum VVG siehe auch Abschnitt 2.5 auf Seite 29

[45] Vgl. *Koch* Versicherungswirtschaft S. 28f.; nach Koch ist diese Einteilung jedoch nicht überschneidungsfrei. Zur Einteilung in Schaden- und Summenversicherung siehe auch *von der Schulenburg* Versicherungsökonomik II S. 78f.

Die Einteilung nach der versicherten Gefahr ist das älteste Gliederungsmerkmal der Versicherungen; denn schon früher wurde in Transport-, Feuer- und Lebensversicherung unterschieden.[46]

Das Versicherungsaufsichtsgesetz (VAG) untergliedert in Teil A der Anlage die Versicherungssparten nach Risikoarten wie folgt:

1. Unfall
2. Krankheit
3. Landfahrzeug-Kasko (ohne Schienenfahrzeuge)
4. Schienenfahrzeug-Kasko
5. Luftfahrzeug-Kasko
6. See-, Binnensee- und Flußschiffahrts-Kasko
7. Transportgüter
8. Feuer und Elementarschäden
9. Hagel-, Frost- und sonstige Sachschäden
10. Haftpflicht für Landfahrzeuge mit eigenem Antrieb
11. Luftfahrzeughaftpflicht
12. See-, Binnensee- und Flußschiffahrtshaftpflicht
13. Allgemeine Haftpflicht
14. Kredit
15. Kaution
16. Verschiedene finanzielle Verluste
17. Rechtsschutz

[46] Vgl. *Koch* Versicherungszweige S. 1253

18. Beistandsleistungen zugunsten von Personen, die sich in Schwierigkeiten befinden

19. Leben

20. Heirats- und Geburtenversicherung

21. Fondsgebundene Lebensversicherung

22. Tontinengeschäfte

23. Kapitalisierungsgeschäfte

24. Geschäfte der Verwaltung von Versorgungseinrichtungen

25. Pensionsfondsgeschäfte

Manche Versicherungszweige beziehen sich auf ein einzelnes Risiko, z.B. Feuer-, Hagel- und Sturmversicherung (Grundsatz der Spezialität), während manche Versicherungssparten mehrere Risiken decken, z.B. Transportversicherung (Grundsatz der Universalität).[47]

Die Separierung in Versicherungszweige nach dem Grundsatz der Spezialität führt für den Versicherungsnehmer zu der Gefahr, dass Lücken in seinem Versicherungsschutz entstehen, wenn er nicht sämtliche Risiken, die er absichern möchte, einzeln berücksichtigt hat. Daher werden durch die Versicherer durchaus Kombinationen von Versicherungen angeboten, wie z.B. bei der verbundenen Hausratversicherung.[48] Auf der anderen Seite können sich bei Abschluss mehrerer kombinierter Versicherungen u.U. auch Doppelversicherungen ergeben.

Die Rückversicherung kann nicht in die obige Systematik der Versicherungszweige eingeordnet werden, sondern stellt vielmehr einen selbstständigen Versicherungszweig dar.[49] Es handelt sich um eine „Versicherung der Versicherer“[50].

Die Rückversicherung soll Risiken abdecken, die der sog. Erstversicherer gegenüber Endverbrauchern eingegangen ist. Hierdurch soll das Risiko auf mehrere

[47] Vgl. *Koch* Versicherungswirtschaft S. 32f.
[48] Vgl. *Koch* Versicherungszweige S. 1254
[49] Vgl. *Pfeiffer* Rückversicherung S. 9
[50] *Pfeiffer* Rückversicherung S. 9

Versicherer verteilt werden (Atomisierung) und so für den einzelnen Versicherer tragbar sowie insgesamt versicherbar werden.[51]

Von der Rückversicherung zu unterscheiden ist die Mitversicherung. Hier wird das Risiko ebenfalls auf mehrere Versicherer verteilt, nur handelt es sich dabei ausschließlich um Erstversicherer oder ausschließlich um Rückversicherer, die sich ein Risiko teilen.[52] Das folgende Schaubild soll den Unterschied verdeutlichen:[53]

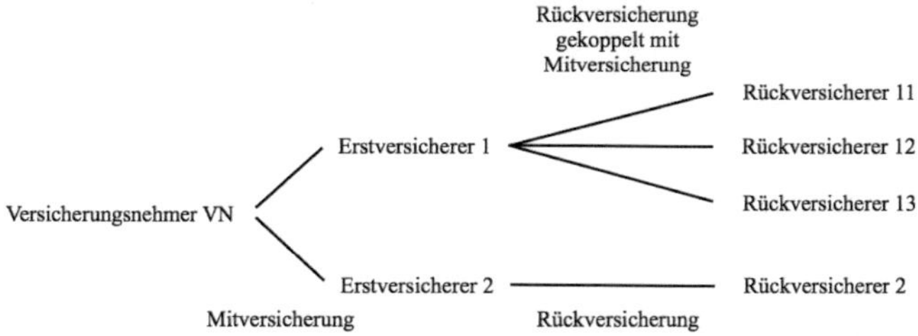

Abbildung 2.2: Mitversicherung und Rückversicherung

Rückversicherer rückversichern sich z.T. auch, ein Vorgang, der dann die Bezeichnung „Retrozession“ trägt.[54]

Abschließend soll die obige Systematisierung im folgenden Schaubild zusammengefasst werden, wobei im Rahmen der Erstversicherung der Einteilung nach dem versicherten Gegenstand gefolgt wird:

[51]Vgl. *Koch* Versicherungswirtschaft S. 35, *Müller-Lutz* Versicherungslehre S. 448f.
[52]Vgl. *Müller-Lutz* Versicherungslehre S. 448f.
[53]In Anlehnung an *Müller-Lutz* Versicherungslehre S. 449
[54]Vgl. *Koch* Versicherungswirtschaft S. 39

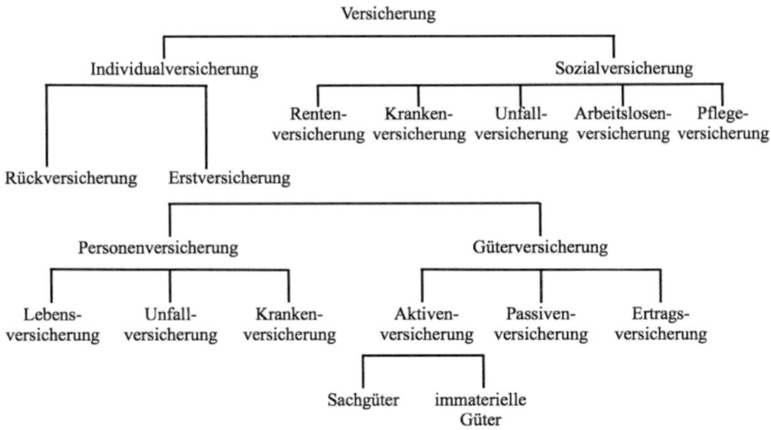

Abbildung 2.3: Systematisierung der Versicherung

2.1.4 Funktionen der Versicherung

Die Funktionen der Versicherung lassen sich in einzelwirtschaftliche und gesamtwirtschaftliche Funktionen einteilen. Einzelwirtschaftlich sind von Bedeutung:[55]

- Sicherungsfunktion (Risikotransfer gegen Entgelt)
- Schadenausgleichsfunktion
- Verminderung der Notwendigkeit zur Bildung von Rücklagen
- Erhöhung der Kreditwürdigkeit
- Neutralisierungsfunktion
- Konzentration auf nichtversicherte Gefahren.

[55] Vgl. *Koch* Versicherungswirtschaft S. 42ff.

Die Sicherungsfunktion bietet die Übernahme des Risikos des Versicherungsnehmers und die Leistung eines Schadenausgleiches gegen Leistung der Prämie durch den Versicherungsnehmer. Der Versicherungsnehmer tauscht demnach unsichere Aufwendungen, die entstehen, falls ein Schaden eintritt, gegen sichere, ggf. wiederkehrende Aufwendungen in Form der Prämie.[56]

Im Rahmen der Schadenausgleichsfunktion wird der Versicherungsnehmer so gestellt, als ob der Schaden nicht eingetreten wäre.[57]

Der Versicherungsnehmer braucht keine Selbstversicherung zu betreiben und hierfür Rücklagen zu bilden, sondern kann diese Ressourcen produktiv einsetzen und so die Rentabilität erhöhen.[58]

Durch die Abdeckung von Risiken kann die Kreditwürdigkeit des Versicherungsnehmers erhöht werden.[59]

Im Rahmen der Neutralisierungsfunktion werden rechtliche Beziehungen zu Dritten vereinfacht, da im Schadenfall die Regulierung über eine Versicherung erfolgt.[60]

Gesamtwirtschaftlich sind folgende Funktionen von Bedeutung:[61]

- Verhinderung der Unterbrechung des Wirtschaftsprozesses
- Entlastungsfunktion
- Kapitalsammelfunktion
- Förderung des technischen Fortschrittes
- soziale Funktion
- Anregung zu Schadenverhütungsmaßnahmen.

[56]Vgl. *Steinmüller* Bedeutung der Versicherung S. 49, *Koch* Versicherungswirtschaft S. 42
[57]Vgl. *Koch* Versicherungswirtschaft S. 42f.
[58]Vgl. *Farny* Versicherungsbetriebslehre S. 96, *Steinmüller* Bedeutung der Versicherung S. 50
[59]Vgl. *Koch* Versicherungswirtschaft S. 43, *Steinmüller* Bedeutung der Versicherung S. 50, *Farny* Versicherungsbetriebslehre S. 96
[60]Vgl. *Koch* Versicherungswirtschaft S. 43
[61]Vgl. *Koch* Versicherungswirtschaft S. 44f., *Farny* Versicherungsbetriebslehre S. 96

Die Versicherung bewirkt eine Stabilisierung der Wirtschaftsprozesse, da der primäre Schaden ausgeglichen wird und so Folgeschäden bei anderen Wirtschaftseinheiten verringert oder vermieden werden (z.B. Arbeitslosigkeit der Mitarbeiter eines abgebrannten Unternehmens).[62]

Versicherung trägt auch dazu bei, dass der Staat im Schadenfall nicht einspringen muss und somit entlastet wird[63], insbesondere um die Existenz einzelner Wirtschaftseinheiten zu sichern.

Von wirtschaftlicher Bedeutung ist auch die Ansammlung von Vermögenswerten durch die Versicherer, insbesondere im Rahmen der Lebensversicherung.[64] Die Kapitalanlagen erfolgen auf den Geld-, Kapital- und Immobilienmärkten und sorgen für produktive Impulse.[65]

Erst aufgrund des Versicherungsschutzes sind Wirtschaftseinheiten bereit, bestimmte Investitionen zu tätigen und Aktivitäten aufzunehmen, sodass der technische Fortschritt vorangetrieben wird.[66]

In sozialer Hinsicht bewirkt die Versicherung den Schutz Dritter, die durch Versicherungsnehmer geschädigt wurden[67] und deren Schaden die Versicherung in jedem Fall ausgleicht. Der Schädiger selbst hätte ggf. den Schaden nicht selbst tragen können.

Selbstbehalte in der Versicherung können bewirken, dass der Versicherungsnehmer Schadenverhütungsmaßnahmen ergreift, sodass das volkswirtschafliche Gesamtschadenvolumen gesenkt wird.[68]

[62] Vgl. *Farny* Versicherungsbetriebslehre S. 96, *Koch* Versicherungswirtschaft S. 44
[63] Vgl. *Koch* Versicherungswirtschaft S. 44f., *Zweifel/Eisen* Versicherungsökonomie S. 19f.
[64] Vgl. *Müller-Lutz* Versicherungslehre S. 474
[65] Vgl. *Farny* Versicherungsbetriebslehre S. 96
[66] Vgl. *Farny* Versicherungsbetriebslehre S. 96, *Koch* Versicherungswirtschaft S. 45, *Steinmüller* Bedeutung der Versicherung S. 50
[67] Vgl. *Koch* Versicherungswirtschaft S. 45, *Steinmüller* Bedeutung der Versicherung S. 50
[68] Vgl. *Farny* Versicherungsbetriebslehre S. 96

2.2 Gesetzliche Grundlagen

Die Versicherungswirtschaft unterliegt neben den für alle Bereiche geltenden gesetzlichen Vorschriften diversen spezialgesetzlichen Regelungen. Die wesentlichen sollen im Folgenden überblickartig dargestellt werden.

Einen wichtigen Bereich stellt das Versicherungsaufsichtsrecht dar. Rechtsgrundlage ist das Versicherungsaufsichtsgesetz (VAG) i.d.F. vom 13. August 2008. Das erste Gesetz zur Versicherungsaufsicht in Deutschland stammt aus dem Jahr 1901.[69]

Zielsetzung der Versicherungsaufsicht ist zum einen die „Erhaltung und Funktionsfähigkeit des Versicherungswesens“[70] im volkswirtschaftlichen Interesse des Staates, zum anderen der Schutz der Versicherungsnehmer. Diese Schutzfunktion wird im Allgemeinen damit begründet, dass die Versicherungsnehmer in der Regel nicht die Möglichkeit haben, die Leistungsfähigkeit der Versicherer zu beurteilen.[71] Des Weiteren wird Potenzial für Nachteile aus der Tatsache abgeleitet, dass der Versicherungsnehmer durch die Prämienzahlung zu Beginn des Versicherungsverhältnisses in Vorleistung geht sowie dass es sich z.T. um langfristige Versicherungsverhältnisse und Sparvorgänge (z.B. in der Lebensversicherung) handelt.[72]

Träger der Versicherungsaufsicht ist die Bundesanstalt für Finanzdienstleistungsaufsicht, kurz: BaFin, mit Sitz in Bonn und Frankfurt am Main.[73] Die Rechts- und Fachaufsicht über die BaFin wird durch das Bundesfinanzministerium ausgeübt. Rechtsgrundlage der BaFin ist das Gesetz über die Bundesanstalt für Finanzdienstleistungsaufsicht (Finanzdienstleistungsaufsichtsgesetz – FinDAG) vom 22. April 2002, zuletzt geändert durch Gesetz vom 13. August 2008.

[69] Vgl. *Koch* Versicherungswirtschaft S. 91

[70] *Koch* Versicherungswirtschaft S. 91

[71] Vgl. *Koch* Versicherungswirtschaft S. 91

[72] Vgl. *Farny* Versicherungsbetriebslehre S. 110

[73] Es können andere Zuständigkeiten für öffentlich-rechtliche Versicherungsunternehmen sowie kleinere private Versicherungsunternehmen bestehen, siehe *Farny* Versicherungsbetriebslehre S. 117 sowie *Bundesanstalt für Finanzdienstleistungsaufsicht* Versicherungsaufsicht.

Mit gewissen Ausnahmen unterliegen nach § 1 Abs. 1 VAG alle Versicherungsunternehmen der Aufsicht durch die BaFin.[74] Als Mittel der Versicherungsaufsicht lassen sich nennen:[75] Publizität durch Versicherungsunternehmen, Normsetzung, Konzession der Versicherungsunternehmen, Eintragung in Register sowie Überwachung des Geschäftsbetriebes in Form der Rechts– und Finanzaufsicht (§ 81 VAG).

Im Bereich des Unternehmensrechtes wird die Rechtsformwahl für Versicherungsunternehmen durch § 7 VAG eingeschränkt.[76]

Der Versicherungsvertrag als Rechtsverhältnis zwischen Versicherer und Versicherungsnehmer ist in einem speziellen Gesetz, dem Gesetz über den Versicherungsvertrag (Versicherungsvertragsgesetz – VVG) i.d.F. vom 28. Mai 2008 (VVG 2008) geregelt, und wird eingehender unter Abschnitt 2.5 dargestellt. Daneben kommt den Allgemeinen Versicherungsbedingungen (AVB) als Unterfall der in anderen Geschäftsbereichen verwendeten Allgemeinen Geschäftsbedingungen (AGB)[77] Bedeutung zu.

Das Versicherungsvermittlungsrecht greift ein, wenn Versicherungsvermittler als Intermediäre zwischen Versicherungsunternehmen und Versicherungsnehmer tätig werden. Dabei kann es sich um Versicherungsvertreter oder Versicherungsmakler handeln.[78] Grundlage des Versicherungsvermittlungsrechtes ist das Gesetz zur Neuregelung des Versicherungsvermittlerrechtes vom 19. Dezember 2006, das verspätet[79] die Richtlinie des Europäischen Parlamentes und des Rates (2002/92/EG) über Versicherungsvermittlung vom 9. Dezember 2002 (Vermittlerrichtlinie) umgesetzt hat. Einzelheiten sind in der Verordnung über die Versicherungsvermittlung und -beratung (Versicherungsvermittlungsverordnung – VersVermV) vom 15. Mai 2007 enthalten.

[74]Auf den Begriff des Versicherungsunternehmens wird unter Abschnitt 2.3.1 auf der nächsten Seite näher eingegangen.

[75]Vgl. *Koch* Versicherungswirtschaft S. 92, *Farny* Versicherungsbetriebslehre S. 115

[76]Näheres hierzu unter Abschnitt 2.3.2 auf Seite 24

[77]Vgl. *Koch* Versicherungswirtschaft S. 166

[78]Vgl. *Koch* Einführung S. XXf.

[79]Die Transformation hätte nach Art. 16 Abs. 1 der Vermittlerrichtlinie bis 15. Januar 2005 erfolgen müssen.

Neben diesen Gesetzen bestehen eine Vielzahl von gesetzlichen Regelungen sowie Verordnungen, die Einfluss auf die Versicherungsunternehmen sowie Versicherungsverhältnisse zwischen Versicherungsunternehmen und Versicherungsnehmern haben. Hierzu seien beispielhaft genannt: Pflicht zum Abschluss einer Kraftverkehrs-Haftpflichtversicherung nach § 1 PflVG, einer Luftfahrzeug-Haftpflichtversicherung nach §§ 2, 43 LuftverkehrsG, einer Vermögenschadenhaftpflichtversicherung für wirtschaftsprüfende Berufe nach § 54 WPO und steuerberatende Berufe nach § 67 StBerG; des Weiteren sind zu nennen das Versicherungssteuergesetz (VersStG) sowie das Feuerschutzsteuergesetz (FeuerschStG), die Kapitalausstattungsverordnung und die Anlageverordnung über die Anlage des gebundenen Vermögens.

Im Bereich der Pflichtversicherung besteht für Versicherer Annahmepflicht (sog. Kontrahierungszwang).[80]

2.3 Das Versicherungsunternehmen

2.3.1 Definition „Versicherungsunternehmen"

§ 1 Abs. 1 VAG definiert Versicherungsunternehmen als „Unternehmen, die den Betrieb von Versicherungsgeschäften zum Gegenstand haben und nicht Träger der Sozialversicherung sind".

Versicherungsunternehmen werden demnach zum einen positiv und zum anderen negativ abgegrenzt.

Ein Versicherungsunternehmen muss Versicherungsgeschäfte betreiben. Der Begriff „Versicherungsgeschäft" und dessen Betrieb wird im VAG gesetzlich nicht definiert, es bestehen jedoch umfassende Literaturmeinungen.[81]

Im Übrigen darf ein Versicherungsunternehmen nach § 7 Abs. 2 S. 1 VAG „neben Versicherungsgeschäften nur solche Geschäfte betreiben, die hiermit in unmittelbarem Zusammenhang stehen". Das Gesetz nennt in diesem Zusammenhang die Absicherung gegen Kurs- oder Zinsänderungsrisiken bei vorhandenen Vermö-

[80] Vgl. *Farny* Versicherungsbetriebslehre S. 149f.

[81] Vgl. *Farny* Versicherungsbetriebslehre S. 125 und die dort angegebenen Literaturhinweise

genswerten (§ 7 Abs. 2 S. 2 VAG). Zweck dieses Verbotes versicherungsfremder Geschäfte ist, dass Versicherungsgeschäfte durch die Vornahme von Nichtversicherungsgeschäften nicht gefährdet werden sollen.[82]

In negativer Abgrenzung darf es sich bei Versicherungsunternehmen nicht um Träger der Sozialversicherung handeln, sodass Versicherungsunternehmen i.S.d. VAG ausschließlich Individualversicherung betreiben. Hinsichtlich der Sozialversicherung wird auf die Ausführungen unter Abschnitt 2.1.3 verwiesen.

2.3.2 Formen von Versicherungsunternehmen

Die Formen der Versicherungsunternehmen lassen sich nach unterschiedlichen Kriterien einteilen:[83]

- Rechtsform

  § 7 Abs. 1 VAG und § 120 Abs. 1 VAG zählen abschließend die zulässigen Rechtsformen von Versicherungsunternehmen auf. Dies sind die Aktiengesellschaft (AG) einschließlich der Europäischen Gesellschaft (SE), der Versicherungsverein auf Gegenseitigkeit (VVaG) sowie Körperschaften und Anstalten des öffentlichen Rechtes.

  Für Aktiengesellschaften gilt das Aktiengesetz (AktG), für Versicherungsvereine auf Gegenseitigkeit die §§ 15–53b VAG und für Körperschaften und Anstalten des öffentlichen Rechtes meistens Landesgesetze oder Satzungen.[84]

  Als Begründung für die Einschränkung der Rechtsformwahl wird unter Berufung auf die Schutzfunktion angebracht, dass die anderen Rechtsformen als nicht geeignet angesehen werden und keinen wirksamen Schutz für die Versicherungsnehmer bieten.[85]

[82] Vgl. *Farny* Versicherungsbetriebslehre S. 119

[83] Vgl. hierzu *Farny* Versicherungsbetriebslehre S. 231; statt der Rechtsform nennt *Farny* die Unternehmensträger oder -eigentümer, da er hier nach wirtschaftlichen Formen unterscheidet.

[84] Vgl. *Farny* Versicherungsbetriebslehre S. 139f., zu Einzelheiten der Rechtsformen siehe dort S. 180–231

[85] Vgl. *Farny* Versicherungsbetriebslehre S. 180

- Versicherungszweige

  Versicherungsunternehmen dürfen nach § 8 Abs. 1a VAG nicht alle Versicherungszweige i.S.d. Anlage A zum VAG gleichzeitig betreiben, sog. Spartentrennung. So darf der Betrieb der Lebensversicherung nicht mit dem Betrieb anderer Versicherungssparten verknüpft werden. Das Gleiche gilt für den Betrieb der substitutiven Krankenversicherung i.S.d. § 12 Abs. 1 VAG. Hierfür sind rechtlich selbstständige Einheiten zu bilden. Nach § 8a Abs. 1 VAG muss ein Versicherungsunternehmen, das neben der Rechtsschutzversicherung auch andere Versicherungssparten betreibt, die Leistungsbearbeitung in der Rechtsschutzversicherung einem anderen Unternehmen (Schadenabwicklungsunternehmen) übertragen. Die anderen Versicherungszweige können zusammen betrieben werden und werden unter „Schaden- und Unfallversicherung“ zusammengefasst und von sog. Kompositversicherern angeboten.[86]

- Erst- und Rückversicherungsunternehmen

  Versicherungsunternehmen lassen sich ebenfalls in solche, die Erstversicherung und solche die Rückversicherung betreiben, einteilen.[87] Diese Trennung ist auch im VAG zu sehen, das die Rückversicherungsaufsicht in den §§ 119–121j VAG speziell regelt.

  In der Praxis besteht jedoch u.U. keine scharfe Trennung zwischen Erst- und Rückversicherung, da die Rückversicherung sowohl von professionellen Rückversicherungsunternehmen, die nur Rückversicherungen anbieten, als auch von Erstversicherungsunternehmen angeboten wird.[88]

- Regionen der Geschäftstätigkeit

  Es kann in regionale sowie überregionale Versicherungsunternehmen unterschieden werden, je nachdem, ob sie nur in einer bestimmten Region oder im gesamtem Gebiet der Bundesrepublik Deutschland tätig sind. Große

[86] Vgl. *Koch* Versicherungswirtschaft S. 66; hinsichtlich einer Übersicht der Einteilung nach Versicherungszweigen siehe *Farny* Versicherungsbetriebslehre S. 232f.

[87] Auf die Unterschiede wurde bereits unter Abschnitt 2.1.3 auf Seite 12 eingegangen.

[88] Vgl. *Koch* Versicherungswirtschaft S. 35

Versicherungs-Aktiengesellschaften sowie Versicherungsvereine auf Gegenseitigkeit sind i.d.R. im gesamten Bundesgebiet tätig, während kleine Versicherungsvereine auf Gegenseitigkeit eher regional operieren.[89]

Hierzu kommt bei großen Versicherungsunternehmen die internationale Tätigkeit, insbesondere im Bereich der Rückversicherung.

- Größe

  Es besteht kein Zweifel, dass in der Praxis größere und kleinere Versicherungsunternehmen bestehen.

  Die Schwierigkeit besteht nur darin, einen geeigneten Maßstab zu finden, um die tatsächliche Größe zu bestimmen. Als Maßstab kann bspw. der Versicherungsbestand dienen.[90]

2.4 Wirtschaftliche Bedeutung der Versicherung und der Versicherungsunternehmen

Die wirtschaftliche Bedeutung des Versicherungswesens in Deutschland soll anhand einiger Zahlen verdeutlicht werden.[91]

[89]Vgl. *Farny* Versicherungsbetriebslehre S. 234

[90]Vgl. *Farny* Versicherungsbetriebslehre S. 234f.

[91]Hinsichtlich der Erläuterungen zu den Datengrundlagen der Statistiken, insbesondere der Vergleichbarkeit, wird auf die angegebenen Quellen verwiesen.

	1960	1970	1980	1990	2000	2002	2003	2004	2005	2006
insgesamt nach Sparte	939	810	809	785	706	703	677	662	663	647
davon										
Lebensversicherung	102	107	108	122	134	132	119	118	116	113
Krankenversicherung	101	67	51	57	56	55	55	54	53	52
Schaden-/Unfallversicherung	350	289	344	346	271	261	251	242	241	235
Pensionskassen	213	201	177	162	142	158	155	158	160	156
Rückversicherung	34	31	33	31	48	48	49	48	51	49
nach Rechtsform										
Aktiengesellschaften	125	140	196	279	324	330	329	328	333	k.A.
Versicherungsvereine a.G.	645	527	406	357	299	280	272	270	270	k.A.
Öffentlichrechtliche VU	16	16	12	47	27	22	19	17	18	k.A.
Sonstige VU	46	46	102	83	16	19	12	10	10	k.A.

Tabelle 2.1: Anzahl der Versicherungsunternehmen nach Sparte und Rechtsform

Quelle: *Gesamtverband der Deutschen Versicherungswirtschaft e. V.* Taschenbuch 2007 Kap. 2 und 3

in 1000

	1960	1970	1980	1990	2000	2002	2003	2004	2005	2006*
insgesamt**	116,2	189,5	202,3	233,2	240,2	248,1	244,3	240,8	233,3	225,7
davon										
Lebensversicherung	38,6	62,9	67,2	77,4	72,8	74,0	74,9	74,4	68,9	65,4
Krankenversicherung	15,8	25,8	27,5	31,7	35,2	36,4	36,8	36,0	39,4	43,7
Schaden-/Unfallversicherung	60,2	98,2	104,8	120,8	126,2	130,6	125,5	123,2	117,8	109,3
Rückversicherung	1,6	2,6	2,8	3,3	6,0	7,1	7,1	7,2	7,2	7,3
Ausbildungsverhältnisse	9,7	10,6	9,5	13,8	15,4	16,1	15,2	14,1	13,1	12,2

* vorläufige Werte
** ohne Ausbildungsverhältnisse

Tabelle 2.2: Anzahl der Beschäftigten

Quelle: *Gesamtverband der Deutschen Versicherungswirtschaft e. V.* Taschenbuch 2007 Kap. 4

in Mio. EUR

	1960	1970	1980	1990	2000	2002	2003	2004	2005	2006*
Erstversicherung	4790	13983	35990	69822	131820	141550	148030	152370	157974	161740
davon										
Lebensversicherung	1537	5068	13215	27403	61225	65018	68574	70343	75244	78292
Krankenversicherung	639	2068	4830	9546	20712	23082	24741	26413	27348	28440
Schaden-/Unfallversicherung	2280	6380	17703	32244	48408	51480	54434	55397	55383	55008
Rückversicherung	1132	2887	9973	19058	40012	54698	52026	47246	45416	k.A.

* teilweise vorläufige Werte

Tabelle 2.3: Beiträge

Quelle: *Gesamtverband der Deutschen Versicherungswirtschaft e. V.* Taschenbuch 2007 Kap. 6

in Mio. EUR	1980	1990	2000	2002	2003	2004	2005	2006*
Erstversicherung	k.A.	71200	153100	143680	151854	149559	164576	k.A.
davon								
Lebensversicherung	15157	34909	88080	75184	84709	81622	94493	94910
Krankenversicherung	4592	9503	24086	25191	27246	28562	30455	k.A.
Schaden-/Unfallversicherung	14209	26458	39887	43034	39899	39375	39628	39835
Rückversicherung	4833	10124	19641	25984	22910	22158	22965	k.A.
* teilweise vorläufige Werte								

Tabelle 2.4: Leistungen

Quelle: *Gesamtverband der Deutschen Versicherungswirtschaft e. V.* Taschenbuch 2007 Kap. 1 und 67, *Gesamtverband der Deutschen Versicherungswirtschaft e. V.* Taschenbuch 2006 Kap. 1 und 67

in Mio.	1980	1990	2000	2002	2003	2004	2005	2006*
insgesamt	254,46	312,43	397,34	407,67	413,27	421,22	424,78	421,74
davon								
Lebensversicherung	65,75	72,38	87,62	91,15	92,92	97,28	96,95	97,07
Krankenversicherung	24,1	32,74	47,75	46,96	49,4	50,98	53,7	46,77
Schaden-/Unfallversicherung	164,61	207,31	261,97	269,56	270,95	272,96	274,59	277,9
* teilweise vorläufige Werte								

Tabelle 2.5: Anzahl der Verträge

Quelle: *Gesamtverband der Deutschen Versicherungswirtschaft e. V.* Taschenbuch 2007 Kap. 9, *Gesamtverband der Deutschen Versicherungswirtschaft e. V.* Taschenbuch 2006 Kap. 9, *Gesamtverband der Deutschen Versicherungswirtschaft e. V.* Taschenbuch 2005 Kap. 9

in Mrd. EUR	1992	1994	1996	1998	2000	2002	2003	2004
Bruttowertschöpfung								
in jeweiligen Preisen	13,31	15,15	16,96	17,12	14,79	12,78	15,41	17,89
in % aller Wirtschaftsbereiche	0,87	0,93	0,98	0,96	0,80	0,66	0,79	0,90

Tabelle 2.6: Bruttowertschöpfung des Versicherungsgewerbes in der VGR

Quelle: *Statistisches Bundesamt* Statistisches Jahrbuch 2007 S. 641, *Statistisches Bundesamt* Statistisches Jahrbuch 2006 S. 647, *Statistisches Bundesamt* Statistisches Jahrbuch 2000 S. 641

in Mio. EUR	1999	2000	2001	2002	2003	2004	2005	2006
Versicherungssteuer	7116	7243	7427	8327	8870	8751	8750	8775
Feuerschutzsteuer	308	288	293	306	328	353	331	322

Tabelle 2.7: Steuereinnahmen aus Versicherungs- und Feuerschutzsteuer
Quelle: *Statistisches Bundesamt* Statistisches Jahrbuch 2007 S. 574, *Statistisches Bundesamt* Statistisches Jahrbuch 2006 S. 576

2.5 Der Versicherungsvertrag

Bei dem Versicherungsvertrag handelt es sich um einen Vertrag privatrechtlicher Natur.[92] Das ist auch dann der Fall, wenn er aufgrund öffentlich-rechtlicher Pflichten abgeschlossen wird.[93]

Der Versicherungsvertrag stellt das Rechtsverhältnis zwischen Versicherer und Versicherungsnehmer dar.[94]

Juristisch gesehen handelt es sich um einen zweiseitig verpflichtenden, schuldrechtlichen Vertrag, der den Charakter eines Dauerschuldverhältnisses aufweist.[95]

Für den Versicherungsvertrag wurde 1908 das Versicherungsvertragsgesetz (VVG) als Spezialgesetz geschaffen, das in der Folge mehrmals geändert wurde, zuletzt durch Gesetz vom 26. März 2007 (VVG a.F.). Mit Wirkung ab 1. Januar 2008 wurde das VVG völlig neugefasst. Es gilt der Stand vom 28. Mai 2008 (VVG 2008). Das VVG 2008 enthält Vorschriften für sämtliche Versicherungszweige, die Schadensversicherung allgemein sowie Spezialvorschriften für einzelne Versicherungszweige, namentlich die Haftpflicht-, Rechtsschutz-, Transport-, Gebäudefeuer-, Lebens-, Berufsunfähigkeits-, Unfall- und Krankenversicherung. Anwendbar ist das Versicherungsvertragsgesetz auf alle Zweige der Binnenversicherung[96], ausgenommen werden explizit in § 209 VVG 2008[97] die Seeversicherung

[92]Vgl. *van Bühren* Versicherungsvertragsrecht Rz. 37
[93]Vgl. *Prölls* § 1 Rz. 17
[94]Vgl. *Koch* Versicherungswirtschaft S. 161, *Koch* Einführung S. XV
[95]Vgl. *Prölls* § 1 Rz. 17
[96]Vgl. *Koch* Versicherungswirtschaft S. 162
[97]Bisher § 186 VVG a.F.

sowie die Rückversicherung. Die Seeversicherung wurde bis zur Reform des Versicherungsvertragrechtes, d.h. bis 31. Dezember 2007, im Handelsgesetzbuch (HGB) in den §§ 778–900 HGB geregelt. Nach der Gesetzesbegründung zur Reform des Versicherungsvertragsrechtes haben diese veralteten HGB-Regeln ihre praktische Bedeutung seit längerem verloren, da sie durch die AVB verdrängt worden sind.[98]

Die Rückversicherung basiert ausschließlich auf vertraglicher Basis[99], was dadurch begründet ist, dass sich immer zwei Versicherer als Vertragsparteien gegenüberstehen.[100]

Neben dem Versicherungsvertragsgesetz ist subsidiär das Bürgerliche Gesetzbuch (BGB) anwendbar, sofern es Regelungen enthält, die auch den Versicherungsvertrag betreffen können und keine speziellen Regelungen im Versicherungsvertragsgesetz enthalten sind.[101] In diesem Zusammenhang ist zu nennen, dass jeder Versicherungsvertrag durch Antrag und Annahme (§§ 145–157 BGB) zustande kommt und hierbei die allgemeinen Regelungen zur Geschäftsfähigkeit, zur Willenserklärung, zum Vertragsschluss, zur Vertretung und zur Vollmacht zur Anwendung gelangen.[102]

Das Versicherungsvertragsgesetz regelt die Rechte und Pflichten des Versicherers sowie des Versicherungsnehmers. Nach § 1 VVG 2008 ist der Versicherer verpflichtet, ein bestimmtes Risiko durch eine bei Eintritt des vereinbarten Versicherungsfalles zu erbringende Leistung abzusichern; der Versicherungsnehmer ist verpflichtet, die Prämie zu leisten.

Versicherungsverträge werden in der Praxis stets in Verbindung mit Allgemeinen Versicherungsbedingungen (AVB) abgeschlossen.[103] Im Gegensatz zu anderen Vertragstypen setzt das VVG die Verwendung von AVB (als Sonderform der AGB) voraus. § 10 VAG nennt einen Mindestumfang für die AVB. In der Regel bestehen unterschiedliche AVB für bestimmte Sparten. Durch Verbände wurden z.T.

[98]Vgl. *Bundesregierung* Entwurf und Begründung zur Reform des Versicherungsvertragsrechts S. 115, 120

[99]Vgl. *Kollhosser* § 186 Rz. 2

[100]Vgl. *Lorenz* § 1 Rz. 109

[101]Vgl. *Lorenz* § 1 Rz. 25f.

[102]Vgl. *Koch* Einführung S. XVI; Näheres zu Antrag und Annahme siehe *Koch* Versicherungswirtschaft S. 170–177 sowie zum Zustandekommen eines Versicherungsvertrages siehe *Deutsch* Versicherungsvertragsrecht S. 35–42 und *Johannsen* § 8 Rz. 2–30

[103]Vgl. *Koch* Einführung S. XVI

Musterbedingungen erstellt. AVB müssen Vertragsbestandteil i.S.v. § 305 Abs. 2 BGB geworden sein und unterliegen dem Transparenzgebot des § 307 Abs. 1 S. 2 BGB.[104]

[104]Vgl. *Koch* Versicherungswirtschaft S. 166ff.

3 Zweck und Zielsetzung der Rechnungslegung

3.1 Wohlfahrtsüberlegungen

Rechnungslegung begründet sich nicht aus sich selbst heraus, stellt somit keinen Selbstzweck dar, sondern ist als Instrument zur Erreichung eines vorgegebenen Zweckes anzusehen.[1]

Oberster Zweck des Instrumentes der Rechnungslegung in einer Gesellschaft aus ökonomischer Sicht muss sein, einen Beitrag zur Steigerung der gesamtgesellschaftlichen Wohlfahrt zu leisten.[2]

Der Analyse der gesamtgesellschaftlichen Wohlfahrt widmet sich die paretianische Wohlfahrtsökonomik. Diese hat es sich zum Ziel gesetzt, Bedingungen abzuleiten, welche für die Maximierung der gesamtgesellschaftlichen Wohlfahrt erfüllt sein müssen.[3]

Wie jedem theoretischen Modell liegen auch der paretianischen Wohlfahrtsökonomik gewisse Annahmen zugrunde:[4]

- Entscheidungen werden von Individuen bzw. einzelnen Wirtschaftseinheiten getroffen. Man spricht hierbei vom methodologischen Individualismus.

[1] Vgl. *Streim/Bieker/Leippe* Theoretische Fundierung S. 179, *Streim* Grundzüge S. 8
[2] Vgl. *Streim* Entscheidungsnützliche Informationen S. 112
[3] Vgl. *Fritsch/Wein/Ewers* Marktversagen S. 22
[4] Vgl. *Fritsch/Wein/Ewers* Marktversagen S. 22ff.

- Für jedes Individuum kommt es auf den eigenen Nutzen[5] an. Es wird die Alternative gewählt, die subjektiv als die vorteilhafteste empfunden wird.
- Die Handlungen der Individuen sind rational. Dabei werden Alternativen gegeneinander abgewogen. Allerdings ist hierbei eine Nutzenmaximierung nicht zwingend, auch Nutzensatisfizierung ist denkbar.
- Individuen agieren im Rahmen eines Systems von Leistung und Gegenleistung (Tauschtheorie).

Neben diesen vier Annahmen liegt der paretianischen Wohlfahrtsökonomik jedoch eine noch viel wichtigere und wesentlich bedeutendere Annahme zugrunde, damit eine gesamtgesellschaftlich optimale Allokation von Produktionsfaktoren und Gütern erreicht werden kann: die der vollständigen Konkurrenz.[6]

Zentrale Aussage der paretianischen Wohlfahrtsökonomik ist das Pareto-Kriterium. Dabei ist das Pareto-Optimum dann erreicht, wenn ausgehend von einem bestimmten Status quo kein Individuum mehr besser gestellt werden kann, ohne ein anderes Individuum schlechter zu stellen.[7]

In diesem Rahmen wird implizit davon ausgegangen, dass die gesamtgesellschaftliche Wohlfahrt durch individuell eigennütziges Handeln gesteigert wird, da ansonsten kein Individuum ein Tauschgeschäft eingehen würde, und insofern Eingriffe in den Markt und sein Handeln einer besonderen Begründung bedürfen.[8] Diese wird im Auftreten von externen Effekten gesehen.[9]

Übertragen auf die Rechnungslegung ergibt sich folgende Situation: Wird von einem fremdgeführten Unternehmen ausgegangen, so schließen ein Manager gleich Fremdgeschäftsführer (Individuum 1) und ein Gesellschafter (Individuum 2) ein Geschäft über die Führung des Unternehmens durch den Manager ab. Hierbei

[5]Hierbei ist der Nutzen jedoch nicht kardinal, sondern nur ordinal messbar. Des Weiteren ist ein Vergleich der Nutzenniveaus zwischen den einzelnen Individuen nicht möglich. Vgl. *Fritsch/ Wein/ Ewers* Marktversagen S. 23

[6]Vgl. *Fritsch/ Wein/ Ewers* Marktversagen S. 22

[7]Vgl. *Fritsch/ Wein/ Ewers* Marktversagen S. 25f.

[8]Vgl. *Fritsch/ Wein/ Ewers* Marktversagen S. 26

[9]Externe Effekte ergeben sich, wenn durch das Handeln zweier Individuen in einer Tauschbeziehung nichtbeteiligte Individuen geschädigt werden. Vgl. *Fritsch/ Wein/ Ewers* Marktversagen S. 26

verfolgt jedes Individuum seinen eigenen Nutzen, bspw. strebt der Manager nach Einkommen und Ansehen und der Gesellschafter nach Unternehmenswert- und Ausschüttungsmaximierung.

Folgt man, wie oben dargestellt, der Sichtweise der paretianischen Wohlfahrtsökonomik, erhöht das individuell eigennützige Handeln des Managers und des Gesellschafters die gesamtgesellschaftliche Wohlfahrt. Rechnungslegung ist nicht erforderlich.

3.2 Neoklassische Finanzierungstheorie

Die Neoklassik ist dadurch gekennzeichnet, dass sie sich zur Lösung von Interessenkonflikten und der Findung einer *First-Best*-Lösung im Sinne eines Pareto-Optimums des Mechanismus eines vollkommenen Marktes bedient.[10]

Ein vollkommener Markt ist in der Literatur nicht einheitlich definiert, weist jedoch in der Regel bestimmte Charakteristika auf:[11] 1. Nutzenmaximierung, 2. Markttransparenz, 3. Abwesenheit persönlicher Präferenzen und 4. hohe Anpassungsgeschwindigkeit.

Das Problem der Entscheidung über die Vorteilhaftigkeit von Zahlungsströmen kann nur dann gelöst werden, wenn die Lösung unabhängig von unterschiedlichen Präferenzen der Transaktionspartner ist. Diese Lösung sieht die neoklassische Finanzierungstheorie, oder auch Kapitalmarkttheorie genannt, in der Möglichkeit des Handels von Zahlungsströmen auf Märkten. Ein reibungsloser Handel dieser Zahlungsströme ist durch die Annahme des vollkommenen und vollständigen Kapitalmarktes gegeben. Kapitalgeber und -nehmer werden dann die Investitions- und Finanzierungsmaßnahmen wählen, die den Marktwert maximieren, d.h., es herrscht Interessenharmonie.[12] Hinzu kommt, dass aufgrund dieser Interessenharmonie keine Finanzierungsprobleme auftreten und somit die Finanzierung, oder genauer gesagt das *Wie* des Zustandekommens von Finanzierung, irrelevant ist.[13]

[10] Vgl. *Terberger* Ansätze S. 20
[11] Vgl. *Neus* Unvollkommene Märkte S. 956
[12] Vgl. *Schmidt/Terberger* Investitions- und Finanzierungstheorie S. 56ff., 61
[13] Vgl. *Schmidt/Terberger* Investitions- und Finanzierungstheorie S. 62f., *Schmidt* Grundformen der Finanzierung S. 187, *Schmidt* Neo-institutionalistischer Ansatz S. 138f.

Darüber hinaus existiert keine Notwendigkeit für Institutionen.[14] Zu diesen gehört auch die Institution „Rechnungslegung“.

Aufgrund der Annahme des vollkommenen Marktes inkl. der Annahme symmetrischer Informationsverteilung können Wohlfahrtsverluste durch Interessenkonflikte demnach nicht entstehen, weshalb von einer *First-Best*-Lösung oder auch von einem *Nirwana* gesprochen wird.[15]

3.3 Neo-institutionalistische Ansätze

3.3.1 Grundlagen

Wie im vorherigen Abschnitt erläutert, lässt sich aus der (Neo-)klassischen Theorie keine Begründung für die Rechnungslegung ableiten.

Dies liegt im Wesentlichen darin begründet, dass die (Neo-)klassische Theorie von gewissen (restriktiven) Annahmen ausgeht bzw. ausgehen muss, die nicht der Realität entsprechen.

Um sich der Realität anzunähern, lassen die neo-institutionalistischen Ansätze Annahmen der Neoklassik fallen, stellen demnach eine Weiterentwicklung der Neoklassik dar.[16]

Die Neue Institutionenökonomik will vorhandene Institutionen analysieren.[17] Als Referenzmaßstab dient das Effizienzkriterium.[18] Sie ist jedoch nicht als einheitliche Theorie anzusehen, sondern unterteilt sich in unterschiedliche Forschungsrichtungen:[19] 1. Property-Rights-Analyse, 2. Transaktionskostenansatz, 3. Agency-Theorie sowie 4. die Informationsökonomik.[20]

[14]Vgl. *Schmidt* Neo-institutionalistischer Ansatz S. 136

[15]Vgl. *Wenger/ Terberger* Agent und Prinzipal S. 510

[16]Vgl. *Terberger* Ansätze S. 22f.

[17]Vgl. *Richter/ Bindseil* Neue Institutionenökonomie S. 132

[18]Vgl. *Thiele* Neue Institutionenökonomik S. 993, *Cezanne/ Mayer* Neue Institutionenökonomik S. 1345

[19]Vgl. *Terberger* Ansätze S. 22, *Richter/ Bindseil* Neue Institutionenökonomie S. 134, *Schmidt/ Terberger* Investitions- und Finanzierungstheorie S. 396

[20]Neben diesen Ansätzen zählen zur Institutionenökonomik des Weiteren Spezialgebiete wie die ökonomische Analyse des Rechtes, der neo-institutionelle Ansatz der Wirtschaftsgeschichte, die neue politische Ökonomik (Public Choice), die konstitutionelle Ökonomik sowie die neue

Die Neue Institutionenökonomik ist dadurch gekennzeichnet, dass sie auf den neoklassischen Hypothesen des methodologischen Individualismus sowie der individuellen Rationalität aufbaut.[21] Allerdings werden derzeit im Rahmen der Annahme der individuellen Rationalität zwei Ansichten vertreten: zum einen wird – wie in der Neoklassik – von vollkommener individueller Rationalität ausgegangen, zum anderen wird die unvollkommene Rationalität[22] als wirklichkeitsnäher den Annahmen zugrunde gelegt. Erstere umfasst konstante und stabile Präferenzen der Individuen und herrscht noch heute bei der Principal-Agent-Theorie, der ökonomischen Analyse des Rechtes und der Public Choice-Theorie vor. Letztere beinhaltet unvollständige und zeitlich sich ändernde Präferenzen und ist Teil der Transaktionskostenanalyse, der neueren Literatur zu den Verfügungsrechten sowie des neo-institutionalistischen Ansatzes der Wirtschaftsgeschichte.[23]

Dagegen werden jedoch die Annahmen der symmetrischen Informationsverteilung sowie der kostenlos möglichen Transaktionen zugunsten der asymmetrischen Informationsverteilung[24] sowie der Transaktionskosten[25] fallen gelassen.[26] Somit handelt es sich um eine Theorie der unvollkommenen Märkte.

Neo-institutionalistische Ansätze suchen Institutionen[27] bzw. institutionelle Gestaltungen und Regelungen gegen negative Ergebnisse aus der asymmetrischen Informationsverteilung.[28]

österreichische Schule. Vgl. *Richter/Bindseil* Neue Institutionenökonomie S. 134, *Langerfeldt* Neue Institutionenökonomik S. 57

[21] Vgl. *Richter/Bindseil* Neue Institutionenökonomie S. 132

[22] So bspw. *Langerfeldt* Neue Institutionenökonomik S. 56f., hier „begrenzte Rationalität“ genannt.

[23] Vgl. *Richter/Furubotn* Neue Institutionenökonomik S. 3ff.

[24] *Schmidt/Terberger* bezeichnen die asymmetrische Informationsverteilung als einen „Schlüsselbegriff der neo-institutionalistischen Theorie“. *Schmidt/Terberger* Investitions- und Finanzierungstheorie S. 391

[25] Vgl. zur Problematik des Begriffes der Transaktionskosten *Terberger* Ansätze S. 125–134

[26] Vgl. *Terberger* Ansätze S. 21f., *Elschen* Agency-Theorie S. 250, so auch *Schmidt/Terberger* Investitions- und Finanzierungstheorie S. 394

[27] Zum Begriff der Institution vgl. die Ausführungen in Abschnitt 3.3.3 auf Seite 41

[28] Vgl. *Schmidt/Terberger* Investitions- und Finanzierungstheorie S. 394

3.3.2 Agency-Theorie

Die Agency-Theorie[29] teilt sich in einen positiven und einen normativen Zweig.[30] Ersterer ist eher verbal argumentierend und empirisch orientiert, letzterer eher formal, mathematisch ausgerichtet.[31] Die folgenden Ausführungen richten sich primär nach dem normativen Zweig, der auch genauer Principal-Agent-Theorie genannt wird.[32]

Die Principal-Agent-Theorie untersucht Auftragsbeziehungen zwischen verschiedenen Individuen. Merkmal dieses Zweiges der Neuen Institutionenökonomik ist das Vorhandensein eines Auftraggebers (Principal) und eines Auftragnehmers (Agent).[33] Kennzeichnend ist die Existenz der asymmetrischen Informationsverteilung, dabei wird davon ausgegangen, dass die Agents über ihre Handlungen besser informiert sind als die Principals[34] und die Principals die Handlungen der Agents und die Ergebnisse der Handlungen nicht kostenlos und allumfänglich beobachten können.[35] Diese asymmetrische Informationsverteilung stellt jedoch an sich kein Problem dar; dieses tritt erst in Erscheinung, wenn Interessenkonflikte zwischen Principal und Agent bestehen, in denen der Agent seinen Informationsvorsprung ausnutzen kann.[36] Beides sind wesentliche Elemente der Principal-Agent-Theorie.[37] Der Principal kann die Ergebnisse des Agents zwar (teilweise)

[29] Erste Vertreter der Agency-Theorie waren S. Ross, A. Alchian, H. Demsetz und J. Stiglitz. Vgl. *Thiele* Neue Institutionenökonomik S. 994f.; zu deren Arbeiten vgl. beispielhaft *Ross* Principal's Problem, *Stiglitz* Incentives

[30] Vgl. *Thiele* Neue Institutionenökonomik S. 995, *Mensch* Agency-Theorie S. 687

[31] Vgl. *Schmidt/ Terberger* Investitions- und Finanzierungstheorie S. 396, *Thiele* Neue Institutionenökonomik S. 995, *Mensch* Agency-Theorie S. 687

[32] Vgl. *Fischer* Agency-Theorie S. 320

[33] Vgl. *Elschen* Agency-Theorie S. 248, *Elschen* Gegenstand S. 1004, *Langerfeldt* Neue Institutionenökonomik S. 57, *Mensch* Agency-Theorie S. 686; grundlegend hierfür sind die ökonomischen Prinzipien der Arbeitsteilung und Kooperation. Vgl. *Jost* Prinzipal-Agenten-Theorie S. 11; diese gehen bereits auf das bahnbrechende Werk von Adam Smith „An Inquiry into the Nature and Causes of the Wealth of Nations“ von 1776 zurück.

[34] Vgl. *Elschen* Principal-Agent S. 557, *Fischer* Agency-Theorie S. 320

[35] Vgl. *Elschen* Agency-Theorie S. 248, *Fischer* Agency-Theorie S. 320

[36] Vgl. *Elschen* Principal-Agent S. 557; Interessengegensätze können wesentlich auf die Annahme der individuellen Nutzenmaximierung zurückgeführt werden. Vgl. *Jost* Prinzipal-Agenten-Theorie S. 15

[37] Vgl. *Jost* Prinzipal-Agenten-Theorie S. 21

beobachten, weiß jedoch nicht, ob das Ergebnis Resultat der Handlungen des Agents oder anderer Umweltzustände ist.[38]

In der Agency-Theorie wird hierbei zwischen asymmetrischer Informationsverteilung vor und nach Vertragsabschluss unterschieden. Nach Vertragsabschluss ergibt sich das Problem der verborgenen Handlungen *(Hidden Action)* sowie der verborgenen Informationen *(Hidden Information)* und vor Vertragsabschluss das Problem der verborgenen Eigenschaften *(Hidden Characteristics)*.[39]

Das Problem der Hidden Action ist dadurch gekennzeichnet, dass der Principal das Verhalten des Agents nicht unmittelbar beobachten kann und eine Kontrolle zu hohe Kosten verursacht bzw. exogene Faktoren auftreten, sodass auch nicht indirekt auf das Handeln des Agents geschlossen werden kann.[40] Als Folge kann sich die Gefahr des moralischen Risikos (Moral Hazard) ergeben, bei dem der Agent seinen Informationsvorsprung zu seinem eigenen Nutzen und zu Lasten des Principals ausnutzt.[41]

Beim Phänomen der Hidden Information erhält der Agent während seiner Tätigkeit für den Principal Informationen, die dem Principal nicht bekannt sind, sodass der Agent das Ergebnis seiner Tätigkeit besser beurteilen kann als der Principal.[42] Auch hier besteht die Gefahr des Moral Hazards.[43]

Der Unterschied zwischen Hidden Action und Hidden Information besteht in der Quelle des Informationsdefizits des Principals: bei Hidden Action ist dieses endogen, bei Hidden Information exogen.[44]

Beim Problem der Hidden Characteristics kann der Principal zwar die Handlungen des Agents beobachten, allerdings kann er die Eigenschaften und die zu

[38]Vgl. *Elschen* Agency-Theorie S. 248f.; Spremann spricht davon, dass Glück und Faulheit das Gleiche bewirken können wie Pech und Fleiß. Vgl. *Spremann* Asymmetrische Information S. 571

[39]Vgl. *Jost* Prinzipal-Agenten-Theorie S. 25; *Fritsch/ Wein/ Ewers* nennen neben diesen drei Problemen noch das Problem der verborgenen Absichten (Hidden Intention). Vgl. *Fritsch/ Wein/ Ewers* Marktversagen S. 291ff.

[40]Vgl. *Jost* Prinzipal-Agenten-Theorie S. 25f., *Fritsch/ Wein/ Ewers* Marktversagen S. 292, so ähnlich *Mensch* Agency-Theorie S. 687

[41]Vgl. *Jost* Prinzipal-Agenten-Theorie S. 26

[42]Vgl. *Jost* Prinzipal-Agenten-Theorie S. 30, so auch *Mensch* Agency-Theorie S. 687

[43]Vgl. *Jost* Prinzipal-Agenten-Theorie S. 31

[44]Vgl. *Jost* Prinzipal-Agenten-Theorie S. 25

erbringende Leistung des Agents nicht einschätzen.[45] Hieraus kann die Gefahr der adversen Selektion (Adverse Selection) entstehen, bei der der Principal einen Agent mit im Vergleich zum gebotenen Vertrag schlechten Eigenschaften gewählt hat.[46] Im ungünstigsten Fall werden am Ende nur noch die Agenten mit den schlechtesten Eigenschaften bzw. mit schlechten Leistungen ihre Tätigkeit anbieten.[47]

Die Principal-Agent-Theorie behandelt „sowohl [...] die **Aufteilung** als auch [...] die **Größe** des verteilbaren Kuchens" (Hervorhebungen im Original, A.d.V.).[48] Durch die obigen Unvollkommenheiten sind Wohlfahrtsverluste zu erwarten.[49] Ziel der Agency-Theorie ist demnach die Suche nach einer optimalen institutionellen Ausgestaltung der Beziehung zwischen Principal und Agent[50] und die Minimierung der entstehenden Wohlfahrtsverluste.[51]

EXKURS: Agency-Problematik und Versicherungen

Die Probleme des Moral Hazards und der adversen Selektion sollen nun anhand von Versicherungen verdeutlicht werden.

- Moral Hazard:[52] Die Versicherung V und der zu Versichernde X schließen einen Versicherungsvertrag ab. Nach Vertragsabschluss kann X durch seine Handlungen die Eintrittswahrscheinlichkeit und/oder die Höhe des Schadens beeinflussen. V kann nicht unterscheiden, ob der Schaden aufgrund der Handlungen des X oder aufgrund von exogenen Ereignissen eingetreten ist.

- Adverse Selection:[53] Der zu Versichernde X will bei der Versicherung V einen Lebensversicherungsvertrag abschließen. X hat dabei bezüglich der in seiner

[45] Vgl. *Jost* Prinzipal-Agenten-Theorie S. 27, so auch *Mensch* Agency-Theorie S. 687

[46] Vgl. *Jost* Prinzipal-Agenten-Theorie S. 28

[47] Vgl. hierzu grundlegend *Akerlof* Market for „Lemons", der anhand des Automobilmarktes von den verbleibenden „Lemons" spricht.

[48] *Fischer* Agency-Theorie S. 321

[49] Vgl. *Wenger/Terberger* Agent und Prinzipal S. 507

[50] Vgl. *Elschen* Agency-Theorie S. 249

[51] Vgl. *Wenger/Terberger* Agent und Prinzipal S. 508, *Cezanne/Mayer* Neue Institutionenökonomik S. 1351

[52] Vgl. *Spremann* Asymmetrische Information S. 571f.

[53] Vgl. *Elschen* Agency-Theorie S. 249

Person liegenden Risiken einen Informationsvorsprung. Bei einheitlicher Prämie werden sich zu Versichernde mit hohem Risiko hoch versichern, was V dazu veranlasst, die Prämien zu erhöhen. Hat X nur ein geringes Risiko, wird er nicht bereit sein, eine solch hohe Prämie zu zahlen. Es verbleiben dann nur die zu Versichernden mit hohem Risiko. Im ungünstigsten Fall kann es zu einem Marktzusammenbruch kommen.

3.3.3 Neo-institutionalistischer Ansatz der Finanzierungstheorie

Der neo-institutionalistische Ansatz der Finanzierungstheorie analysiert Mechanismen zur Verringerung von Informations- und Anreizproblemen in der Finanzierung.[54] Dabei hebt er Interessengegensätze hervor, die aus dem Eigeninteresse jedes einzelnen Partners resultieren, d.h., jeder Partner ist ausschließlich an dem ihm zufließenden Zahlungsstrom interessiert, unabhängig davon, ob ein anderer hierdurch Nachteile erleidet.[55] Es handelt sich demnach um opportunistisch handelnde Partner.[56]

Gerade im Bereich der Finanzierung ergeben sich Informations- und Anreizprobleme daraus, dass der Kapitalgeber dem Kapitalnehmer heute Geld bereitstellt und erst in der Zukunft (unsichere) Zahlungen zurückerhält.[57] Er verzichtet demnach in der Hoffnung auf (unsicheren) künftigen Mehrkonsum auf sicheren Gegenwartskonsum.[58]

Der Kapitalgeber ist aufgrund der asymmetrischen Informationsverteilung, in deren Rahmen er regelmäßig schlechter informiert ist als der Kapitalnehmer, den Problemen der Adverse Selection und des Moral Hazards[59] ausgesetzt; dies ins-

[54] Vgl. *Schmidt/Terberger* Investitions- und Finanzierungstheorie S. 70
[55] Vgl. *Schmidt/Terberger* Investitions- und Finanzierungstheorie S. 71, *Schmidt* Neo-institutionalistischer Ansatz S. 140
[56] Vgl. *Schmidt/Terberger* Investitions- und Finanzierungstheorie S. 390
[57] Vgl. *Schmidt/Terberger* Investitions- und Finanzierungstheorie S. 392
[58] Vgl. *Wagner* Informations- und Ausschüttungsbemessungsfunktion S. 750
[59] Vgl. zu diesen Begriffen Abschnitt 3.3.2 auf Seite 38

besondere deshalb, weil opportunistisches Verhalten der Partner angenommen wird.[60]

Im Gegensatz zur neoklassischen Welt ist durch die Marktunvollkommenheiten ein *Second-Best*-Optimum erreichbar.[61] Das Optimum impliziert, dass regelmäßig der schlechter Informierte, i.d.R. der Kapitalgeber, ein gewisses Niveau an Selbstschutz[62] aufbaut, woraus Monitoring Costs resultieren, und der besser Informierte, i.d.R. der Kapitalnehmer, ein gewisses Niveau an Selbstbindung erzeugt, das Bonding Costs verursacht.[63] Für Kapitalnehmer kann diese Selbstbindung, etwa in Form der Informationsvermittlung, vorteilhaft sein, da dies die durch den Kapitalgeber geforderte Kompensation (z.B. Zinsen) verringern kann.[64]

Trotz dieses erlangten Optimums kann regelmäßig nicht ein Ergebnis erreicht werden, das durch Merkmale eines First-Best-Optimums gekennzeichnet ist; der hieraus resultierende Restverlust wird in der Fachliteratur als Residual Loss bezeichnet.[65] Dieser Reibungsverlust wird durch die sog. Agency-Kosten „quantifiziert".[66] Ziel ist es nunmehr, eine institutionelle Gestaltung zu finden, die diese Agency-Kosten minimiert und sich somit dem First-Best am besten annähert.[67]

In diesem Zusammenhang soll kurz auf den Begriff der Institution eingegangen werden. Der Begriff „Institution" findet keine einheitliche Definition im Rahmen der Neo-institutionalistischen Ökonomik.[68] In der Literatur wird von *Langerfeldt* zwischen Institutionen i.w.S. und Institutionen i.e.S. unterschieden: Erstere kön-

[60]Vgl. *Schmidt/Terberger* Investitions- und Finanzierungstheorie S. 392; so ähnlich *Schmidt* Neoinstitutionalistischer Ansatz S. 141ff. mit einem Beispiel aus dem Wilden Westen für asymmetrische Informationsverteilung und ihre möglichen Folgen.

[61]Vgl. *Schmidt/Terberger* Investitions- und Finanzierungstheorie S. 404

[62]Der extremste Selbstschutz besteht darin, überhaupt kein Kapital bereitzustellen oder sich vom Markt zurückzuziehen. Vgl. *Schmidt* Neo-institutionalistischer Ansatz S. 141; in diesem Zusammenhang beachte auch die Schlussfolgerungen von *Akerlof* Market for „Lemons"

[63]Vgl. *Schmidt/Terberger* Investitions- und Finanzierungstheorie S. 404f., *Schmidt* Neoinstitutionalistischer Ansatz S. 141

[64]Vgl. *Schmidt* Grundformen der Finanzierung S. 192

[65]Vgl. *Schmidt/Terberger* Investitions- und Finanzierungstheorie S. 405, *Jensen/Meckling* Theory of the Firm S. 308

[66]Vgl. *Schmidt/Terberger* Investitions- und Finanzierungstheorie S. 405 (Hervorhebung auch im Original), die allerdings anmerken, dass eine Quantifizierung durch Messen nicht möglich ist.

[67]Vgl. *Schmidt/Terberger* Investitions- und Finanzierungstheorie S. 405; zur Realisierbarkeit dieses Zieles vgl. kritisch S. 406

[68]Vgl. *Langerfeldt* Neue Institutionenökonomik S. 55; so auch *Schmidt/Terberger* Investitions- und Finanzierungstheorie S. 394 und *Thiele* Neue Institutionenökonomik S. 993

nen sowohl Institutionen sein, die ohne menschlichen Einfluss entstanden sind, als auch solche, die erst durch den Menschen geschaffen wurden; Letztere sind solche, die durch menschliches Zutun Zustande kommen.[69] Hierzu gehören auch vom Menschen geschaffene Gesetze, Regeln und Normen.[70]

Somit zählt auch die Rechnungslegung zu den Institutionen.

Im folgenden Abschnitt sollen die speziellen Risiken, denen Kapitalgeber aufgrund der asymmetrischen Informationsverteilung ausgesetzt sind, näher erläutert werden.

3.3.4 Interessenkonflikte in Finanzierungsbeziehungen – Kapitalgeberrisiken

Wie in den vorherigen Abschnitten erläutert, ergeben sich aus Beziehungen zwischen Parteien Interessenkonflikte zwischen diesen, die zu Wohlfahrtsverlusten führen können. Jede Partei weiß um die entstehenden Interessenkonflikte, die jedoch nie genau messbar sind und deren Konsequenzen für das Individuum nicht 100-prozentig vorhersehbar sind. Insofern geht jedes Individuum Risiken ein, wenn es sich auf eine Beziehung zu einem anderen Individuum einlässt.

In Finanzierungsbeziehungen sollen die Risiken, die durch die Kapitalgeber[71] eingegangen werden, Kapitalgeberrisiken genannt werden und im Folgenden detaillierter dargestellt werden.

Dabei soll zwischen Eigenkapitalgebern und Fremdkapitalgebern unterschieden werden. Die Kapitalgeberrisiken sind vom allgemeinen Unternehmensrisiko zu trennen. Hierbei handelt es sich um das Risiko, das aus dem Betreiben eines Unternehmens an sich resultiert, da auch Manager als Agenten kein sicheres Wissen ob der Zukunft haben und daher (unabsichtliche) unternehmerische Fehlentscheidungen nicht auszuschließen sind.[72] Kapitalgeberrisiken entstehen demnach im Wesentlichen aus absichtlichem Fehlverhalten der Manager.

[69] Vgl. *Langerfeldt* Neue Institutionenökonomik S. 55

[70] Vgl. *Langerfeldt* Neue Institutionenökonomik S. 55, sinngemäß *Schmidt/ Terberger* Investitions- und Finanzierungstheorie S. 394

[71] Zum Begriff des Kapitalgebers vgl. *Streim* Grundzüge S. 10f.

[72] Vgl. *Streim* Grundzüge S. 11

3.3.4.1 Eigenkapitalgeberrisiken

Bei den Eigenkapitalgeberrisiken soll des Weiteren zwischen den Risiken der Eigenkapitalgeber, die durch Managerverhalten entstehen, sowie den Risiken von Alt-Eigenkapitalgebern und Neu-Eigenkapitalgebern differenziert werden.[73]

3.3.4.1.1 Eigenkapitalgeber versus Manager

Risiken ergeben sich für Eigenkapitalgeber nur, wenn sie nicht gleichzeitig auch im Management vertreten sind, es sich demnach um sog. außenstehende Gesellschafter handelt.[74] Für die weiteren Ausführungen soll daher von einem fremdgeführten Unternehmen in Form einer Kapitalgesellschaft ausgegangen werden.

Aus (absichtlichem) Fehlverhalten der Manager können zwei Arten von Eigenkapitalgeberrisiken resultieren – investitionsbedingte und informationsbedingte Risiken:[75]

- Bei den investitionsbedingten Risiken handelt es sich um solche, bei denen Manager Investitionen vornehmen, die aus ihrer Sicht vorteilhaft sind, den Eigenkapitalgebern jedoch zum Nachteil gereichen.
  - Überinvestitionsproblem: Es besteht das Risiko, dass Manager anstatt Ausschüttungen an die Eigenkapitalgeber vorzunehmen, neue Investitionen im geführten Unternehmen durchführen, obwohl die Eigenkapitalgeber außerhalb des Unternehmens Investitionen mit höherer Rendite vornehmen könnten.[76] Anreize der Manager zu unternehmensinternen Investitionen können sich durch Streben nach Prestige und Macht sowie den Wunsch nach Sicherung des Arbeitsplatzes ergeben.[77]
  - Unterinvestitionsproblem: Konträr zum Überinvestitionsproblem können Manager auch *zu wenig* investieren, falls ausgeschüttet wird, ob-

[73]Zu dieser Systematisierung vgl. *Schmidt/Terberger* Investitions- und Finanzierungstheorie S. 432–440
[74]Vgl. *Streim* Grundzüge S. 14
[75]Vgl. hierzu im Folgenden *Leippe* Leasinggeschäfte S. 47ff. sowie *Esser* Goodwillbilanzierung S. 37f.
[76]Vgl. *Streim* Grundzüge S. 14, *Decker* Eigner-Manager-Konflikte S. 70f.
[77]Vgl. *Schmidt/Terberger* Investitions- und Finanzierungstheorie S. 439f.

wohl die unternehmensinterne Anlage rentabler wäre.[78] Manager können hierzu zum einen dadurch angeregt werden, dass sie ihren Einsatz im Unternehmen verringern,[79] zum anderen durch Ausschüttungen eine gesunde Unternehmenslage suggerieren wollen.[80]

- Risikoscheue Investitionspolitik: Das Management tendiert zu risikoarmen Investitionen, da bei risikoreicheren Investitionen im Falle des Fehlschlages die Unternehmensfortführung und damit auch der eigene Arbeitsplatz gefährdet sein kann. Risikoscheue Investitionen sind gerade für solche Eigenkapitalgeber nicht interessant, die nicht persönlich haften[81] oder ihr Risiko durch Portfoliobildung diversifiziert haben.[82]
- Consumption on the Job/Shirking: Beim Consumption on the Job handelt es sich darum, dass Manager nichtpekuniäre Vorteile, z.B. in Form von teurer Büroausstattung, teuren Dienstwagen oder kulturellem Sponsoring aus Status- und Privatinteressen, erlangen, die aufwandsmäßig zu Lasten der möglichen Ausschüttungen an die Eigenkapitalgeber gehen.[83] Im Falle des Shirkings verringern Manager ihren Arbeitseinsatz, da dieser mit Arbeitsleid verbunden ist.[84]

• Informationsbedingte Risiken können in den folgenden zwei Formen vorkommen:

  - Täuschungsrisiko: Die Manager täuschen die Eigenkapitalgeber im Hinblick auf die tatsächliche Unternehmenslage, in dem entweder eine zu gute oder eine zu schlechte Unternehmenslage vorgespiegelt wird. Ei-

[78] Vgl. *Esser* Goodwillbilanzierung S. 38

[79] Vgl. im Zusammenhang mit Agency-Problemen zwischen Eigentümer-Managern und außenstehenden Gesellschaftern *Jensen/Meckling* Theory of the Firm S. 313, *Schmidt/Terberger* merken an, dass die Reduktion des Arbeitseinsatzes als „realitätsfern“ angesehen werden könnte, da Manager eher als „Workaholics“ gelten. Vgl. *Schmidt/Terberger* Investitions- und Finanzierungstheorie S. 439

[80] Vgl. *Esser* Goodwillbilanzierung S. 38

[81] Oben wurde von Kapitalgesellschaften ausgegangen, sodass dies für alle betrachteten Eigenkapitalgeber gilt.

[82] Vgl. *Streim* Grundzüge S. 15

[83] Vgl. *Streim* Grundzüge S. 15, *Schmidt/Terberger* Investitions- und Finanzierungstheorie S. 439, siehe hierzu bereits *Jensen/Meckling* Theory of the Firm S. 312ff.

[84] Vgl. *Streim* Grundzüge S. 15, *Decker* Eigner-Manager-Konflikte S. 67

genkapitalgeber können dann Anpassungen, z.B. in Form von Zukauf oder Verkauf von Unternehmensanteilen, nicht rechtzeitig vornehmen.[85]

- Risiko des Verschweigens: Manager können Anreizen ausgesetzt sein, Informationen, zumindest vorübergehend, zurückzuhalten, um aus diesen Informationen selbst Vorteile zu ziehen. Zu denken ist an sog. Insiderinformationen bei börsennotierten Gesellschaften, bei denen vor Bekanntwerden von Informationen, die auf eine positive Geschäftsentwicklung hindeuten, Unternehmensanteile durch die Manager erworben werden, um diese dann mit Gewinn zu verkaufen. Bei negativ wirkenden Informationen können die Manager von ihnen gehaltene Unternehmensanteile noch rechtzeitig veräußern.[86] Auch können sie noch kurz vorher Kapitalerhöhungsmaßnahmen durchführen, um dabei einen höheren Preis zu erzielen.

3.3.4.1.2 Alt-Eigenkapitalgeber versus Neu-Eigenkapitalgeber

Probleme zwischen Alt- und Neu-Eigenkapitalgebern entstehen in der Regel zum Zeitpunkt der Einigung über die Aufnahme der Neu-Eigenkapitalgeber, während sich im weiteren Verlauf der gehaltenen Beteiligung die Interessen tendenziell angleichen. Kritisch ist hierbei insbesondere die Bepreisung der neuen Anteile. Ziel der Alt-Eigenkapitalgeber ist es, die Unternehmenssituation sowie die Ertragsaussichten (Ausschüttungen) positiver darzustellen, um den Preis für die neuen Anteile möglichst in die Höhe zu treiben.[87]

3.3.4.2 Fremdkapitalgeber versus Manager und Gesellschafter

Auch bei den Fremdkapitalgeberrisiken lässt sich zwischen investitionsbedingten und informationsbedingten Risiken unterscheiden. Hinzu kommen als dritte Kategorie noch die ausschüttungsbedingten Risiken:[88]

[85] Vgl. *Streim* Grundzüge S. 14f.
[86] Vgl. *Streim* Grundzüge S. 15
[87] Vgl. *Schmidt/Terberger* Investitions- und Finanzierungstheorie S. 433 mit einem Beispiel der Problematik anhand einer Kapitalerhöhung S. 434ff.
[88] Vgl. hierzu im Folgenden *Leippe* Leasinggeschäfte S. 39ff., *Esser* Goodwillbilanzierung S. 39f.

- Zu den investitionsbedingten Risiken sind zu zählen:
  - Risikoreiche Investitionspolitik: Das Management hat den Anreiz, risikoreiche Investitionen durchzuführen, da bei einem Fehlschlag der Investition die Fremdkapitalgeber ganz oder teilweise ihre vereinbarte Vergütung verlieren, während sie bei positiver Entwicklung nur in Höhe ihrer (regelmäßig) fixen Vergütung partizipieren.[89] Dies soll folgende Grafik verdeutlichen:

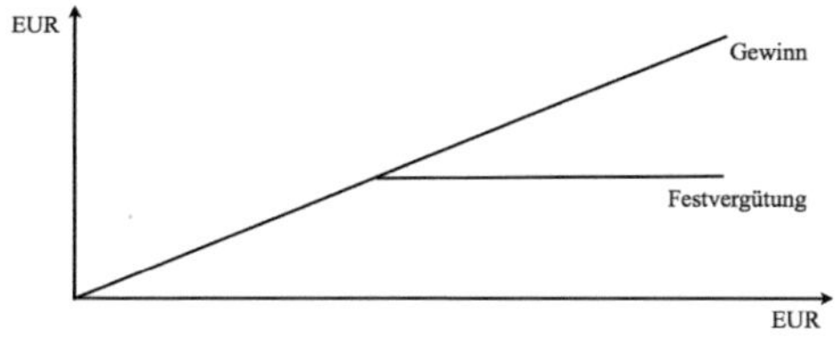

Abbildung 3.1: Partizipation der Fremdkapitalgeber

  - Überinvestitionsproblem: Aus denselben Überlegungen wie bei der risikoreichen Investitionspolitik ergibt sich die Tendenz des Managementes zu mehr Investitionen als gesamtwirtschaftlich vernünftig wären.[90]
  - Unterinvestitionsproblem: Dieses Problem ergibt sich aus der Überlegung, dass Investitionen durch das Management unterlassen werden könnten, wenn die Vorteile aus der Investition in der Mehrheit den Fremdkapitalgebern zufließen, während die Investitionsauszahlungen in erster Linie zu Lasten des Unternehmens gehen. Denkbar wäre ein solcher Fall bei einem Unternehmen in der Krise, bei dem durch eine Investition der Anteil des befriedigten Fremdkapitals möglicherweise erhöht werden kann, während den Managern und Eigenkapitalgebern keine Zahlungen zufließen.[91]

[89] Vgl. *Schmidt/ Terberger* Investitions- und Finanzierungstheorie S. 410ff., *Streim* Grundzüge S. 13
[90] Vgl. *Schmidt/ Terberger* Investitions- und Finanzierungstheorie S. 418
[91] Vgl. *Schmidt/ Terberger* Investitions- und Finanzierungstheorie S. 419

- Die informationsbedingten Risiken umfassen – wie bei den Eigenkapitalgeberrisiken – das Täuschungsrisiko sowie das Risiko des Verschweigens von Informationen. Fremdkapitalgeber werden dabei dadurch geschädigt, dass sie überhaupt Fremdkapital bereitstellen, obwohl sie bei Kenntnis der tatsächlichen Unternehmenslage nicht dazu bereit gewesen wären, Fremdkapital im Austausch gegen eine nichtadäquate Vergütung bereitzustellen oder nach Bereitstellung der Mittel keine der Unternehmenssituation entsprechenden Anpassungen vornehmen können.[92]

- Ausschüttungsbedingte Risiken ergeben sich daraus, dass Manager gegen die vereinbarten Teilungsregeln des Zahlungsstromes verstoßen oder Handlungsspielräume im Rahmen der Teilungsregel ausnutzen.[93]

  - Bilanzkürzende Ausschüttung: Manager können sich aus diversen Gründen (z.B. Drängen der Eigenkapitalgeber, Vorspiegeln einer positiven Unternehmenslage) veranlasst sehen, Unternehmensvermögen zu veräußern und den Veräußerungserlös an die Eigenkapitalgeber auszuschütten. Fremdkapitalgeber werden dadurch geschädigt, dass im Falle der Insolvenz das Unternehmensvermögen nicht mehr als Haftungsmasse zur Verfügung steht.[94]
  - Fremdfinanzierte Ausschüttung[95]: In diesem Fall nimmt das Management zusätzliches Fremdkapital auf, um es umgehend an die Eigenkapitalgeber auszuschütten. Bisherige Fremdkapitalgeber verschlechtern ihre Position im Insolvenzfall, da zusätzliche anspruchsberechtigte Fremdkapitalgeber vorhanden sind. Die zusätzlichen Fremdkapitalgeber haben bei Täuschung über die Mittelverwendung keine adäquate Verzinsung gefordert.[96]

[92]Vgl. *Streim* Grundzüge S. 12
[93]Vgl. *Franken* Gläubigerschutz S. 40f.
[94]Vgl. *Streim* Grundzüge S. 12f.
[95]Ein ähnliches Risiko ergibt sich aus der in der Literatur als Forderungsverwässerung bezeichneten Problematik. Vgl. *Schmidt/Terberger* Investitions- und Finanzierungstheorie S. 421, *Franken* Gläubigerschutz S. 46ff.
[96]Vgl. *Streim* Grundzüge S. 13

3.4 Rechnungslegung zur Verringerung von Finanzierungsproblemen

3.4.1 Grundlagen

Rechnungslegung stellt keinen Selbstzweck dar, sondern hat instrumentalen Charakter.[97] Demnach stellt sich zunächst die Frage, welcher Zweck der Rechnungslegung beizumessen ist, um zweckgerichtet die Rechnungslegungsregeln[98] zu entwickeln. Sie darf nicht „zu einer Frage des persönlichen Geschmackes degradiert werden".[99]

Grundsätzlich existieren so viele Gewinnbegriffe wie Zwecke, die verfolgt werden sollen;[100] entsprechend erfordert jeder Zweck seine eigenen Gewinnermittlungsregeln.[101] Zweck der Rechnungslegung ist i.A. das Erreichen von Allokationseffizienz und Gerechtigkeit[102], wobei aus ökonomischer Sicht die Allokationseffizienz, d.h. die Steigerung der gesamtgesellschaftlichen Wohlfahrt, im Vordergrund steht.[103] Allerdings besteht die Schwierigkeit, Rechnungslegung im Rahmen einer wohlfahrtsökonomischen Totalanalyse zu untersuchen, sodass ein Subzweck der Rechnungslegung festzulegen ist. Dieser Subzweck wird durch die bestehenden Rechnungslegungssysteme, z.B. IAS/IFRS und HGB, im Kapitalgeberschutz gesehen. Es wird demnach davon ausgegangen, dass Kapitalgeberschutz und Allokationseffizienz positiv korrelieren.[104]

Kapitalgeber sind jedoch den in Abschnitt 3.3.4 dargestellten Kapitalgeberrisiken (investitions-, informations- und ausschüttungsbedingt) ausgesetzt.

[97] Vgl. *Streim* Grundzüge S. 8

[98] Die Untersuchung der Zweckmäßigkeit von Rechnungslegungsregeln für die Bilanzierung von Versicherungsverträgen erfolgt in Kapitel 5 auf Seite 155 aufbauend auf der nachfolgenden Darstellung der verfolgten Zwecke.

[99] *Streim* Entscheidungsnützliche Informationen S. 111

[100] Vgl. *Streim* Rückstellungen für Großreparaturen S. 1576

[101] Vgl. *Moxter* Gewinnermittlung S. 1f., *Schneider* Rechnungswesen S. 45

[102] Das Gerechtigkeitskriterium wird im Folgenden nicht behandelt, da Gerechtigkeitsvorstellungen vorwiegend an politischen und philosophischen Maßstäben bemessen werden und sich einer ökonomischen Analyse entziehen. Vgl. *Esser* Goodwillbilanzierung S. 30

[103] Vgl. *Streim* Entscheidungsnützliche Informationen S. 112, zur Allokationseffizienz vgl. auch *Wagner* Informations- und Ausschüttungsbemessungsfunktion S. 763

[104] Vgl. *Streim* Internationalisierung von Gewinnermittlungsregeln S. 326f.

Im Weiteren sollen Konzepte der Rechnungslegung dargestellt werden, die zum Erreichen des Subzweckes Kapitalgeberschutz beitragen können. Die folgende Abbildung gibt einen Überblick:[105]

Abbildung 3.2: Konzepte der Rechnungslegung zum Kapitalgeberschutz

3.4.2 Kapitalgeberschutz durch Gewinnermittlung

3.4.2.1 Begriff des Gewinnes

Der Gewinn ist ein wesentlicher Bestandteil des unternehmerischen Handelns.[106] Allerdings existiert bis heute keine allgemeingültige und einheitliche Definition des Begriffes „Gewinn“.[107] Der ist ganz allgemein als positive Differenz von zu definierenden Minuenden und Subtrahenden definiert; die negative Differenz wird als Verlust bezeichnet.[108] Ökonomisch gesehen spiegelt der Gewinn die Vergrö-

[105] In Anlehnung an *Streim* Entscheidungsnützliche Informationen S. 116
[106] Vgl. *Hauschildt* Gewinn S. 288
[107] Vgl. *Küting* Suche nach dem richtigen Gewinn S. 1441
[108] Vgl. *Hauschildt* Gewinn S. 288

ßerung des Wohlstandes wider.[109]Als Varianten des Gewinnbegriffes lassen sich – in Abhängigkeit von der Bestimmung der Minuenden und Subtrahenden – der Einzahlungsüberschuss, der pagatorische Gewinn[110], das Betriebsergebnis und der kalkulatorische Gewinn unterscheiden. Der Einzahlungsüberschuss basiert auf Ein- und Auszahlungen und der pagatorische Gewinn auf Erträgen und Aufwendungen. Das Betriebsergebnis basiert auf ordentlichen betrieblichen Erträgen und Aufwendungen, während sich der kalkulatorische Gewinn aus Leistungen und Kosten ergibt.[111]

Innerhalb der Rechnungslegung hängt das Verständnis vom Gewinnbegriff wesentlich von den verfolgten Bilanztheorien ab.[112] Nach der statischen Bilanztheorie[113] stellt der Gewinn die Zunahme des Reinvermögens (= Vermögen ./. Schulden) zwischen zwei Bilanzstichtagen dar.[114] Nach der dynamischen Bilanztheorie Schmalenbachs[115] wird der Gewinn primär aus der Erfolgsrechnung (= Erträge ./. Aufwendungen) unter Berücksichtigung des Matching Principles und des Kongruenzprinzips[116] abgeleitet.[117]

3.4.2.2 Gewinnermittlung zur Ausschüttungsbemessung

Ziel der Gewinnermittlung zur Ausschüttungsbemessung[118] ist die Ermittlung des „ausschüttungsoffenen bzw. -fähigen Betrages“[119]. Die Fremdkapitalgeber sollen vor den ausschüttungsbedingten Risiken[120] geschützt werden. Es ist sicherzustellen, dass nicht Beträge ausgeschüttet werden, die zur Befriedigung der Fremdka-

[109] Vgl. *Küting* Suche nach dem richtigen Gewinn S. 1441

[110] Der Begriff wurde durch Kosiol geprägt. Vgl. *Kosiol* Pagatorische Bilanz S. 111–879

[111] Vgl. *Hauschildt* Gewinn S. 288f.

[112] Vgl. *Küting* Suche nach dem richtigen Gewinn S. 1442

[113] Vgl. zur statischen Bilanzlehre grundlegend *Simon* Bilanzen

[114] Vgl. *Hartle* Entobjektivierung S. 29f.

[115] Vgl. zur dynamischen Bilanzlehre *Schmalenbach* Dynamische Bilanzlehre

[116] Vgl. hierzu *Schmalenbach* Dynamische Bilanz S. 96ff.

[117] Vgl. *Küting* Suche nach dem richtigen Gewinn S. 1443

[118] Wie in Abschnitt 3.5 auf Seite 58 dargestellt wird, setzt das IASB auf das Konzept der Gewinnermittlung zur Informationsvermittlung, der Informationsbilanz und der sonstigen Informationsvermittlung, sodass im Rahmen dieser Arbeit nur kurz auf das Konzept der Gewinnermittlung zur Ausschüttungsbemessung eingegangen werden soll. Vgl. ausführlich hierzu *Bieker* Fair Value Accounting S. 52–63 und *Leippe* Leasinggeschäfte S. 59–70

[119] *Leippe* Leasinggeschäfte S. 59

[120] Siehe hierzu Abschnitt 3.3.4.2 auf Seite 46

pitalgeberansprüche noch erforderlich sind.[121] Die Eigenkapitalgeber sind vor der Gefahr der Gewinnverkürzung durch das Management zu schützen.[122]

Demnach ist ein Interessenausgleich zwischen den Ausschüttungsinteressen der Eigenkapitalgeber und denen der Fremdkapitalgeber in der Begrenzung der Ausschüttung zu finden, der eine „Wertung der Schutzwürdigkeit der divergierenden Interessen“[123] erfordert.[124] *Leippe* kommt zu dem Schluss, dass bei Aufstellung einer Zerschlagungsbilanz die Fremdkapitalgeber den größtmöglichen Schutz erhalten, die Ausschüttungen an die Eigenkapitalgeber jedoch tendenziell geringer ausfallen oder auf später verschoben werden. Die Prämisse der Unternehmensfortführung ist daher eher im Interesse der Eigenkapitalgeber.[125]

In beiden Fällen sollte die Gewinnermittlung zur Ausschüttungsbemessung nicht überschätzt werden, da im Zerschlagungsfall durch Prognoseprobleme nicht intersubjektiv nachprüfbare Ergebnisse erreicht werden und im Fortführungsfall nur hilfsweise ein Schutz vor Insolvenz – noch dazu suboptimal – geboten wird.[126]

3.4.2.3 Gewinnermittlung zur Informationsvermittlung

Kapitalgeber, seien es aktuelle oder potenzielle, haben vorrangig ein finanzielles Interesse. Dabei interessieren sich Eigenkapitalgeber im Wesentlichen für Informationen über die Breite, zeitliche Struktur und Unsicherheit[127] der künftigen Ausschüttungen sowie die künftige Entwicklung des Unternehmenswertes. Gläubiger dagegen haben ein Interesse an der fristgerechten Zahlung von Zinsen und Tilgung und benötigen Informationen über die Wahrscheinlichkeit einer Insolvenz und das Kreditausfallrisiko.[128]

Alle Kapitalgeber haben somit ein Interesse an der Fähigkeit des Kapitalnehmers, zukünftig Zahlungsströme generieren zu können.[129] Es besteht demnach

---

[121] Vgl. *Leippe* Leasinggeschäfte S. 59
[122] Vgl. *Bieker* Fair Value Accounting S. 52
[123] *Bieker* Fair Value Accounting S. 53
[124] Vgl. *Bieker* Fair Value Accounting S. 53
[125] Vgl. *Leippe* Leasinggeschäfte S. 70
[126] Vgl. *Bieker* Fair Value Accounting S. 62f.
[127] Vgl. hierzu bereits *Moxter* Grundsätze S. 38f.
[128] Vgl. *Streim* Generalnorm S. 399
[129] Vgl. *Streim/Bieker/Leippe* Theoretische Fundierung S. 181

— anders als bei der Ausschüttungsbemessung — keine Interessendivergenz von Eigen- und Fremdkapitalgebern im Hinblick auf das Informationsinteresse.[130]

Informationen sind „zweckorientiertes Wissen“[131], Zweck ist – wie oben erläutert – der Kapitalgeberschutz. Um diesen zu gewährleisten, sind den Kapitalgebern entscheidungsnützliche Informationen zur Verfügung zu stellen.[132] „Eine Entscheidung ist die auf Basis rationaler Kriterien bewusst vollzogene Auswahl einer als optimal eingeschätzten Handlungsalternative.“[133] Entscheidungsnützlich ist eine Information, wenn die beiden Kriterien der Relevanz und Verlässlichkeit erfüllt werden.[134]

Diese Informationen können nach h.M. unmittelbar nur aus Finanzplänen gewonnen werden.[135] Allerdings sind zur Aufstellung eines Finanzplanes Prognosen über die zukünftigen Ein- und Auszahlungen erforderlich, bei denen sich das Problem der Überprüfbarkeit und Glaubwürdigkeit stellt.[136] Zur Vermeidung dieser Probleme bleibt die Möglichkeit, den Kapitalgebern mittelbar verwertbare Informationen in Form von prognosegeeigneten Ist-Größen zur Verfügung zu stellen[137], wie etwa in Form von finanziellen Indikatoren zur Prognose künftiger Zahlungsströme.[138]

Im Rahmen der Gewinnermittlung zur Informationsvermittlung ist demnach als prognosegeeignete Ist-Größe ein prognosegeeigneter Gewinn zu ermitteln.[139]

Neben einem prognosegeeigneten Gewinn können die zur Verfügung gestellten Informationen jedoch auch auf eine Gewinngröße abzielen, die zur Messung der Managementleistungen (Performance) dient.[140] Als dritter Weg – neben dem Finanzplan und prognosegeeigneten Größen – bleibt noch die Möglichkeit der Bereit-

[130] Vgl. *Bieker* Fair Value Accounting S. 64

[131] *Pellens/Fülbier* Rechnungslegungsregulierung S. 581f. und *Wittmann* Unvollkommene Information S. 14

[132] Vgl. *Leippe* Leasinggeschäfte S. 76

[133] *Haller/Dietrich* Abbildung von F&E S. 300

[134] Vgl. *Leippe* Leasinggeschäfte S. 77, *Haller/Dietrich* Abbildung von F&E S. 300f.; auf beide Kriterien wird in Abschnitt 3.5.2 auf Seite 59 näher eingegangen.

[135] Vgl. *Streim* Entscheidungsnützliche Informationen S. 120

[136] Vgl. *Streim* Stellenwert des Lageberichtes S. 718

[137] Vgl. *Streim* Entscheidungsnützliche Informationen S. 120

[138] Vgl. *Haller/Dietrich* Abbildung von F&E S. 302

[139] Siehe hierzu Abschnitt 3.4.2.3.1 auf der nächsten Seite

[140] Vgl. *Streim/Bieker/Esser* Fair Values S. 475

stellung verbaler Ausführungen „über die unternehmensspezifischen Stärken und Schwächen, quasi als „mittelbarste“ (Hervorhebung im Original, A.d.V.) Grundlage einer Prognose künftiger Cashflows“[141].[142]

3.4.2.3.1 Gewinnermittlung durch einen prognosegeeigneten Gewinn

Informationsfreundlich wäre ein (bestandsgrößenorientierter) Gewinn, wenn die Aktiv- und Passivposten sämtliche Ein- und Auszahlungspotenziale bewertet zum Barwert widerspiegeln würden, wobei auch geplante, jedoch noch nicht realisierte Zahlungen aus Maßnahmen zu berücksichtigen wären.[143] Dieser Forderung entspricht im Wesentlichen der ökonomische Gewinn[144]. Der basiert allerdings auf zukünftigen Zahlungen, sodass sich auch hier – wie bei der Aufstellung von Finanzplänen – die Problematik der Nachprüfbarkeit und Glaubwürdigkeit ergibt.[145]

Ist eine Verwendung von zukünftigen Größen unter dem Gesichtspunkt der Verlässlichkeit nicht zu akzeptieren, dann verbleibt noch ein Rückgriff auf vergangenheitsbezogene Ist-Größen. Dies ist allerdings nur dann vertretbar, wenn der ermittelte Gewinn eine prognosegeeignete Ist-Größe darstellt.[146] Prognosegeeignet ist eine Größe, wenn sie ein guter Indikator[147] für zukünftige Größen ist.[148] Eine Voraussetzung hierfür ist, dass sich nur nachhaltige Veränderungen der Geschäftstätigkeit auf den Gewinn auswirken; entsprechend dürfen außerordentliche Ereignisse keinen Einfluss auf den Gewinn ausüben, da sie sich in zukünftigen Perioden nicht wiederholen werden.[149] Darüber hinaus kann ein vergangenheitsbezogener Gewinn nur ein Indikator für die Zukunft sein, wenn von konstanten Umweltbedingungen ausgegangen werden kann. Im Falle variabler Umweltbedingungen, in denen sich externe Faktoren wie Lieferanten, Kunden, Konkurrenz oder

[141] *Haller/Dietrich* Abbildung von F&E S. 302
[142] Vgl. *Haller/Dietrich* Abbildung von F&E S. 302; hierauf soll in Abschnitt 3.4.4 auf Seite 57 eingegangen werden.
[143] Vgl. *Leippe* Leasinggeschäfte S. 78, *Esser* Goodwillbilanzierung S. 51
[144] Zum Begriff des ökonomischen Gewinnes vgl. detailliert *Schneider* Rechnungswesen S. 271ff.
[145] Vgl. *Streim* Generalnorm S. 405
[146] Vgl. *Leippe* Leasinggeschäfte S. 79
[147] Es handelt sich somit um ein Substitut für einen prognostizierten zukünftigen Gewinn.
[148] Vgl. *Leippe* Leasinggeschäfte S. 79; zu Indikatoren in der Rechnungslegung vgl. auch *Moxter* Grundsätze S. 49; vgl. zur Prognosetauglichkeit auch *Pellens/Fülbier* Rechnungslegungsregulierung S. 582
[149] Vgl. *Streim/Bieker/Esser* Fair Values S. 476

das allgemeine Umfeld ändern, lässt eine derartige Gewinngröße keinen Schluss auf die Zukunft mehr zu.[150] „Eine noch so trickreiche Verrechnung vergangener Geschäftsvorfälle kann [den] Blick in die Zukunft nicht ersetzen.“[151]

Um Änderungen dieser externen Faktoren oder geplante Maßnahmen des Kapitalnehmers in die Prognosen des Kapitalgebers einbeziehen zu können, müssten weitere, außerhalb der Gewinngröße liegende Indikatoren und Informationen vermittelt werden.[152]

3.4.2.3.2 Zur Performance-Messung geeigneter Gewinn

Performance-Messung ist Teil der Anreiz- und Vergütungssysteme zwischen Kapitalgebern, insbesondere Eigenkapitalgebern, und Managern. Ziel ist es, die Interessenkonflikte und damit die Principal-Agent-Problematik zwischen Eigenkapitalgebern und Managern zu reduzieren und das Verhalten der Manager zu steuern.[153]

Soll der Gewinn zur Einschätzung der Managementleistung, d.h. zur Performance-Messung, dienen, so muss er alle positiven und negativen Folgen der Managemententscheidungen aus dem zu beurteilenden Zeitraum widerspiegeln. Kapitalgeber brauchen Informationen darüber, ob und in welche Richtung der Unternehmenswert durch Managemententscheidungen beeinflusst worden ist sowie Kenntnisse über Auswirkungen auf künftige Dividendenzahlungen und Einzahlungs- bzw. Ertragsüberschüsse.[154]

Es müssen alle Auswirkungen der bereits getätigten Managemententscheidungen im Gewinn der abgelaufenen Periode, aber auch und gerade in den Gewinnen zukünftiger Perioden, sofern diese noch von den Entscheidungen betroffen sind (im Fall von mehrperiodischen Nutzenpotenzialen), enthalten sein.[155] Dagegen dürfen geplante, zukünftige Managemententscheidungen keinen Einfluss auf das aktuelle Performance-Maß haben.[156]

[150] Vgl. *Streim* Entscheidungsnützliche Informationen S. 125
[151] *Streim* Entscheidungsnützliche Informationen S. 125
[152] Vgl. *Leippe* Leasinggeschäfte S. 80f., *Esser* Goodwillbilanzierung S. 53
[153] Vgl. *Hachmeister* Performancemaße Sp. 1385; siehe im Detail hier auch zu unterschiedlichen erfolgsorientierten Performancemaßen.
[154] Vgl. *Streim/Bieker/Esser* Fair Values S. 475
[155] Vgl. *Streim/Esser* Informationsvermittlung S. 839
[156] Vgl. *Streim/Bieker/Esser* Fair Values S. 475

3.4.3 Informationsvermittlung im Rahmen einer Informationsbilanz

Anstelle der Bereitstellung eines prognosegeeigneten Gewinnes ergibt sich auch die Möglichkeit, prognosegeeignete Bilanzposten als entscheidungsnützliche Informationen den Kapitalgebern zur Verfügung zu stellen.

Informativ ist ein Aktivposten, wenn er das Einzahlungspotenzial, das aus ihm für den Kapitalnehmer erwächst, widerspiegelt. Entsprechend gilt für einen Passivposten, dass er Informationsnutzen bereitstellt, wenn er das Auszahlungspotenzial des Postens verdeutlicht. Die Idee, die hinter den Überlegungen zu den Zahlungspotenzialen steht, besteht darin, dass ein Aktivposten, der Einzahlungsüberschüsse generiert, den möglichen Zahlungsrückfluss an den Kapitalnehmer steigert, während Auszahlungsüberschüsse generierende Passivposten den möglichen Zahlungsrückfluss verringern.[157] Die Bewertung müsste zum Ertragswert[158] erfolgen.[159] Dies bedeutet, dass zur Erfüllung des Informationszieles alle Posten anzusetzen sind, die Cash Flow-Potenziale darstellen und somit positiv zum Unternehmenswert im Sinne eines Ertragswertes beitragen.[160]

Hiergegen lässt sich anführen, dass die damit verbundenen Schätz- und Ermessensspielräume zu wenig Verlässlichkeit – bei höherer Relevanz – der Informationen führen[161], sodass eine Wertung hinsichtlich der Verlässlichkeit und der Relevanz erforderlich wäre.

Ein weiterer Kritikpunkt ist, dass sich viele Zahlungspotenziale nicht zu einzelnen Aktiv- und Passivposten separat zuordnen lassen.[162] Ein Ausweg wäre jedoch die Bildung von Bewertungseinheiten auf höherer Aggregationsebene und

[157] Vgl. *Streim/Esser* Informationsvermittlung S. 837, *Streim/Bieker/Esser* Schleichender Abschied S. 231

[158] Zum Ertragswert sowie zum Ertragswertverfahren vgl. *Botz* Ertragswert, *Serf* Ertragswertverfahren, *Kohl/Schulte* Ertragswertverfahren

[159] Vgl. *Streim/Bieker/Leippe* Theoretische Fundierung S. 195, *Bieker* Fair Value Accounting S. 77

[160] Vgl. *Streim/Bieker/Leippe* Theoretische Fundierung S. 191f.

[161] Vgl. *Bieker* Fair Value Accounting S. 77f.

[162] Vgl. *Bieker* Fair Value Accounting S. 78 m.w.N.

damit eine Zusammenfassung von Bilanzposten zu Cash Flow-generierenden Einheiten.[163]

3.4.4 Kapitalgeberschutz durch sonstige Informationsvermittlung

Neben dem Konzept des Kapitalgeberschutzes durch Gewinnermittlung sowie im Rahmen einer Informationsbilanz wird auch das Konzept der sonstigen Informationsvermittlung diskutiert.[164]

Sonstige Informationsvermittlung kann in Form von Ausweis- und Gliederungsvorschriften für die Bilanz sowie die Gewinn-und-Verlust-Rechnung, aber auch in zusätzlichen quantitativen oder qualitativen Angaben im Anhang, Lagebericht[165], Kapitalflussrechnungen, Segmentberichterstattungen oder Geschäftsberichten erfolgen.[166] Entscheidend ist, dass auch bei der sonstigen Informationsvermittlung die Kriterien der Relevanz und Verlässlichkeit erfüllt werden.[167]

Die sonstige Informationsvermittlung ist jedoch nicht als alleinstehendes Informationsinstrument zu betrachten, sondern dient primär der Ergänzung zum Konzept des Kapitalgeberschutzes durch Gewinnermittlung sowie durch eine Informationsbilanz.[168]

Demnach muss die sonstige Informationsvermittlung umso mehr zum Kapitalgeberschutz beitragen, je weniger entscheidungsnützliche Informationen aus der Bilanz sowie der Gewinnermittlung gezogen werden können.[169]

---

[163] Vgl. hierzu im Einzelnen *Bieker* Fair Value Accounting S. 78f. Auf Cash Flow-generierende Einheiten wird insofern bereits in den IAS/IFRS in IAS 36 im Rahmen des Impairment Tests für den Goodwill abgestellt.

[164] Vgl. *Leippe* Leasinggeschäfte S. 89ff., *Esser* Goodwillbilanzierung S. 59

[165] Bzgl. der Informationsfunktion des Lageberichtes siehe *Streim* Stellenwert des Lageberichtes

[166] Vgl. *Leippe* Leasinggeschäfte S. 89f.

[167] Vgl. *Esser* Goodwillbilanzierung S. 59

[168] Vgl. *Bieker* Fair Value Accounting S. 79, *Pellens/Fülbier* Rechnungslegungsregulierung S. 585, die sich hierbei auf Ergebnisse der empirischen Kapitalmarktforschung stützen; vgl. bereits Moxters Abkopplungsthese, in deren Rahmen der Anhang die Informationsverzerrungen von Bilanz sowie Gewinn-und-Verlust-Rechnung korrigieren soll. Vgl. *Moxter* Bilanzlehre S. 67f.

[169] Vgl. *Bieker* Fair Value Accounting S. 79

3.5 Das Konzept der IAS/IFRS

3.5.1 Zweck der Rechnungslegung nach IAS/IFRS[170]

Aus dem IASB-Rahmenkonzept[171] lässt sich herauslesen, dass den primären Zweck der Rechnungslegung und des Jahres- bzw. Konzernabschlusses[172] der Kapitalgeberschutz bildet.[173] Dieser Zweck soll gem. Rahmenkonzept wie folgt erreicht werden:[174]

> „The objective of financial statements is to provide information about the financial position, performance and changes in financial position of an entity that is useful to a wide range of users in making economic decisions.“

Damit ist Mittel zum Zweck die Vermittlung entscheidungsnützlicher Informationen an den Abschlussadressaten. Darüber hinaus soll dem Abschlussadressaten die Möglichkeit eingeräumt werden, die Performance des Managementes zu beurteilen[175] wie F.14 bzw. ähnlich IAS 1.7 verdeutlichen:

> „Financial statements also show the results of the stewardship of management, or the accountability of management for the resources entrusted to it.“

[170] Im weiteren Verlauf der Arbeit soll nur noch von IFRS gesprochen werden und hiermit auch die älteren, als IAS bezeichneten Standards eingeschlossen sein, wenn das Regelwerk im Ganzen gemeint ist.

[171] Vgl. detailliert zum Rahmenkonzept *Wollmert/Achleitner* Konzeptionelle Grundlagen; im Folgenden wird das Rahmenkonzept mit F für Framework zitiert.

[172] Da die IFRS grundsätzlich nicht zwischen Einzel- und Konzernabschluss unterscheiden, soll im Folgenden der Terminologie der IFRS folgend insgesamt von Financial Statements gesprochen werden und sowohl der Jahres- als auch der Konzernabschluss mit einbezogen werden.

[173] Vgl. *Streim* Entscheidungsnützliche Informationen S. 113

[174] F.12 bzw. so ähnlich IAS 1.7

[175] Im Gegensatz zum IASB strebt das FASB durch die US-GAAP nicht ein derartiges Ziel an. Vgl. SFAC 1.53

IAS 1.7 führt weiter aus:

> „This information, along with other information in the notes, assists users of financial statements in predicting the entity's future cash flows and, in particular, their timing and certainty."

Wer sind aber nun die Adressaten, die die Informationen benötigen, die das IASB zu vermitteln beabsichtigt?

F.9 nennt als Adressaten aktuelle und potenzielle Investoren (Eigenkapitalgeber), Mitarbeiter, Fremdkapitalgeber, Lieferanten und andere Gläubiger, Kunden, Regierungen sowie weitere öffentliche Einrichtungen oder die Öffentlichkeit allgemein und verweist darauf, dass diese Adressaten unterschiedliche Informationsbedürfnisse haben. In F.10 wird allerdings unterstellt, dass die Erfüllung der Informationsbedürfnisse der Investoren als Risikokapitalgeber, den größten Teil der Informationsbedürfnisse der anderen Adressaten ebenfalls befriedigt. Allerdings ist hierbei zu berücksichtigen, dass auch Fremdkapitalgeber Risikokapital bereitstellen, da auch die Festbetragsansprüche der Kreditgeber ausfallbedroht sind. Insofern sind zu den Investoren auch die Fremdkapitalgeber zu zählen.[176] Somit sind aktuelle und potenzielle Eigen- und Fremdkapitalgeber die zentralen Adressaten, auf die die IFRS maßgeschneidert werden sollen.

Zusammenfassend lässt sich demnach festhalten, dass das IASB den Zweck des Kapitalgeberschutzes durch die Vermittlung von für die aktuellen und potenziellen Investoren entscheidungsnützlichen Informationen erreichen möchte.

3.5.2 Qualitative Anforderungen an die Rechnungslegung

3.5.2.1 Überblick über die qualitativen Anforderungen

Nach der Festlegung des Zweckes eines Rechnungslegungskonzeptes sind allgemeine Grundsätze zu entwickeln, die der Rechnungslegende, aber auch der Adressat zur Auslegung und Orientierung nutzen kann.[177]

[176] Vgl. *Streim/Bieker/Leippe* Theoretische Fundierung S. 179
[177] Vgl. *Streim/Bieker/Leippe* Theoretische Fundierung S. 178

Diese hat das IASB in seinen qualitativen Anforderungen (Qualitative Characteristics), bei denen zwischen vier Primär- und sechs Sekundärgrundsätzen unterschieden wird, sowie Nebenbedingungen im Rahmenkonzept[178] beschrieben. Die folgende Abbildung gibt einen Überblick:[179]

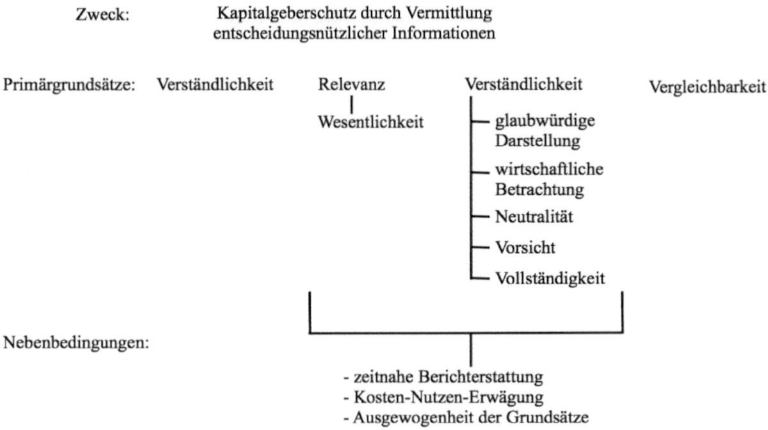

Abbildung 3.3: Zweck und qualitative Anforderungen der Rechnungslegung nach IFRS

Die beiden wichtigsten Primärgrundsätze sind die der Relevanz und der Verlässlichkeit.[180]

3.5.2.2 Relevanz

Der Grundsatz der Relevanz besagt, dass eine Information dann relevant ist, „when it influences the economic decisions of users by helping them evaluate past, present or future events or confirming, or correcting, their past evaluations".[181] Anders

[178] Siehe F.24–45

[179] In Anlehnung an *Pellens* et al. Internationale Rechnungslegung S. 119

[180] Vgl. *Streim/Bieker/Leippe* Theoretische Fundierung S. 184; derzeit arbeitet das IASB zusammen mit dem FASB an einer Überarbeitung des Rahmenkonzeptes. Siehe hierzu Abschnitt 3.5.6 auf Seite 70

[181] F.26

ausgedrückt heißt dies, dass eine Information einen Predictive Value oder einen Feedback Value vorweisen soll.[182]

Da eine Vielzahl von Informationen für den Abschlussadressaten relevant sein können und auch nahezu alle unternehmensinternen Daten einzubeziehen wären, sind aus Kosten- sowie Wettbewerbsgründen nach dem zugehörigen Sekundärgrundsatz der Wesentlichkeit nur die relevanten Informationen bereitzustellen, die auch wesentlich sind.[183]

Gem. F.30 ist eine Information wesentlich, „if its omission or misstatement could influence the economic decisions of users taken on the basis of the financial statements". Der Grundsatz der Wesentlichkeit zielt nach dem Wortlaut des F.30 primär auf quantitative Aspekte[184] („Threshold or Cut-off-Point")[185] und beinhaltet die Frage nach einem gesonderten Ausweis oder der Angabe sowie der Tolerierbarkeit von Fehlern. Er umfasst nicht die Frage, ob unwesentliche Transaktionen weggelassen werden können, da ansonsten die Ordnungsmäßigkeit der Buchführung in Frage zu stellen wäre.[186]

Allerdings gibt das Rahmenkonzept keine Antwort auf die Frage, für wen und an welcher Größe die Wesentlichkeit zu bestimmen ist.[187] Denn die Wesentlichkeit kann nicht allgemein, sondern nur sachverhaltsabhängig festgelegt werden.[188] Demnach kann auf den Effekt bzgl. wichtiger quantitativer Größen wie das Eigenkapital oder das Periodenergebnis abgestellt werden.[189] Denkbar wäre auch die Verwendung von Bilanzsumme oder der Umsatzerlöse.

3.5.2.3 Verlässlichkeit

Der Grundsatz der Verlässlichkeit ist bei einer Information erfüllt, „when it is free from material error and bias and can be depended upon by users to repre-

[182] Vgl. *Streim/Bieker/Leippe* Theoretische Fundierung S. 184
[183] Vgl. *Pellens* et al. Internationale Rechnungslegung S. 115
[184] Es wird jedoch auch die Auffassung vertreten, dass in der Praxis der Wesentlichkeitsgrundsatz sowohl qualitativ als auch quantitativ ausgelegt wird. Vgl. *Ernst & Young* International GAAP S. 107
[185] F.30
[186] Vgl. *Wollmert/Achleitner* Konzeptionelle Grundlagen S. 214
[187] Vgl. *Ernst & Young* International GAAP S. 107
[188] Vgl. *Wollmert/Achleitner* Konzeptionelle Grundlagen S. 214
[189] Vgl. *Pellens* et al. Internationale Rechnungslegung S. 115

sent faithfully that which it either purports to represent or could reasonably be expected to represent".[190]

Die Verlässlichkeit ist ein wichtiges Kriterium von bereitzustellenden Informationen, da bei fehlender Verlässlichkeit die Informationen für die Entscheidungsfindung der Investoren nur beschränkt nutzbar sind.[191]

Der Grundsatz der Verlässlichkeit wird durch fünf Sekundärgrundsätze konkretisiert, die kumulativ zu erfüllen sind:[192]

- Glaubwürdige Darstellung (Faithful Representation):

  Informationen müssen die Transaktionen und andere Ereignisse, die sie darzustellen vorgeben oder von denen erwartet wird, dass sie sie darstellen, glaubwürdig darstellen.[193]

- Wirtschaftliche Betrachtungsweise (Substance over Form):

  Die wirtschaftliche Betrachtungsweise verlangt, dass ein Sachverhalt nach seinem wirtschaftlichen Gehalt und nach der wirtschaftlichen Realität beurteilt wird und nicht lediglich nach der rechtlichen Form. Dies kann bspw. der Fall sein, wenn ein Vermögenswert rechtlich an einen Dritten veräußert wird, aber der zukünftige Nutzen aus dem Vermögenswert bei dem Verkäufer verbleibt.[194] Auch bei Leasinggeschäften[195] kann rechtliche Form und wirtschaftlicher Gehalt auseinanderfallen.

- Neutralität (Neutrality):

  Der Grundsatz der Neutralität ist erfüllt, wenn die Information „free from bias"[196] ist, d.h. „frei von verzerrenden Einflüssen"[197]. Dies ist bspw. nicht erfüllt, wenn die Entscheidungsfindung der Adressaten zielgerichtet durch die Financial Statements beeinflusst werden soll.[198]

[190] F.31
[191] Vgl. *Pellens* et al. Internationale Rechnungslegung S. 115
[192] Vgl. *Pellens* et al. Internationale Rechnungslegung S. 115f.
[193] F.33
[194] F.35
[195] Zur Bilanzierung von Leasinggeschäften vgl. IAS 17
[196] F.36
[197] *Pellens* et al. Internationale Rechnungslegung S. 116
[198] F.36

- Vorsicht (Prudence):

  Aufgrund der allgemeinen Unsicherheit wird ein gewisses Maß an Vorsicht bei der erforderlichen Ausübung von Ermessensspielräumen bei Schätzungen verlangt, sodass Vermögenswerte und Erträge nicht überbewertet sowie Schulden und Aufwendungen nicht unterbewertet werden. Dabei sollen jedoch nicht bewusst stille Reserven oder übermäßige Rückstellungen gebildet werden, da ansonsten der Grundsatz der Neutralität beeinträchtigt würde.[199] Somit stellt der Grundsatz der Vorsicht lediglich eine „Bewertungsregel bei Ermessensspielräumen“[200] dar und hat nicht die Bedeutung wie z.B. in der handelsrechtlichen Rechnungslegung nach § 252 Abs. 1 Nr. 4 HGB.

- Vollständigkeit (Completeness):

  Dieser Grundsatz verlangt, dass Informationen „within the bounds of materiality and cost“[201] vollständig sein müssen. Ein Weglassen kann dazu führen, dass sie falsch oder irreführend und somit unverlässlich, ja unzulänglich in Bezug auf die Relevanz sind.[202]

Die beiden wichtigsten qualitativen Anforderungen „Relevanz und Verlässlichkeit“ erfordern allerdings i.d.R. einen Trade-off[203], da Informationen für den Adressaten zwar hochgradig relevant sein können, aber bspw. wegen des Zukunftsbezuges oder auch wegen fehlender Glaubwürdigkeit der Aussagen des Managementes als nichtverlässlich eingestuft werden.[204] Auf der anderen Seite können Informationen verlässlich sein (bspw. vergangenheitsbezogene, beobachtbare Daten), die jedoch ggf. nicht als relevant angesehen werden.

[199] F.37
[200] *Wollmert/Achleitner* Konzeptionelle Grundlagen S. 248
[201] F.38
[202] F.38
[203] Vgl. die Nebenbedingung der Ausgewogenheit der Grundsätze in Abschnitt 3.5.2.5 auf der nächsten Seite
[204] Vgl. *Streim/Bieker/Leippe* Theoretische Fundierung S. 184

3.5.2.4 Weitere Grundsätze

Neben den Grundsätzen der Relevanz und Verlässlichkeit zählt auch der Grundsatz der Verständlichkeit (Understandability) zu den Primärgrundsätzen des Rahmenkonzeptes.

Die in den Financial Statements gegebenen Informationen müssen für den Abschlussadressaten verständlich sein, wobei davon ausgegangen wird, dass der Adressat ein angemessenes Maß an wirtschaftlichem und rechnungslegungsspezifischem Wissen besitzt und bereit ist, die Informationen mit angemessener Sorgfalt zu lesen. Allerdings verbietet es sich, entscheidungsrelevante Informationen deswegen wegzulassen, weil sie für einige Adressaten zu komplex und schwer zu verstehen sind.[205]

Als vierter Primärgrundsatz gilt der Grundsatz der Vergleichbarkeit (Comparability), wonach die Financial Statements im Zeitablauf vergleichbar sein sollen, um Trends der finanziellen Lage und Performance erkennen zu können. Des Weiteren soll es den Adressaten ermöglicht werden, nicht nur intertemporale Vergleiche, sondern auch Vergleiche mit Financial Statements anderer Unternehmen anstellen zu können.[206] Hierzu sollen die Leser über die angewandten Bilanzierungsmethoden, Änderungen dieser Methoden und die Effekte dieser Änderungen informiert werden.[207] Das Kriterium der Stetigkeit (Consistency) findet sich in diesem Grundsatz wieder.[208]

3.5.2.5 Nebenbedingungen zu den Grundsätzen der Relevanz und Verlässlichkeit

Die Nebenbedingung der zeitnahen Berichterstattung ist erforderlich, da mit zunehmendem Abstand vom Berichtsdatum die Relevanz der Informationen abnimmt, die Verlässlichkeit allerdings zunimmt. Daher muss hier eine Aus-

[205] F.25
[206] F.39
[207] F.40
[208] Vgl. F.39, worin die Darstellung von Transaktionen und Ereignissen in stetiger Weise gefordert wird.

gewogenheit zwischen beiden Grundsätzen gefunden werden, die sich an den Entscheidungs- und Informationsbedürfnissen der Adressaten orientieren muss.[209]

Kosten-Nutzen-Erwägungen sind erforderlich, da der Nutzen der Information grundsätzlich deren Kosten übersteigen sollte.[210]

Die Ausgewogenheit der Grundsätze[211] verlangt dem Bilanzierenden ein gewisses Maß an professionellem Urteilsvermögen ab, um eine Gewichtung der qualitativen Anforderungen in jedem Einzelfall vorzunehmen.[212] Dies bietet jedoch auch Ermessensspielräume, die der Bilanzierende zu seinen Gunsten nutzen kann.

3.5.3 Bestandteile der Financial Statements nach IFRS

Financial Statements nach IFRS beinhalten gem. IAS 1.10 folgende Bestandteile:

- Bilanz *(Statement of Financial Position)*[213]
- Gesamterfolgsrechnung *(Statement of Comprehensive Income)*
- Eigenkapitalveränderungsrechnung *(Statement of Changes in Equity)*
- Kapitalflussrechnung *(Statement of Cash Flows)*
- Anhang *(Notes)*.

Daneben werden gem. IAS 1.13 durch einige Unternehmen außerhalb der Financial Statements Berichte des Managementes über die wesentlichen Merkmale der Vermögens-, Finanz- und Ertragslage sowie über wichtige Unsicherheiten erstellt.[214] Nach IFRS 8 haben Unternehmen, deren Wertpapiere öffentlich gehandelt werden oder die den öffentlichen Handel anstreben, die obigen Elemente um eine Segmentberichterstattung zu erweitern.[215]

[209] Vgl. F.43
[210] F.44
[211] Vgl. hierzu den Trade-off in Abschnitt 3.5.2.3 auf Seite 61
[212] F.45
[213] Ggf. ist auch noch eine Eröffnungsbilanz für die erste Vergleichsperiode anzufügen. Vgl. IAS 1.10
[214] Dies sind Teile, die ein Lagebericht nach § 289 HGB enthalten soll.
[215] Vgl. zum Anwendungsbereich des Standards IFRS 8.2

Die Bilanz[216] soll ein umfassendes Bild von der Vermögens- und Finanzlage eines Unternehmens zum Berichtsstichtag liefern.[217] Hierzu beinhaltet die Bilanz nach F.47 die Elemente: Vermögenswerte (Assets), Schulden (Liabilities) und Eigenkapital (Equity). Somit zeigt die Bilanz zum einen die Vermögensstruktur (Mittelverwendung) und zum anderen die Struktur des finanzierenden Kapitals (Mittelherkunft).[218]

Die Gewinn-und-Verlust-Rechnung bietet dem Leser ein Bild von der Ertragslage eines Unternehmens und beinhaltet die Elemente Erträge (Income) und Aufwendungen (Expenses).[219] Der Saldo ergibt das Periodenergebnis (Profit or Loss).

Die Eigenkapitalveränderungsrechnung zeigt die Zusammensetzung und Entwicklung des Eigenkapitals. Zwar wird das Eigenkapital als Residualgröße zwischen allen Vermögenswerten und allen Schulden definiert[220], allerdings hält das IASB eine Unterteilung des Eigenkapitals für sinnvoll, z.B. wenn rechtliche oder andere Begrenzungen für Teile des Eigenkapitals bestehen.[221]

Die Kapitalflussrechnung nach IAS 7 ist ein Mittel zur Vermittlung des Bildes der Finanzlage, in dem idealerweise[222] Zahlungszu- und -abflüsse dargestellt werden.

Der Anhang fungiert als zusätzliches Informationsmedium zur Bilanz, zur Gesamterfolgsrechnung, zur Eigenkapitalveränderungsrechnung und zur Kapitalflussrechnung und beinhaltet verbale Beschreibungen und Untergliederungen von Posten der anderen Bestandteile der Financial Statements.[223]

---

[216] Zu beachten ist, dass die Terminologie im verwendeten IAS 1 (revised September 2007) sowie im Framework nach der Änderung des IAS 1 in 2007 nicht übereinstimmt. So spricht das Framework von Balance Sheet und Income Statement und IAS 1 von Statement of Financial Position sowie Statement of Comprehensive Income. Im Übrigen ist das Statement of Comprehensive Income weiter gefasst als das Income Statement. Vgl. hierzu IAS 1.81ff.

[217] Vgl. *Pellens* et al. Internationale Rechnungslegung S. 164

[218] Vgl. *Pellens* et al. Internationale Rechnungslegung S. 164

[219] F.47

[220] F.49(c)

[221] F.65

[222] Zu beachten ist, dass sowohl die Möglichkeiten der direkten als auch der indirekten Darstellung der Kapitalflussrechnung bestehen, wobei allein die direkte Darstellung explizit Zahlungsflüsse zeigt. Zur Kapitalflussrechnung vgl. detailliert *Pellens* et al. Internationale Rechnungslegung S. 182–198, *v. Wysocki* Kapitalflussrechnung, *Löw* Kapitalflussrechnung, *Ordelheide/Leuz* Kapitalflussrechnung, *Scheffler* Kapitalflussrechnung

[223] IAS 1.7

3.5.4 Ansatzkonzeptionen

3.5.4.1 Ansatzkonzeptionen der Vermögenswerte

Vermögenswerte sind definiert als „a resource controlled by the entity as a result of past events and from which future economic benefits are expected to flow to the entity".[224] Die zukünftigen wirtschaftlichen Vorteile stellen ein Potenzial dar, direkt oder indirekt zum Zahlungsmittelzufluss des Unternehmens beizutragen.[225] Als Beispiele nennt das Rahmenkonzept die Nutzung in der Produktion oder bei Dienstleistungserbringung, den Austausch für andere Vermögenswerte, die Nutzung zur Tilgung von Schulden oder die Ausschüttung an die Anteilseigner.[226]

Diese Definition impliziert, dass alle ertragswerterhöhenden Vermögenswerte in der Bilanz anzusetzen sind, denn die Definition bezieht sich direkt auf einen zukünftigen Nutzenzufluss im Sinne eines Zahlungsmittelzuflusses.[227] Die Definition erhält jedoch eine Einschränkung dahingehend, dass zusätzlich zu dieser abstrakten Bilanzierungsfähigkeit auch die konkrete Bilanzierungsfähigkeit gegeben sein muss.[228] Das Rahmenkonzept bestimmt hierzu in F.83, dass ein Vermögenswert nur dann anzusetzen ist, wenn folgende zwei Kriterien erfüllt sind:[229]

> „(a) it is probable that any future economic benefit associated with the item will flow to [...] the entity; and
> (b) the item has a cost or value that can be measured with reliability."

Der Grad der Wahrscheinlichkeit des zukünftigen Nutzenzuflusses ist dabei unter Bezugnahme auf den Kenntnisstand zum Aufstellungszeitpunkt der Financial Statements zu bestimmen.[230] Eine Quantifizierung des Wahrscheinlichkeitsgrades, der erreicht sein muss, um den Ansatz eines Vermögenswertes zu rechtfertigen, wird im Rahmenkonzept nicht vorgenommen. Somit hat der Bilanzierende in je-

[224] F.49(a)
[225] F.53
[226] F.55
[227] Vgl. *Streim/Esser* Informationsvermittlung S. 837
[228] Vgl. *Streim/Esser* Zahlungsbemessung S. 738
[229] In diesem Sinne auch F.89
[230] F.85

dem Fall selbst zu bestimmen, ob die Wahrscheinlichkeit gegeben ist oder nicht, hat demnach einen gewissen Ermessensspielraum.[231]

Das Rahmenkonzept räumt in F.86 bzgl. des zweiten Kriteriums ein, dass in vielen Fällen die Kosten oder der Wert nur geschätzt werden können und eine angemessene Schätzung die Verlässlichkeit der Financial Statements nicht beeinträchtigt. Ist eine angemessene Schätzung nicht möglich, so darf der Vermögenswert nicht in der Bilanz angesetzt werden. Allerdings kann es gem. F.88 in diesem Fall erforderlich sein, hierüber im Anhang oder in zusätzlichen Informationsmitteln zu berichten. Bei dem zweiten Kriterium ist jedoch zu bedenken, dass Wahrscheinlichkeiten keinen Maßstab für den Ansatz von Vermögenswerten darstellen sollten, sondern lediglich für deren Bewertung notwendig sind.[232]

3.5.4.2 Ansatzkonzeptionen der Schulden

Schulden sind definiert als „a present obligation of the entity arising from past events, the settlement of which is expected to result in an outflow from the entity of resources embodying economic benefits“.[233]

Dabei ist entscheidend, dass die Verpflichtung (Obligation) bereits entstanden ist, wobei die Verpflichtung rechtlich einklagbar sein kann oder faktisch eingegangen wurde.[234] Die Erfüllung einer Verpflichtung kann in der Form eines Zahlungsmittelabflusses, einer Übertragung anderer Vermögenswerte, der Erbringung von Dienstleistungen, des Austausches durch eine andere Verpflichtung oder der Umwandlung in Eigenkapital erfolgen.[235]

Ähnlich wie bei den Vermögenswerten wird auf einen zukünftigen Nutzenabfluss abgestellt, sodass alle ertragswertmindernden Schulden in der Bilanz anzusetzen wären. Allerdings wird auch die Definition der Schulden dahingehend eingeschränkt, dass der zukünftige Nutzenabfluss wahrscheinlich sein muss und die Kosten oder der Wert der Schulden verlässlich gemessen werden können[236],

[231] In diesem Sinne auch *Wollmert/Achleitner* Konzeptionelle Grundlagen S. 218, *Streim/Bieker/Leippe* Theoretische Fundierung S. 187

[232] Vgl. *Streim/Esser* Informationsvermittlung S. 838

[233] F.49(b)

[234] F.60

[235] F.62

[236] F.83, F.91; vgl. hierzu auch *Streim/Esser* Informationsvermittlung S. 838

sodass dieselben für die Vermögenswerte in Abschnitt 3.5.4.1 beschriebenen Problematiken auftreten.

3.5.5 Bewertungskonzeptionen

Das Rahmenkonzept nennt in F.100 explizit vier Bewertungskonzeptionen für Vermögenswerte und Schulden:[237]

- Anschaffungs- bzw. Herstellungskosten (Historical Cost)
- Wiederbeschaffungskosten (Current Cost)
- Veräußerungswert/Rückzahlungsbetrag (Realisable/Settlement Value)
- Gegenwartswert (Present Value).

Die Anschaffungskosten eines Vermögenswertes sind der Betrag an Zahlungsmitteln oder -äquivalenten, der zu zahlen ist, oder der Gegenwartswert der Gegenleistung, der zum Zeitpunkt des Erwerbes hinzugeben ist.[238] Im Falle der Herstellung handelt es sich um den Betrag, der zur Herstellung aufzuwenden war.[239] Schulden werden zu dem Betrag der im Austausch für die Verpflichtung erhaltenen Leistung oder zum erwarteten, aufzuwendenden Betrag im üblichen Geschäftsverkehr angesetzt.[240]

Die Wiederbeschaffungskosten eines Vermögenswertes sind der Betrag, der für den Erwerb desselben oder eines ähnlichen Vermögenswertes derzeit zu zahlen ist. Schulden sind zum nichtabgezinsten Betrag anzusetzen, der derzeit zur Begleichung der Verpflichtung notwendig wäre.[241]

Der Veräußerungswert eines Vermögenswertes ist der Betrag, den der Bilanzierende derzeit durch Verkauf erzielen kann. Der Rückzahlungsbetrag von Schulden ist der nichtabgezinste Betrag, der im normalen Geschäftsverkehr zur Begleichung der Schulden voraussichtlich zu zahlen ist.[242]

[237] Vgl. im Folgenden *Streim* Internationalisierung von Gewinnermittlungsregeln S. 337
[238] F.100(a)
[239] Vgl. *Streim* Internationalisierung von Gewinnermittlungsregeln S. 337
[240] F.100(a)
[241] F.100(b)
[242] F.100(c)

Der Gegenwartswert eines Vermögenswertes ist der gegenwärtige abgezinste Betrag der zukünftigen Nettozahlungszuflüsse, die aus dem Vermögenswert im normalen Geschäftsverlauf zu erwarten sind. Schulden sind mit dem gegenwärtigen abgezinsten Betrag der zukünftigen Nettozahlungsabflüsse, die aus der Begleichung der Schulden im normalen Geschäftsverlauf voraussichtlich resultieren, anzusetzen.[243]

Das Rahmenkonzept gibt jedoch nicht vor, welche bestimmten Vermögenswerte und Schulden mit welcher Bewertungskonzeption zu bewerten sind; dies geschieht in den einzelnen Standards.[244] Des Weiteren ist zu bemerken, dass in den einzelnen Standards zusätzliche Bewertungsmaßstäbe definiert werden[245], wie bspw. der Fair Value, der Market Value, der Recoverable Amount oder der Value in Use.

Insofern enthält das Rahmenkonzept keine abschließende Aufzählung der Bewertungskonzeptionen.[246]

3.5.6 Exposure Draft des Rahmenkonzeptes

In den vorherigen Abschnitten wurde das derzeit gültige Rahmenkonzept des IASBs in seinen Grundzügen dargestellt. Im Mai 2008 hat das IASB zusammen mit dem FASB einen Exposure Draft eines gemeinsamen Rahmenkonzeptes[247] veröffentlicht. Dieser Exposure Draft umfasst Phase A des Prozesses zur Entwicklung eines gemeinsamen Rahmenkonzeptes[248] und beinhaltet den Zweck des Financial Reportings, die qualitativen Anforderungen sowie die Beschränkungen von entscheidungsnützlicher Information im Rahmen des Financial Reportings.

Im Folgenden sollen die Regelungen des ED Framework aufgrund seiner Aktualität überblickartig zusammengestellt werden.[249] Eine Wertung soll im Rahmen

[243] F.100(d)
[244] Vgl. *Pellens* et al. Internationale Rechnungslegung S. 126
[245] Vgl. *Streim* Internationalisierung von Gewinnermittlungsregeln S. 337, *Pellens* et al. Internationale Rechnungslegung S. 126
[246] Vgl. *Pellens* et al. Internationale Rechnungslegung S. 126
[247] Im Folgenden ED Framework abgekürzt.
[248] Vgl. *IASB* Work Plan 14. August 2008
[249] Die Analyse der in Kapitel 4 auf Seite 75 dargestellten Regelungen zur Bilanzierung von Versicherungsverträgen erfolgt in Kapitel 5 auf Seite 155, allerdings auf der Basis des derzeit gültigen Rahmenkonzeptes.

dieser Arbeit jedoch nicht erfolgen.[250] Als Zweck des Financial Reportings wird formuliert:

> „The objective of general purpose financial reporting is to provide financial information about the reporting entity that is useful to present and potential equity investors, lenders, and other creditors in making decisions in their capacity as capital providers. Information that is decision useful to capital providers may also be useful to other users of financial reporting who are not capital providers."[251]

Im Vordergrund steht demnach die Bereitstellung entscheidungsnützlicher Information an die Kapitalgeber. Dies können Eigenkapitalgeber, Fremdkapitalgeber oder andere Gläubiger wie Mitarbeiter, Lieferanten oder Kunden, die als Kapitalgeber auftreten, sein.[252]

Die bereitgestellten Informationen sollen entscheidungsnützlich sein in Bezug auf das Interesse der Kapitalgeber an der Höhe, dem Zeitpunkt sowie der Unsicherheit zukünftiger Zahlungsströme aus Dividenden, Zinsen und dem Verkauf, der Tilgung oder der Fälligkeit von Sicherheiten oder Darlehen sowie in Bezug auf die Beurteilung des Managementes, die Investments der Kapitalgeber zu schützen und zu erhöhen.[253] Informationen über die Ressourcen der berichtenden Einheit, der Ansprüche auf diese Ressourcen sowie Veränderungen der Ressourcen sowie der Ansprüche auf diese sind bereitzustellen.[254] Dabei wird ausdrücklich klargestellt, dass nicht der Unternehmenswert der berichtenden Einheit dargestellt wird.[255]

Aus dem Exposure Draft wird deutlich, dass die Kapitalgeber in die Lage versetzt werden sollen, die zukünftigen Erträge aus den Ressourcen prognostizieren sowie das Management beurteilen zu können.[256]

Demnach wird durch das geplante Rahmenkonzept der Kapitalgeberschutz durch Vermittlung entscheidungsnützlicher Information angestrebt. Dies bein-

[250] Vgl. zum ED Framework im Detail *Kirsch* Conceptual Framework
[251] ED Framework OB2
[252] ED Framework OB6
[253] Vgl. ED Framework OB9, OB10 und OB12
[254] ED Framework OB15
[255] ED Framework OB16
[256] ED Framework OB19

haltet auch die Vermittlung prognosegeeigneter Größen sowie Größen zur Performance-Messung des Managementes.[257]

Im zweiten Teil des Exposure Drafts wird auf die qualitativen Anforderungen sowie die Beschränkungen entscheidungsnützlicher Information durch Financial Reporting eingegangen. Die qualitativen Anforderungen werden in fundamentale (fundamental) und verbessernde (enhancing) Anforderungen aufgeteilt und es werden zwei Beschränkungen formuliert:[258]

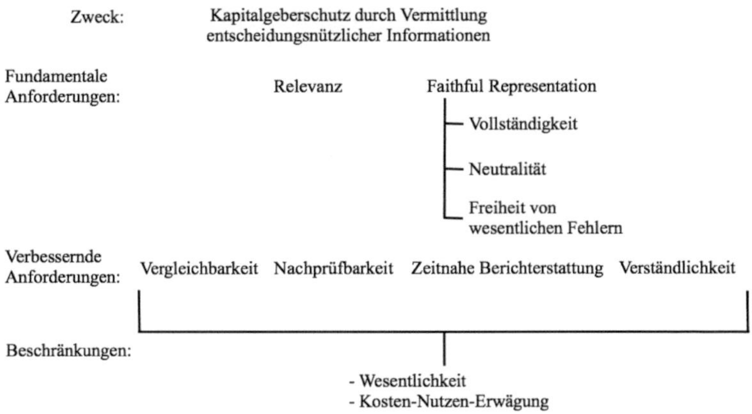

Abbildung 3.4: Zweck und qualitative Anforderungen der Rechnungslegung nach ED Framework

Relevant sind solche Informationen, die einen Predictive Value oder einen Confirmatory Value oder beides besitzen.[259] Faithful Representation drückt sich durch die drei Attribute Vollständigkeit, Neutralität sowie Freiheit von wesentlichen

[257]In der Basis for Conclusions erläutern das IASB und das FASB, dass die Informationsvermittlung zur Performance-Messung nicht als separater Zweck formuliert wurde, der Zweck der Vermittlung entscheidungsnützlicher Information vielmehr absichtlich so weit formuliert wurde, dass alle Entscheidungen der Kapitalgeber eingeschlossen werden, explizit auch Entscheidungen, die Investments schützen und erhöhen. Vgl. ED Framework BC1.23–BC1.29

[258]ED Framework Chaper 2

[259]ED Framework QC3

Fehlern aus und spiegelt die wirtschaftliche Betrachtungsweise wider.[260] Beide Anforderungen zusammen machen entscheidungsnützliche Information aus, d.h. fehlt eine Anforderung, ist keine entscheidungsnützliche Information gegeben.[261] Im Falle eines Konfliktes zwischen Relevanz und Faithful Representation geht die Relevanz vor.[262]

Die verbessernden Anforderungen sind eindeutig den fundamentalen Anforderungen untergeordnet, da sie nach Ansicht von IASB und FASB einzeln oder gemeinsam Informationen nicht entscheidungsnützlich machen können, wenn diese nicht die Anforderungen der Relevanz und der Faithful Representation erfüllen.[263]

Die beiden Attribute der Wesentlichkeit sowie der Kosten schränken die Informationsvermittlung durch das Financial Reporting ein.[264]

3.5.7 Zwischenfazit

Das derzeit gültige Rahmenkonzept postuliert, dass bei Anwendung der qualitativen Anforderungen sowie angemessener Rechnungslegungsstandards üblicherweise Financial Statements geschaffen werden, die ein zutreffendes Bild von der Vermögens-, Finanz- und Ertragslage (True and Fair View/Fair Presentation) vermitteln.[265]

In den obigen Ausführungen ist deutlich geworden, dass das IASB auf Basis der derzeit gültigen Regelungen den Zweck der Rechnungslegung *Kapitalgeberschutz* durch das Konzept der Gewinnermittlung zur Informationsvermittlung sowie der Informationsbilanz erreichen möchte. Durch die Instrumente Bilanz und Gesamterfolgsrechnung sollen informative Bilanzposten sowie eine entscheidungsnützliche, d.h. prognosegeeignete, Gewinngröße sowie ein Maß zur Beurteilung der Managementperformance bereitgestellt werden. Darüber hinaus wird durch die

[260] ED Framework QC7. In der Basis for Conclusions diskutieren das IASB und das FASB, ob die wirtschaftliche Betrachtungsweise ein weiteres Attribut der Faithful Representation sein soll, und kommen zu dem Schluss, dass dies redundant wäre, da die Faithful Representation diese bereits beinhaltet. ED Framework BC2.19

[261] ED Framework QC14

[262] ED Framework BC2.56

[263] ED Framework QC25

[264] ED Framework QC27

[265] F.46

Instrumente des Anhanges, der Eigenkapitalveränderungsrechnung, der Kapitalflussrechnung sowie ggf. der Segmentberichterstattung das Konzept der sonstigen Informationsvermittlung aufgegriffen. In diesem Bereich sollte allerdings auch ein Lagebericht[266] nicht fehlen. Ein Projekt zur Vorbereitung eines Standards für die Erstellung einer Management Commentary[267] ist in Vorbereitung, um möglicherweise auch diese Lücke schließen zu können.

Das Konzept der Gewinnermittlung zur Ausschüttungsbemessung wird vom Rahmenkonzept nicht thematisiert.

[266]Zur Informationsfunktion des Lageberichtes vgl. ausführlich *Streim* Stellenwert des Lageberichtes

[267]Siehe hierzu *IASB* DP Management Commentary

4 Die Bilanzierung von Versicherungsverträgen nach IFRS

4.1 Bisherige Entwicklung sowie Status quo eines International Financial Reporting Standards für Versicherungsverträge

Die Vorgängerorganisation des IASBs, das International Accounting Standards Committee (IASC), hatte bereits 1997 ein Steering Committee gebildet, um ein Projekt zur Entwicklung eines IAS für Versicherungsverträge zu initiieren. Das Steering Committee veröffentlichte im Dezember 1999 ein Issues Paper, woraufhin 138 Comment Letters beim IASC eingereicht wurden. Im November 2001 begann das IASB den vom Steering Committee entwickelten Draft Statement of Principles (DSOP) zu diskutieren. Dieser wurde jedoch nicht genehmigt und es wurden keine Kommentare der Öffentlichkeit erbeten, sondern der DSOP lediglich auf der Internetseite des IASBs veröffentlicht.[1]

Da das IASB nicht erwartet hatte, einen vollständigen und umfassenden Standard für Versicherungsverträge bis zur verpflichtenden Einführung der IFRS für Konzernabschlüsse börsennotierter Mutterunternehmen in der EU ab 2005[2] entwickeln zu können, entschloss es sich im Mai 2002 das Projekt in zwei Phasen aufzuteilen. Die erste Phase endete über einen Exposure Draft „ED 5 Insurance

[1] IFRS 4.BC3

[2] Siehe IAS-Verordnung

Contracts“ im Juli 2003 im IFRS 4 „Insurance Contracts“ im März 2004. IFRS 4 wird jedoch lediglich als Übergangsstandard bis zum Abschluss der Phase II angesehen.[3]

Im Rahmen der Phase II hat das IASB am 3. Mai 2007 das Discussion Paper „Preliminary Views on Insurance Contracts“[4] veröffentlicht. Das IASB erwartet die Veröffentlichung eines Exposure Drafts im zweiten Halbjahr 2009, um den endgültigen Standard in 2011 präsentieren zu können.[5]

4.2 Zielsetzung eines IFRS für Versicherungsverträge

Die Zielsetzung der Phase I und damit des derzeit gültigen IFRS 4 ist nach IFRS 4.1 die Bilanzierung von Versicherungsverträgen durch Unternehmen, die diese im Bestand halten (sog. Insurer bzw. Versicherer), zu regeln, bis das IASB die Phase II des Projektes „Insurance Contracts“ abschließen wird. Dabei sollen begrenzte Verbesserungen in der bisherigen Bilanzierung von Versicherungsverträgen durch Versicherer erreicht werden sowie Anhangangaben zu Versicherungsverträgen in den Financial Statements vorgegeben werden, die den Abschlussadressaten Informationen über die Beträge, den Zeitpunkt sowie die Unsicherheit von künftigen Zahlungsströmen aus Versicherungsverträgen liefern.

Das Discussion Paper der Phase II präsentiert die vorläufige Beurteilung des IASBs hinsichtlich der wichtigsten Komponenten eines Bilanzierungsmodelles für Versicherungsverträge. Hierbei konzentriert sich das IASB auf Bewertungsfragen.

Nach der Durchsicht der erbetenen Kommentare der Öffentlichkeit will das IASB in einem weiteren Schritt seine Beurteilung in einem Exposure Draft verfeinern. Hierbei sollen die Prinzipien der Relevanz und der Verlässlichkeit von Informationen für den Abschlussadressaten, die Ermittlung der Informationen zu

[3]Vgl. IFRS 4.BC4–6

[4]Im Folgenden immer als Discussion Paper bzw. DP bezeichnet

[5]Vgl. *IASB* Work Plan 14. August 2008

angemessenen Kosten sowie die Vergleichbarkeit der Informationen besonderes Augenmerk verdienen.[6]

4.3 Anwendungsbereich

4.3.1 Anwendungsbereich des IFRS 4

IFRS 4 ist auf alle im Bestand gehaltenen Versicherungs- und Rückversicherungsverträge sowie genommene Rückversicherungsverträge anzuwenden.[7] Des Weiteren umfasst der Standard im Bestand gehaltene Finanzinstrumente, die eine ermessensabhängige Überschussbeteiligung (Discretionary Participation Feature) enthalten.[8] Diese Finanzinstrumente mit Überschussbeteiligung fielen eigentlich unter den Anwendungsbereich des IAS 39, ähneln aufgrund ihrer ermessensabhängigen Überschussbeteiligung jedoch Lebensversicherungsprodukten.[9] Andere bilanzielle Aspekte eines Versicherers werden nicht behandelt.[10] Für diese gelten die Regelungen anderer IFRS in gleicher Weise wie für Nichtversicherer.

Dies bedeutet, dass das IASB keinen Standard für Versicherungsunternehmen, wie sie bspw. aufsichtsrechtlich oder in anderer Weise definiert werden, sondern einen Standard für die bilanzielle Behandlung von Versicherungsverträgen, gleich wer der Versicherer ist, entwickeln wollte. In seiner Basis for Conclusions (BC) zu IFRS 4 nennt das IASB Gründe für diese Entscheidung:[11]

- Schwierigkeit einer Definition eines Versicherers, die in allen Ländern konsistent angewendet werden könnte,
- gleiche Transaktionen würden möglicherweise von einem Versicherer anders bilanziert als von einem Nichtversicherer,

[6] Vgl. DP.9
[7] IFRS 4.2(a)
[8] IFRS 4.2(b)
[9] Vgl. *Ebbers* Insurance Contracts S. 1378
[10] IFRS 4.3
[11] IFRS 4.BC10

- bilanzielle Aspekte, die bereits durch andere IFRS behandelt werden, sollen nicht wieder aufgerollt werden, es sei denn, es bestehen versicherungsspezifische Elemente.

Eine Reihe von Aspekten ist vom Anwendungsbereich des IFRS 4 ausgeschlossen:[12]

- Produktgewährleistungen durch den Hersteller, Groß- und Einzelhändler,
- Vermögenswerte und Schulden aus Versorgungsplänen für Arbeitnehmer (Employee Benefit Plans) sowie Verpflichtungen aus Versorgungszusagen im Rahmen von leistungsorientierten Altersversorgungsplänen (Retirement Benefit Obligations reported by Defined Benefit Retirement Plans),
- vertragliche Rechte und Pflichten, die auf der zukünftigen Nutzung oder dem Nutzungsrecht eines nichtfinanziellen Sachverhaltes basieren sowie Restwertgarantien aus Finanzierungsleasing,
- Finanzgarantien (Wahlrecht zwischen IFRS 4 und IAS 39/IAS 32/IFRS 7),
- zu zahlende oder ausstehende bedingte Gegenleistungen im Rahmen eines Unternehmenszusammenschlusses,
- Bilanzierung von Erstversicherungsverträgen durch den Versicherungsnehmer (Policyholder).

Diese Aspekte werden z.T. durch andere IAS/IFRS (z.B. IAS 37, IAS 18 und IAS 39) geregelt.

Sämtliche Regelungen für die Bilanzierung von Versicherungsverträgen durch den Versicherer gelten in gleicher Weise für die Bilanzierung von Rückversicherungsverträgen durch den Rückversicherer.[13]

[12] IFRS 4.4

[13] IFRS 4.6

4.3.2 Anwendungsbereich des Discussion Papers

Auch das Discussion Paper umfasst alle im Bestand gehaltenen Versicherungs- und Rückversicherungsverträge sowie genommene Rückversicherungsverträge.[14] Ebenso wie IFRS 4 bezieht sich das Discussion Paper nicht auf die bilanzielle Behandlung von Vermögenswerten und Schulden, die nicht aus (Rück-)Versicherungsverträgen resultieren.[15]

Die Bilanzierung durch Versicherungsnehmer wird nur begrenzt angesprochen. Das Discussion Paper verweist jedoch auf Regelungsbereiche in IAS 37 und IAS 16. Der endgültige Standard soll jedoch auch die Bilanzierung durch Versicherungsnehmer beinhalten.[16]

Die Definition eines Versicherungsvertrages wird zunächst aus IFRS 4 übernommen, wobei deren Angemessenheit im Rahmen der Entwicklung eines Exposure Drafts nochmals überdacht werden soll.[17]

Das Discussion Paper behandelt alle Arten von Versicherungsverträgen, d.h. Lebens- und Nichtlebensversicherungen und Erst- sowie Rückversicherungen während der gesamten Laufzeit des Vertrages, d.h. sowohl in der Zeit, bis Ansprüche seitens des Versicherungsnehmers entstehen (Pre-Claims Period) als auch in der Zeit, nachdem Ansprüche entstanden sind (Claims Period).[18]

4.4 Ansatz von Versicherungsverträgen

4.4.1 Definition des Versicherungsvertrages nach IFRS 4

Anhang A des IFRS 4 definiert einen Versicherungsvertrag wie folgt:

> „A contract under which one party (the **insurer**) accepts significant **insurance risk** from another party (the **policyholder**) by agreeing

[14]DP.13
[15]DP.14
[16]DP.15
[17]DP.16 und 17
[18]DP.20

> to compensate the policyholder if a specified uncertain future event (the **insured event**) adversely affects the policyholder.“[19]

Demnach besteht die Definition aus einigen Schlüsselbegriffen, die einer näheren Erläuterung bzw. Definition bedürfen:

- Uncertain Future Event (Insured Event) – unsicheres zukünftiges Ereignis (versichertes Ereignis)
- Significant Insurance Risk – wesentliches Versicherungsrisiko
- Insurer – Versicherer
- Policyholder – Versicherungsnehmer

Anhang B des IFRS 4 bietet weitere Erläuterungen zu einigen dieser Begriffe.

4.4.1.1 Unsicheres zukünftiges Ereignis (versichertes Ereignis)

Das versicherte Ereignis wird definiert als „[a]n uncertain future event that is covered by an **insurance contract** and creates **insurance risk**“.[20]

Die Unsicherheit des zukünftigen Ereignisses kann drei Ausprägungen haben: Es kann unsicher sein,

- ob ein versichertes Ereignis überhaupt eintritt,
- wann das versicherte Ereignis eintritt oder
- wie hoch der durch den Versicherer zu zahlende Betrag bei Eintritt des Ereignisses ist.[21]

Hierbei werden auch schädigende Ereignisse abgedeckt, die bereits eingetreten sind, deren Schadenhöhe jedoch noch ungewiss ist.[22]

[19] Hervorhebungen im Original
[20] IFRS 4 Anh. A; Hervorhebungen im Original
[21] IFRS 4 Anh. B2
[22] IFRS 4 Anh. B4

Im Übrigen muss das Ereignis durch einen Versicherungsvertrag abgedeckt sein sowie ein Versicherungsrisiko[23] in sich bergen. Hierin wird der Zirkelschluss in der Definition erkennbar, da für die Definition des versicherten Ereignisses wiederum ein Versicherungsvertrag bestehen muss.

4.4.1.2 Wesentliches Versicherungsrisiko

Versicherungsrisiko wird negativ abgrenzend definiert als „Risk, other than **financial risk**, transferred from the holder of a contract to the issuer".[24]

Daher ist zunächst zur Abgrenzung zwischen Versicherungsrisiko und finanziellem Risiko letzteres zu definieren:

> „The risk of a possible future change in one or more of a specified interest rate, financial instrument price, commodity price, foreign exchange rate, index of prices or rates, credit rating or credit index or other variable, provided in the case of a non-financial variable that the variable is not specific to a party to the contract."[25]

Finanzielles Risiko wird demnach durch Aufzählung einer Reihe von finanziellen und nichtfinanziellen Variablen definiert, wobei einschränkend nur nichtfinanzielle Variablen einbezogen werden, die nicht speziell eine Vertragspartei betreffen, d.h. allgemeine Variablen wie z.B. Erdbebenindizes oder Temperaturindizes bestimmter Gebiete oder Städte. Betreffen diese nichtfinanziellen Variablen dagegen eine Vertragspartei direkt, z.B. Feuerausbruch mit der Folge von Schäden an einem Vermögenswert der Vertragspartei, dann handelt es sich nicht um ein finanzielles Risiko, sondern um ein Versicherungsrisiko.[26]

Verträge können auch Merkmale von finanziellem Risiko sowie Versicherungsrisiko aufweisen, z.B. kann ein Lebensversicherungsvertrag eine garantierte Mindestverzinsung (finanzielles Risiko) sowie Todesfallleistungen (Versicherungsrisi-

[23]Siehe hierzu Abschnitt 4.4.1.2
[24]IFRS 4 Anh. A, Hervorhebung im Original
[25]IFRS 4 Anh. A
[26]IFRS 4 Anh. B9

ko) bieten. Bei derartigen Verträgen handelt es sich ebenfalls um Versicherungsverträge i.S.d. IFRS 4.[27]

Beim Versicherungsrisiko handelt es sich um ein Risiko, das bereits vor Abschluss des Versicherungsvertrages bestanden hat und im Rahmen des Versicherungsvertrages durch den Versicherer ganz oder zum Teil übernommen wird. Ein Risiko, das erst durch den Abschluss des Vertrages entsteht, ist kein Versicherungsrisiko.[28]

Das Versicherungsrisiko muss gemäß der Definition des Versicherungsvertrages bei Eintritt des versicherten Ereignisses einen negativen Effekt auf den Versicherungsnehmer haben, damit eine Zahlung durch den Versicherer zu leisten ist; ansonsten handelt es sich nicht um einen Versicherungsvertrag. Es ist jedoch nicht erforderlich, dass der Versicherer nachforscht, ob tatsächlich ein negativer Effekt eingetreten ist. Es reicht aus, dass der Versicherer die Versicherungsentschädigung verweigern kann, falls er davon ausgeht, dass ein negativer Effekt nicht eingetreten ist (Leistungsvorbehalt).[29]

Beim Storno- oder Bestandsfestigkeitsrisiko sowie beim Kostenrisiko allein handelt es sich nicht um Versicherungsrisiko, da die Versicherungsleistung an den Vertragspartner bzw. der unerwartete Anstieg der Kosten nicht an einen negativen Effekt bei der Vertragspartei gebunden ist.[30] Überträgt der Versicherer sein Storno- oder Bestandsfestigkeitsrisiko bzw. sein Kostenrisiko mittels Vertrag auf einen Dritten (z.B. mittels Rückversicherung), so handelt es sich jedoch um Versicherungsrisiko bei dem Dritten, da hier bestehende Risiken auf den Vertragspartner übertragen werden.[31]

Die Übernahme des Versicherungsrisikos muss durch ein vom Versicherungsnehmer getrenntes Unternehmen erfolgen, damit ein Versicherer Versicherungsrisiko übernehmen kann.[32]

Hinzu kommt, dass es sich um ein wesentliches Versicherungsrisiko handeln muss. Wesentlichkeit wird daran festgemacht, ob der Versicherer wesentliche zu-

[27] IFRS 4 Anh. B10
[28] IFRS 4 Anh. B12
[29] IFRS 4 Anh. B14
[30] IFRS 4 Anh. B15
[31] IFRS 4 Anh. B16
[32] IFRS 4 Anh. B17

sätzliche Leistungen, unter welchen Umständen auch immer, außer solchen, die keine wirtschaftliche Bedeutung aufweisen, zu erbringen hat. Zusätzliche Leistungen sind solche, die den Betrag übersteigen, der im Falle des Nicht-Eintrittes des versicherten Ereignisses zu zahlen wäre. Hierzu zählen auch Schadenabwicklungs- und Schadenermittlungskosten.[33] Das IASB äußert sich nicht näher dazu, was wirtschaftliche Bedeutung heißt. Es werden qualitative Erläuterungen gegeben, da das IASB bei quantitativen Kriterien die Möglichkeit von Accounting Arbitrage befürchtet, in dem Verträge so gestaltet werden, dass sie die durch die quantitativen Kriterien gebildete Linie gerade über- oder unterschreiten.[34]

Selbst wenn das versicherte Ereignis sehr unwahrscheinlich ist, dieses für den Versicherer jedoch zu wesentlichen zusätzlichen Leistungen führt und somit für ihn wirtschaftliche Bedeutung hat, so handelt es sich um wesentliches Versicherungsrisiko.[35]

Das Kriterium der Wesentlichkeit ist für jeden Vertrag einzeln zu beurteilen.[36] Daraus lässt sich ableiten, dass Wesentlichkeit auch vorliegen kann, wenn bei der Zusammenfassung einzelner Versicherungsverträge zu einem Kollektiv, z.B. durch Risikoausgleich, in der Gesamtheit kein wesentliches Risiko besteht, auf der Ebene des Einzelvertrages aber wesentliches Risiko gegeben ist.[37] Aus Vereinfachungsgründen kann die Beurteilung jedoch auch für ein homogenes Bündel von kleinen Verträgen zusammen erfolgen.[38]

[33] IFRS 4 Anh. B22–24; Die *KPMG Deutsche Treuhand-Gesellschaft* spricht im Hinblick auf die Bemessung der Wesentlichkeit vom „Umfang der zufallsbedingt möglichen Gesamtschwankung des Barwertes der Nettoleistungen des Versicherers“. *KPMG Deutsche Treuhand-Gesellschaft* IFRS aktuell – Neuerungen 2004 S. 137

[34] IFRS 4.BC33; vgl. auch *Engeländer/Kölschbach* IFRS 4 für Versicherungsverträge S. 575; zur Thematik des hinreichenden versicherungstechnischen Risikotransfers vgl. vertiefend *Sauer* Versicherungstechnischer Risikotransfer

[35] IFRS 4 Anh. B23, vgl. auch *Hasenburg/Drinhausen* IFRS 4 S. 644

[36] IFRS 4 Anh. B25

[37] Vgl. *Hasenburg/Drinhausen* IFRS 4 S. 644

[38] IFRS 4 Anh. B25

4.4.1.3 Versicherer

Bei dem Versicherer handelt es sich um „[t]he party that has an obligation under an **insurance contract** to compensate a **policyholder** if an **insured event** occurs".[39]

Demnach ist der Versicherer die Vertragspartei, die den Versicherungsvertrag hält, das Risiko übernimmt und im Falle des Eintrittes des versicherten Ereignisses der anderen Vertragspartei eine Leistung (in Geld oder in Sachen[40]) gewähren muss. Dies ist in aller Regel ein Versicherungsunternehmen i.S.d. VAG, kann jedoch auch jedes andere beliebige Unternehmen sein, das einen Vertrag ausgibt, der die Definition des Versicherungsvertrages erfüllt.

Im Falle des Rückversicherungsvertrages wird der Versicherer analog definiert und Rückversicherer genannt.[41]

4.4.1.4 Versicherungsnehmer

Der Versicherungsnehmer ist „[a] party that has a right to compensation under an **insurance contract** if an **insured event** occurs".[42]

Somit handelt es sich um die Gegenpartei zum Versicherer, die ein Risiko auf den Versicherer überträgt und im Falle des Eintrittes des versicherten Ereignisses Leistungen vom Versicherer erhält.

Zu beachten ist hierbei, dass der Versicherungsnehmer nicht zwingend der rechtliche Vertragspartner des Versicherers sein muss, sondern jeder sein kann, der aus dem Versicherungsvertrag begünstigt ist.[43]

Im Falle eines Rückversicherungsvertrages wird der Versicherungsnehmer Zedent (Cedant) genannt.[44]

[39]IFRS 4 Anh. A, Hervorhebungen im Original
[40]Vgl. IFRS 4 Anh. B5
[41]Vgl. IFRS 4 Anh. A
[42]IFRS 4 Anh. A, Hervorhebungen im Original
[43]Vgl. *Engeländer/Kölschbach* IFRS 4 für Versicherungsverträge S. 575
[44]Vgl. IFRS 4 Anh. A

Abschließend soll der Prozess der Klassifikation von Versicherungsverträgen aufgezeigt werden:[45]

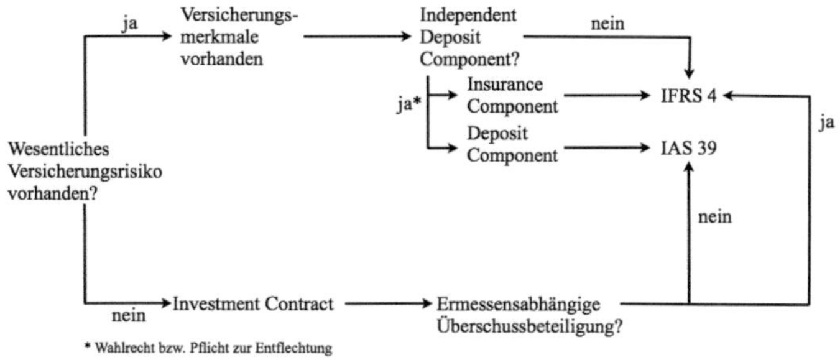

Abbildung 4.1: Klassifikation von Versicherungsverträgen

Die Klassifizierung eines Versicherungsvertrages ändert sich nicht, bis alle Rechte und Verpflichtungen aus dem Vertrag aufgehoben oder erloschen sind[46], d.h. selbst dann nicht, wenn kein Versicherungsrisiko mehr besteht (Fahrkarte ohne Rückfahrschein).

Verträge, die bei Vertragsabschluss mangels wesentlichem Versicherungsrisiko nicht als Versicherungsverträge zu klassifizieren sind, können jedoch noch später als solche eingestuft werden.[47] Ist bei Vertragsabschluss zu erwarten, dass später das Kriterium des wesentlichen Risikotransfers erfüllt wird, so ist der Vertrag von Anfang an als Versicherungsvertrag zu behandeln.[48]

[45]In Anlehnung an *Ernst & Young* IFRS 4 and IAS 39 S. 12; auf die ermessensabhängige Überschussbeteiligung sowie die Entflechtung von Vertragskomponenten wird in Abschnitt 4.5.2 auf Seite 97 eingegangen.

[46]IFRS 4 Anh. B30

[47]Vgl. *KPMG Deutsche Treuhand-Gesellschaft* IFRS aktuell – Neuerungen 2004 S. 139

[48]IFRS Anh. B29

4.4.2 Ansatz beim Versicherer

4.4.2.1 Ansatz

IFRS 4 erlaubt dem Versicherer, seine bisher angewandten Bilanzierungsmethoden weitgehend fortzuführen.[49] Insofern richtet sich der erstmalige Ansatz der Versicherungsverträge nach der bisherigen Bilanzierung. Hintergrund ist, dass den Versicherern eine ggf. erforderliche zweimalige Umstellung (Phase I und Phase II)[50] erspart werden soll.

Ein Ansatz von Rückstellungen für zukünftige Schadenansprüche aus Verträgen, die zum Bilanzstichtag noch nicht bestehen, wird durch IFRS 4.14(a) ausdrücklich untersagt. Als Beispiele werden Schwankungsrückstellungen sowie Großrisikenrückstellungen genannt. Dieses Verbot begründet sich u.a. dadurch, dass es sich hierbei nicht um Schulden i.S.d. Rahmenkonzeptes handelt, da der Versicherer keine aktuelle Verpflichtung für Verluste hat, die nach dem Ende der Vertragslaufzeit eintreten.[51] Es ist jedoch erlaubt, diese Beträge als separaten Posten im Eigenkapital zu zeigen.[52]

Im Discussion Paper wird für den erstmaligen Ansatz von Versicherungsverträgen auf den entsprechenden Paragrafen in IAS 39 rekurriert, IAS 39.14, der besagt, dass „[a]n entity shall recognise a financial asset or a financial liability in its statement of financial position when, and only when, the entity becomes a party to the contractual provisions of the instrument". Somit soll ein Versicherer Rechte und Verpflichtungen aus einem Versicherungsvertrag ansetzen, wenn er Vertragspartei geworden ist.[53]

Hierbei bleibt zu klären, ob der Zeitpunkt gemeint ist, zu dem der Versicherer rechtlicher oder wirtschaftlicher Vertragspartner geworden ist. In den meisten Fällen werden sich beide Zeitpunkte decken, sollte dies einmal nicht der Fall sein, ist m.E. auf den wirtschaftlichen Gehalt abzustellen, da auch das Rahmenkonzept den Grundsatz „Substance over Form"[54] postuliert.

[49]Vgl. IFRS 4.13
[50]Vgl. IFRS 4.BC5 und BC77
[51]IFRS 4.BC89(a)
[52]IFRS 4.BC93
[53]DP.27
[54]F.35

4.4.2.2 Ausbuchung

Gem. IFRS 4.14(c) sollen Schulden aus Versicherungsverträgen oder ein Teil von ihnen erst aus der Bilanz ausgebucht werden, wenn sie getilgt sind, d.h. die Verpflichtung erfüllt, gekündigt oder erloschen ist. Dies entspricht der Regelung aus IAS 39.39 für finanzielle Schulden. Auf eine Regelung für Vermögenswerte aus Versicherungsverträgen hat das IASB aufgrund von kontroversen Auffassungen im Rahmen des IFRS 4 verzichtet.[55]

Das Discussion Paper ändert an dieser Regelung der Ausbuchung von Schulden aus Versicherungsverträgen nichts, da das IASB diese weiterhin als angemessen beurteilt. Die Ausbuchung von Vermögenswerten aus Versicherungsverträgen wird auch im Rahmen des Discussion Papers nicht behandelt, da es sich nach dem IASB um ein komplexes Thema handele und Teil eines anderen Projektes[56] sei.[57]

4.4.3 Ansatz beim Versicherungsnehmer

Wie bereits unter Abschnitt 4.3.1 erläutert, enthält IFRS 4 keine Aussagen zur Bilanzierung und damit auch zum Ansatz von Versicherungsverträgen beim Versicherungsnehmer. Das IASB maß diesem Bilanzierungskomplex in Phase I keine hohe Priorität bei, sondern wollte diesen Bereich in Phase II beurteilen.[58]

Doch auch das im Mai 2007 veröffentlichte Discussion Paper, das die Phase II eröffnet hat, verweist lediglich darauf, dass der endgültige Standard für Versicherungsverträge diesen Bilanzierungsaspekt umfassen wird, allerdings immer noch keine hohe Priorität für eine Regelung der Bilanzierung beim Versicherungsnehmer gesehen wird.[59]

Sowohl in der Basis for Conclusions zu IFRS 4 als auch im Discussion Paper wird auf zwei Regelungsbereiche im Standardwerk des IASBs verwiesen, die

[55]IFRS 4.BC105

[56]Projekt „Derecognition“ (Teil des Memorandum of Understanding mit dem FASB), das zunächst auf die Ausbuchung von Financial Assets fokussiert ist. Vgl. hierzu den Projektbericht des *IASB* Derecognition; für das 4. Quartal 2008 oder das 1. Halbjahr 2009 ist ein Exposure Draft und für das 2. Halbjahr 2009 oder das Jahr 2010 ein IFRS geplant. Vgl. *IASB* Work Plan 14. August 2008

[57]DP.29–30

[58]IFRS 4.BC73

[59]DP.15; vgl. auch Abschnitt 4.3.2 auf Seite 79

Teilbereiche einer Bilanzierung von Versicherungsverträgen durch Versicherungsnehmer behandeln:[60]

- IAS 37 Provisions, Contingent Liabilities and Contingent Assets
- IAS 16 Property, Plant and Equipment.

Diese sollen im Folgenden kurz dargestellt werden.

IAS 37: Wird erwartet, dass eine andere Partei Aufwendungen aus zurückgestellten Verpflichtungen ganz oder teilweise erstattet, darf die Erstattung als separater Vermögenswert nur erfasst werden, wenn so gut wie sicher ist, dass die Erstattung durch den Dritten auch gezahlt wird.[61] Bei der zu zahlenden Erstattung kann es sich um eine solche aus einem Versicherungsvertrag handeln.[62] Als Beispiel wäre hier die Haftpflichtversicherung zu nennen.

IAS 16: Entschädigungen von Dritten für Sachanlagen, die wertgemindert, untergegangen oder außer Betrieb genommen wurden, sind erfolgswirksam zu erfassen, wenn eine Forderung auf Entschädigungszahlung zu erfassen ist.[63] Auch hierbei kann es sich um Entschädigungen aus Versicherungsverträgen handeln, bspw. im Falle der Entschädigung aus einer Feuerversicherung.

4.4.4 Beispiele für Versicherungsverträge i.S.d. IFRS 4

Eine komplexe Aufgabe für den Versicherer besteht darin, eine Abgrenzung zwischen Versicherungsverträgen, die nach IFRS 4 zu bilanzieren sind, und Finanzinstrumenten, die in den Anwendungsbereich des IAS 39 fallen, vorzunehmen. Denn nicht alle Verträge, die von Versicherungsunternehmen i.S.d. VAG ausgegeben werden, und nicht alle Verträge, die im allgemeinen Sprachgebrauch als Versicherungsvertrag bezeichnet werden, sind nach IFRS 4 zu bilanzieren, sondern nur diejenigen, die die Definition eines Versicherungsvertrages gem. IFRS 4 erfüllen.

[60] IFRS 4.BC73, DP.15
[61] IAS 37.53
[62] IAS 37.55
[63] IAS 16.65

Anhang B zu IFRS 4 enthält Beispiele für Versicherungsverträge, die in den Anwendungsbereich des IFRS 4 fallen, falls ein wesentliches Versicherungsrisiko besteht:[64]

- Diebstahl- und Sachversicherungen
- Produkthaftpflicht-, Berufshaftpflicht-, allgemeine Haftpflicht- und Rechtsschutzversicherungen
- Lebensversicherungen und Beerdigungskostenversicherungen
- Leibrente und Pensionsversicherungen
- Erwerbsminderungs- und Krankheitskostenversicherungen
- Bürgschaften, Kautionsversicherungen, Gewährleistungs- und Bietungsbürgschaften
- Kreditversicherungen (Wahlrecht zwischen IFRS 4 und IAS 39/IAS 32 bzw. IFRS 7)
- Produktgewährleistungen von anderen Parteien als Hersteller, Groß- und Einzelhändler
- Rechtstitelversicherungen
- Reiseserviceversicherungen
- Katastrophenbonds
- Versicherungs-Swaps
- Rückversicherungsverträge[65].

[64]IFRS 4 Anh. B18; IFRS 4.IG2 beinhaltet weitere detaillierte Beispiele.
[65]Es sei denn, der Rückversicherungsvertrag dient vorwiegend Finanzierungszwecken. Vgl. *Engeländer/Kölschbach* Fair-Value-Standard S. 1324

IFRS 4 Anh. B6 zählt auch Dienstleistungsverträge mit festem Entgelt, bei denen der Umfang der Dienstleistung von einem ungewissen Ereignis abhängt, zu den Versicherungsverträgen i.S.d. Standards. Beispiele sind Wartungsverträge, bei denen bestimmte Geräte gegen festes Entgelt repariert werden. Der Betreiber des Gerätes ist nachteilig betroffen und erhält eine Entschädigung durch die erbrachte Dienstleistung. Des Weiteren werden Verträge über Pannenservice, bspw. durch Automobilclubs, erfasst, bei denen gegen eine feste, i.d.R. jährliche Gebühr, Pannenhilfe oder Abschleppdienste geleistet werden. In Deutschland ist hier als bekanntester Dienstleister der ADAC e.V. zu nennen, d.h. ein Unternehmen, das landläufig nicht als Versicherungsunternehmen angesehen wird.

Die Literatur geht davon aus, dass faktisch alle Versicherungsverträge i.S.d. VAG unter die Definition des Versicherungsvertrages nach IFRS 4 fallen.[66]

Die Angaben in den Anhängen zu ausgewählten Konzernabschlüssen von Versicherungskonzernen lassen überwiegend auf dasselbe Ergebnis schließen:

- ERGO Versicherungsgruppe 2005:[67]

  „Die Definition von Versicherungsverträgen nach IFRS 4 hat keine wesentliche Auswirkung auf die der Bilanzierung zugrunde liegenden Produktklassifikation.“

- AMB Generali Gruppe 2005:[68]

  „Die AMB Generali Gruppe hat die Verträge ihres Versicherungsbestands auf ein signifikantes Risiko überprüft und festgestellt, dass alle im Bestand befindlichen Verträge Versicherungsverträge im Sinne von IFRS 4 sind.“

- AMB Generali Gruppe 2006:[69]

  „Die AMB Generali Gruppe hat die Verträge ihres Versicherungsbestands auf ein signifikantes Risiko überprüft. Der überwiegende

[66] Vgl. *Engeländer/Kölschbach* Fair-Value-Standard S. 1324, *Ebbers* Insurance Contracts S. 1380, *Rockel/Sauer* IFRS für Versicherungsverträge I S. 215

[67] *ERGO Versicherungsgruppe* Konzerngeschäftsbericht 2005 S. 96

[68] *AMB Generali Gruppe* Konzern-Geschäftsbericht 2005 S. 101

[69] *AMB Generali Gruppe* Konzern-Geschäftsbericht 2006 S. 118

Teil der im Bestand befindlichen Verträge weist ein signifikantes Risiko im Sinne von IFRS 4 auf. Für einen geringen Teil der im Bestand befindlichen Verträge gilt dies nicht. Es handelt sich hierbei um Verträge, bei denen kein signifikantes Versicherungsrisiko übernommen sowie keine ermessensabhängige Überschussbeteiligung gewährt wird (sog. Investmentverträge).“

- AXA Konzern 2005 und 2006:[70]

  „Alle wesentlichen Versicherungsverträge erfüllen die Definition von Versicherungsverträgen gemäß IFRS 4.“

- DBV-Winterthur Gruppe 2005 und 2006:[71]

  „Der Großteil der durch die DBV-Winterthur Gruppe abgeschlossenen Verträge beinhaltet die Übernahme eines signifikanten Versicherungsrisikos von einem Versicherungsnehmer durch Vereinbarung der Leistung einer Entschädigung im Fall des Eintritts eines ungewissen zukünftigen Ereignisses, welches den Versicherungsnehmer nachteilig betrifft. Zudem umfasst das Produktportfolio Investmentverträge mit ermessensabhängiger Überschussbeteiligung. Die DBV-Winterthur Gruppe hat keine Verträge, die mangels Erfüllung der genannten Kriterien als Finanzinstrumente gemäß IAS 32 und IAS 39 zu bilanzieren sind, sowie keine Verträge über Finanzgarantien abgeschlossen. Damit sind alle Verträge wie Versicherungsverträge gemäß IFRS 4 zu behandeln. Des Weiteren enthalten die Versicherungsverträge der DBV-Winterthur Gruppe keine Derivate, die nach IFRS 4 getrennt vom Versicherungsvertrag als Finanzinstrumente gemäß IAS 32 und IAS 39 zu bilanzieren sind.“

[70] *AXA Konzern AG* Geschäftsbericht 2005 S. 89, *AXA Konzern AG* Geschäftsbericht 2006 S. 76

[71] *DBV-Winterthur Holding AG* Geschäftsbericht 2005 S. 92, *DBV-Winterthur Holding AG* Geschäftsbericht 2006 S. 88

- Allianz-Konzern 2005:[72]

  „Verträge mit maßgeblichem Versicherungsrisiko werden als Versicherungsverträge betrachtet. [...] Aufgrund der Anwendung von IFRS 4 wurden bestimmte Verträge gemäß IFRS 4 in Investmentverträge umklassifiziert."

- Gerling-Konzern 2005:[73]

  „Die bei der Erstanwendung von IFRS 4 vorzunehmende Untersuchung der abgeschlossenen Verträge auf ihre Klassifizierung als Versicherungsvertrag oder Investmentvertrag ergab, dass es sich bei den gehaltenen Beständen vollständig um Versicherungsverträge handelt."

- Münchener-Rück-Gruppe 2005:[74]

  „Die Definition von Versicherungsverträgen nach IFRS 4 hat sich nicht spürbar auf die der Bilanzierung zugrunde liegende Produktklassifikation ausgewirkt."

4.4.5 Beispiele für Verträge, die nicht unter die Definition des IFRS 4 fallen

Anhang B zu IFRS 4 enthält auch Beispiele für Verträge, die die Definition des IFRS 4 für Versicherungsverträge nicht erfüllen:[75]

- Kapitalanlageverträge wie Lebensversicherungsverträge, bei denen der Versicherer kein signifikantes Sterblichkeitsrisiko trägt,
- Verträge im rechtlichen Kleid eines Versicherungsvertrages, die jedoch jedes wesentliche Versicherungsrisiko durch unkündbare und durchsetzbare Mechanismen an den Versicherungsnehmer zurückübertragen, wie es bei eini-

[72] *Allianz Gruppe* Geschäftsbericht 2005 S. 121
[73] *Gerling Beteiligungs-GmbH* Geschäftsbericht 2005 S. 76
[74] *Münchener-Rück-Gruppe* Geschäftsbericht 2005 S. 154
[75] IFRS 4 Anh. B19

gen Finanzrückversicherungs- oder Gruppenversicherungsverträgen der Fall ist,

- Selbstversicherung,[76]
- Verträge, die eine Zahlung bei Eintritt eines ungewissen zukünftigen Ereignisses vereinbaren, bei denen aber die vertragliche Bedingung fehlt, dass das Ereignis den Versicherungsnehmer nachteilig trifft, z.B. Rechtsverhältnisse von Spielbanken,[77]
- Derivate, die ein Finanzrisiko, aber kein Versicherungsrisiko erzeugen,
- kreditbezogene Garantien, bei denen eine Zahlung erfolgt, selbst wenn der Inhaber keinen Schaden erleidet,
- sog. Wetterderivate,[78]
- Katastrophenbonds bzgl. Variablen, die nicht spezifisch für eine Vertragspartei sind.

So fallen bspw. von Versicherungsunternehmen häufig herausgegebene Sparverträge, die keine Überschussbeteiligung gewähren, nicht unter IFRS 4, sondern sind nach IAS 39 zu bilanzieren.[79]

Ebenso sind konzerninterne Patronatserklärungen, die nur die Ausstattung des Schuldners mit finanziellen Mitteln versprechen, den Gläubiger jedoch nicht direkt entschädigen würden (weiche Patronatserklärungen)[80], nicht als Versicherungsverträge zu klassifizieren.[81] Auch fondsgebundene Lebensversicherungen, die nur

[76] Zur Kritik am Begriff der Selbstversicherung siehe Literaturhinweis in Abschnitt 2.1.1.2 auf Seite 6

[77] Zur Abgrenzung von Wette und Versicherung siehe Literaturhinweis in Abschnitt 2.1.1.3 auf Seite 8

[78] Zu Wetterderivaten im Allgemeinen siehe vertiefend *Schirm* Wetterderivate, *Scholand/Glas* Wetterderivate, *Becker/Bracht* Katastrophen- und Wetterderivate, *Hee/Hofmann* Wetterderivate

[79] Vgl. *Ebbers* Insurance Contracts S. 1378

[80] Zu Patronatserklärungen im Allgemeinen siehe vertiefend *Koch* Patronatserklärung, *Nguyen* Patronatserklärung, *Michalski* Patronatserklärung, *Loitz/Schulze* Patronats-/Rangrücktrittserklärungen

[81] Vgl. *Kölschbach/Engeländer* Versicherungsgeschäfte S. 740

einen minimalen Todesfallschutz bieten, sind nicht als Versicherungsverträge einzustufen, es sei denn, es erfolgt eine Aufteilung des Vertrages in eine Einlagenkomponente und eine Versicherungskomponente.[82]

Fazit: Nicht nur Versicherungsunternehmen i.S.d. VAG, sondern auch Banken und andere Unternehmen müssen ihren Bestand an Verträgen daraufhin untersuchen, ob die Definition des Versicherungsvertrages i.S.d. IFRS 4 erfüllt wird. Denn auch solche Verträge, von denen man nicht erwartet hätte, dass es sich um Versicherungsverträge handelt, können unter IFRS 4 fallen und umgekehrt.

4.5 Bewertung von Versicherungsverträgen

4.5.1 Bilanzierungsmodelle

4.5.1.1 Deferral-and-Matching-Ansatz

Der Deferral-and-Matching-Ansatz stellt eines der beiden grundlegenden Bilanzierungsmodelle dar, auf denen die Berücksichtigung von Vermögenswerten, Schulden, Erträgen und Aufwendungen beruht. Dieser Ansatz setzt sich aus dem Matching Principle sowie dem Deferral Principle zusammen.

Beide Prinzipien sind unter den Grundsatz der Periodenabgrenzung (Accrual Principle) als allgemeinem Abgrenzungskonzept zu subsumieren. Während das Matching Principle[83] die sachliche Abgrenzung der Aufwendungen und Erträge betrifft, beinhaltet das Deferral Principle die zeitliche Abgrenzung der Aufwendungen und Erträge. Als drittes Element des Accrual Principle ist das Realisation Principle zu nennen, das die anderen beiden Grundsätze dominiert.[84]

Hieraus ist zu erkennen, dass der Deferral-and-Matching-Ansatz primär am Periodenerfolg und damit an der Gewinn-und-Verlust-Rechnung orientiert ist.[85]

[82]IFRS 4.IG2 Bsp. 1.3; vgl. auch *Kölschbach/Engeländer* Versicherungsgeschäfte S. 741
[83]Siehe F.95
[84]Vgl. *Baetge* et al. Grundlagen Rz. 36–40
[85]Vgl. *Zimmermann/Schweinberger* Gestaltungsformen S. 58f.

Durch das Kongruenzprinzip folgt aus der Ermittlung des Periodenerfolges auch der Ansatz von Vermögenswerten und Schulden[86], daneben sind regelmäßig Rechnungsabgrenzungsposten aufzunehmen.[87]

Der Deferral-and-Matching-Ansatz entspricht der dynamischen Bilanzauffassung nach Schmallenbach.[88]

Für Versicherungsverträge bedeutet dieser Ansatz, dass sie bei Vertragsabschluss ein schwebendes Geschäft und über die Vertragslaufzeit hinweg eine Dauerleistung darstellen.[89] Die Aufwendungen aus dem Versicherungsvertrag, insbesondere aus den Schadenereignissen, sind den Erträgen aus Versicherungsprämien zuzuordnen, die Prämien sind über die Vertragslaufzeit als Erträge zu vereinnahmen.[90] Daher sind auch Vertragsabschlusskosten zu aktivieren und über die Vertragslaufzeit zu verteilen.[91]

Das Kernstück des Versicherungsvertrages und die Leistung des Versicherers besteht in der „Risikotragung in der Zeit".[92] Dieser Ansatz liegt neben dem deutschen Handelsrecht u.a. auch den US-GAAP zugrunde.[93]

4.5.1.2 Asset-Liability-Ansatz

Der Asset-Liability-Ansatz stellt das andere grundlegende Bilanzierungsmodell dar.

Wie bereits aus der Bezeichnung zu erkennen ist, handelt es sich um ein bilanzorientiertes Modell.[94] In der Bilanz werden nur Vermögenswerte und Schulden angesetzt, die den Definitionen im Rahmenkonzept[95] entsprechen.[96] Rechnungsab-

[86] Vgl. *Zimmermann/Schweinberger* Gestaltungsformen S. 59
[87] Vgl. *Löw* Gewinnrealisierung S. 153, *Kölschbach* Versicherungsbilanzen S. 433
[88] Vgl. *Geib* Diskussionsstand S. 118; zur dynamischen Bilanzauffassung vgl. grundlegend *Schmalenbach* Dynamische Bilanzlehre
[89] Vgl. *Zimmermann/Schweinberger* Gestaltungsformen S. 59f., *Jäger* Versicherungstechnische Rückstellungen S. 153
[90] Vgl. *Löw* Gewinnrealisierung S. 153
[91] Vgl. *Geib* Diskussionsstand S. 118
[92] *Zimmermann/Schweinberger* Gestaltungsformen S. 61
[93] Vgl. *Zimmermann/Schweinberger* Gestaltungsformen S. 59, *Löw* Gewinnrealisierung S. 154, *Geib* Diskussionsstand S. 118
[94] Vgl. *Perlet* Zeitwertbilanzierung S. 295
[95] Vgl. zu den Definitionen Abschnitt 3.5.4 auf Seite 67
[96] Vgl. *Ellenbürger/Horbach/Kölschbach* Bewertung S. 45f., *Geib* Diskussionsstand S. 117f.

grenzungsposten als zeitraumbezogene Größen werden nicht mehr als im Einklang mit diesen Definitionen angesehen.[97]

Der Periodenerfolg zum Zeitpunkt der Erstbilanzierung ergibt sich als Differenz aus den Wertansätzen der Vermögenswerte und Schulden. Im Rahmen der Folgebilanzierung ermittelt sich der Periodenerfolg aus den erfolgswirksamen Wertänderungen dieser Positionen. Im Gegensatz zum Deferral-and-Matching-Ansatz liegt somit der Ausgangspunkt bei den Vermögenswerten und Schulden, nicht bei den Erträgen und Aufwendungen.[98] Der Grundsatz der periodengerechten Erfolgsermittlung wird damit durch die Vorschriften des Rahmenkonzeptes zur Bilanzierungsfähigkeit von Vermögenswerten und Schulden eingeschränkt.[99] Dieser Ansatz spiegelt die statische Bilanzauffassung wider.[100]

Auf Versicherungsverträge angewendet bedeutet dies, dass alle versicherungstechnischen Vermögenswerte und Schulden, die sich aus dem Versicherungsvertrag ergeben, zum Zeitpunkt des Vertragsabschlusses, und nicht über die Vertragslaufzeit verteilt, anzusetzen sind. Dies sind insbesondere die Schadenverpflichtungen sowie die Prämieneinnahmen.[101]

Somit besteht die Möglichkeit, dass bereits bei Vertragsabschluss Gewinne aus dem Vertrag auszuweisen sind.[102]

Trotz der Tatsache, dass es sich bei Vertragsabschluss um ein schwebendes Geschäft handelt, wird eine Erfassung aller Zahlungsströme, auch der Prämieneinnahmen, zum Zeitpunkt des Vertragsabschlusses damit begründet, dass die Leistung des Versicherers im „Absatz von Versicherungsschutz“[103] besteht, während der Deferral-and-Matching-Ansatz die Risikotragung in der Zeit[104] betont.[105]

[97] Vgl. *Löw* Gewinnrealisierung S. 154f., *Ellenbürger/Horbach/Kölschbach* Bewertung S. 46

[98] Vgl. *Zimmermann/Schweinberger* Gestaltungsformen S. 60

[99] Vgl. *Löw* Gewinnrealisierung S. 154; siehe F.95

[100] Vgl. *Hesberg* Internationalisierung der Jahresabschlüsse S. 183; zur statischen Bilanzauffassung vgl. vertiefend *Simon* Bilanzen

[101] Vgl. *Zimmermann/Schweinberger* Gestaltungsformen S. 61, *Löw* Gewinnrealisierung S. 155

[102] Vgl. *Kölschbach* Versicherungsbilanzen S. 433, *Löw* Gewinnrealisierung S. 155, *Zimmermann/Schweinberger* Gestaltungsformen S. 66

[103] *Zimmermann/Schweinberger* Gestaltungsformen S. 61

[104] Vgl. Abschnitt 4.5.1.1 auf Seite 94

[105] Vgl. *Zimmermann/Schweinberger* Gestaltungsformen S. 61

Das IASB hat sich bereits zum Ende der Phase I des Projektes „Insurance Contracts“ für die Anwendung des Asset-Liability-Ansatzes ausgesprochen.[106] Von dieser Entscheidung ist das IASB auch in Phase II nicht abgerückt, wie aus dem Discussion Paper zu erkennen ist.

4.5.2 Bewertung nach IFRS 4

Wie unter Abschnitt 4.1 erwähnt, stellt der derzeit geltende IFRS 4 „Insurance Contracts“ lediglich eine Übergangsregelung dar. Hierbei liegt das Augenmerk vornehmlich auf der Definition von Versicherungsverträgen sowie Anhangangaben denn auf Bewertungsfragen. Insofern sollen die Aspekte, die im IFRS 4 hinsichtlich der Bewertung geregelt sind, an dieser Stelle überblickartig präsentiert werden. Einzelheiten zur Bewertung, die schwerpunktmäßig Teile der Phase II sind, werden in Abschnitt 4.5.3 behandelt.

Als Grundsatz gilt, dass jeder Bilanzierende, sei es ein Erstbilanzierer i.S.d. IFRS 1 oder ein Bilanzierender, der IFRS bereits anwendet, die bisher angewandten Bilanzierungsgrundsätze für Versicherungsverträge beibehalten kann.[107] Dies gilt jedoch nur für diejenigen Verträge, die unter die Definition der IFRS 4 für Versicherungsverträge zu subsumieren sind, nicht jedoch für Finanzinstrumente, die unter IAS 39 fallen.[108] Dies bedeutet demnach, dass während Phase I des Projektes „Insurance Contracts“ auch die Bilanzierungsgrundsätze nach HGB oder US GAAP grundsätzlich fortgeführt werden können. Ermöglicht wird dies dadurch, dass IFRS 4.13 die Anwendung der Regelungen in IAS 8.10–12 aussetzt, die bestimmen, welche Kriterien anzuwenden sind, wenn kein IFRS für einen bestimmten Sachverhalt besteht. Hierbei ist insbesondere auf Standards oder Interpretationen, die ähnliche Sachverhalte regeln, danach auf die Definitionen und Kriterien des Rahmenkonzeptes zurückzugreifen, und wenn auch dies nicht möglich ist, auf Regelungen anderer Standardsetzer zu rekurrieren.[109] Hintergrund ist, dass keine vielfältigen individuellen Auslegungen des Rahmenkonzeptes entstehen

[106] IFRS 4.BC6
[107] IFRS 4.13, IFRS 4.BC83
[108] Vgl. *Ebbers* Insurance Contracts S. 1378
[109] IAS 8.11 und 12

sollten.[110] Des Weiteren sollen Bilanzierende ihre Bilanzierungsgrundsätze nicht zweimal, d.h. in Phase I und II umstellen müssen.[111]

Von diesem Grundsatz gibt es jedoch einige Ausnahmen sowie Ergänzungen, die das IASB bereits in Phase I für erforderlich gehalten hat.

Die Bilanzierenden haben an jedem Bilanzstichtag einen sog. Liability Adequacy Test durchzuführen und hierbei aktuelle Schätzungen zukünftiger Zahlungsströme aus dem Versicherungsvertrag heranzuziehen. Unterdotierungen der bisherigen Verpflichtungen im Vergleich zur aktuellen Schätzung sind sofort erfolgswirksam zu berücksichtigen.[112]

Erfüllt ein Liability Adequacy Test, der bereits im Rahmen der bisherigen Bilanzierungsgrundsätze angewendet wird, gewisse Mindestkriterien, so sind keine weiteren Schritte und Berechnungen vorzunehmen. Insbesondere wird nicht explizit verlangt, dass der Test auf diskontierter Basis erfolgt.[113]

Als Minimumerfordernisse muss dieser aktuelle Schätzungen aller vertraglichen Zahlungsströme, inklusive Schadenabwicklungskosten sowie Zahlungen aus eingebetteten Optionen und Garantien, einbeziehen und eine negative Differenz aufwandswirksam berücksichtigen.[114] Falls diese Mindestkriterien nicht erfüllt sind, ist der Buchwert der Verpflichtungen abzüglich abgegrenzter Abschlusskosten sowie immaterieller Vermögenswerte, z.B. aus Unternehmenszusammenschlüssen, zu bestimmen und mit einem nach den Kriterien des IAS 37 ermittelten Rückstellungsbetrag, der zu diskontieren ist[115], zu vergleichen. Im Falle des Unterschreitens des Rückstellungsbetrages nach IAS 37 ist die Differenz aufwandswirksam zu erfassen.[116] Der Test soll auf Basis von aggregierten Größen erfolgen.[117] Die Literatur geht davon aus, dass die Ermittlung einer Rückstellung für drohende Verluste aus schwebenden Geschäften i.S.d. § 249 I HGB i.V.m. § 31 RechVersV

[110] Vgl. *Ebbers* Insurance Contracts S. 1381
[111] IFRS 4.BC77
[112] IFRS 4.15
[113] IFRS 4.16; vgl. zur Diskontierung IFRS 4.BC101(b).
[114] IFRS 4.16
[115] Vgl. IAS 37.45
[116] IFRS 4.17
[117] IFRS 4.18

sowie die prospektive Ermittlung der Deckungsrückstellung in der Lebens- und Krankenversicherung die Mindestkriterien erfüllen.[118]

Änderungen der Bilanzierungsmethode sind auch während Phase I erlaubt. Der Bilanzierende darf sie ändern, wenn dadurch die Financial Statements relevantere Informationen bereitstellen, aber nicht weniger verlässlich werden oder wenn sie verlässlicher werden, aber nicht weniger relevante Informationen enthalten. Hierbei sind die Kriterien des IAS 8 heranzuziehen.[119]

Das IASB spricht einige Aspekte direkt an, bei denen Änderungen als erlaubt bzw. als nicht zulässig angesehen werden. Dem Versicherer ist es erlaubt, bei ausgewählten Versicherungsverpflichtungen aktuelle Marktzinssätze in der Bewertung zu verwenden und die sich ergebenden Änderungen erfolgswirksam zu berücksichtigen. In diesem Zusammenhang können auch weitere aktuelle Schätzungen und Annahmen eingebracht werden. Es wird ausdrücklich darauf hingewiesen, dass die Regelung aus IAS 8.13 nicht zu beachten ist, nach der dann auch ähnliche Verpflichtungen in gleicher Weise zu bilanzieren wären. Allerdings muss die geänderte Bilanzierungsweise dann für die ausgewählten Verpflichtungen bis zu deren Tilgung beibehalten werden.[120]

Einigen Bewertungsänderungen wird die Erfüllung der Vorgabe in IFRS 4.22, relevanter bzw. verlässlicher zu sein, explizit abgesprochen:[121]

- Bewertung auf undiskontierter Basis,
- Bewertung von vertraglichen Rechten auf zukünftige Kapitalanlagegebühren über dem Fair Value,
- Anwendung von uneinheitlichen Bilanzierungsmethoden bei Tochterunternehmen, außer im Rahmen des IFRS 4.24.

Allerdings ist die Fortführung dieser Bilanzierungspraktiken erlaubt.[122]

[118]Vgl. *Hasenburg/Drinhausen* IFRS 4 S. 646f., *Engeländer/Kölschbach* Fair-Value-Standard S. 1326 sowie im Ergebnis auch *Kölschbach/Engeländer* Versicherungsgeschäfte S. 746
[119]IFRS 4.22
[120]IFRS 4.24
[121]IFRS 4.25
[122]IFRS 4.25

Wendet der Versicherer bereits ausreichende Vorsicht an, so darf er keine zusätzliche Vorsicht einführen. Übermäßige Vorsicht muss jedoch nicht eliminiert werden.[123]

Das IASB formuliert eine widerlegbare Vermutung, dass die Relevanz und Verlässlichkeit von Financial Statements sinkt, wenn in die Bewertung zukünftige Kapitalanlagemargen einbezogen werden, es sei denn, diese beeinflussen die vertraglichen Zahlungen. Die Vermutung kann widerlegt werden, wenn durch Änderung anderer Bilanzierungsmethoden die Verminderung der Relevanz bzw. Verlässlichkeit, resultierend aus der Verwendung von Kapitalanlagemargen überkompensiert wird. Werden zukünftige Kapitalanlagemargen im Rahmen der bisherigen Bilanzierungsmethode verwendet, so ist deren Eliminierung nicht erforderlich.[124]

Im Übrigen erlaubt das IASB eine Bilanzierungspraxis, die als „Schattenbilanzierung" bezeichnet wird, bei der erfasste, nichtrealisierte Gewinne oder Verluste aus Vermögenswerten die Bewertung von Versicherungsverpflichtungen nebst abgegrenzter Vertragsabschlusskosten und zugehöriger immaterieller Vermögenswerte aus Unternehmenszusammenschlüssen in gleicher Weise wie realisierte Gewinne und Verluste beeinflussen. Differenzen bei den Verpflichtungen sind erfolgsneutral im Other Comprehensive Income zu berücksichtigen, wenn auch die nichtrealisierten Effekte aus den Vermögenswerten im Other Comprehensive Income berücksichtigt werden.[125]

Der Fair Value von in Unternehmenszusammenschlüssen erworbenen Versicherungsverträgen darf in zwei Komponenten zerlegt werden. Die erste Komponente spiegelt den Betrag wider, der nach den Bilanzierungsmethoden bewertet wurde, die der Versicherer auch für bisher im Bestand gehaltene Versicherungsverträge verwendet. Die Differenz zwischen dem Fair Value, der im Rahmen des IFRS 3 berechnet wurde, und dem vorstehend genannten Betrag ist als immaterieller Vermögenswert anzusetzen und in Folgeperioden analog der zugehörigen Schulden aus

[123]IFRS 4.26
[124]IFRS 4.27 und 28
[125]IFRS 4.30

Versicherungsverträgen zu behandeln.[126] Das Gleiche gilt für Bestandsübertragungen von Versicherungsverträgen von einem Versicherer auf einen anderen.[127]

Der Grundsatz der Fortführung der bisherigen Bilanzierungsmethoden gilt gleichfalls für Versicherungsverträge mit ermessensabhängiger Überschussbeteiligung.[128] Hierbei handelt es sich um Verträge, die einen vertraglichen Anspruch auf zusätzliche Leistungen enthalten, die einen wesentlichen Anteil an der Gesamtleistung aus dem Vertrag darstellen, deren Höhe oder Fälligkeit vertraglich vereinbart im Ermessen des Versicherers liegt und auf dem bilanziellen Ergebnis des Versicherers, dem Ergebnis eines Teilbestandes an Verträgen oder Kapitalerträgen eines bestimmten Portfolios basieren.[129]

Bei Verträgen mit ermessensabhängiger Überschussbeteiligung sowie enthaltenen garantierten Elementen darf der Versicherer das garantierte Element separat von der ermessensabhängigen Überschussbeteiligung ansetzen, ansonsten ist der Vertrag in seiner Gesamtheit als Schulden zu berücksichtigen. Bei getrenntem Ansatz hat der Versicherer das garantierte Element als Schulden und die ermessensabhängige Überschussbeteiligung als Schulden oder im Eigenkapital auszuweisen, nicht jedoch als Zwischenposten zwischen Eigen- und Fremdkapital. Alle Prämieneinnahmen dürfen als Ertrag erfasst werden, eine Aufteilung auf den Teil, der auf die ermessensabhängige Überschussbeteiligung entfällt und im Eigenkapital gezeigt wird, ist nicht erforderlich. Die Änderungen des garantierten Elementes und der ermessensabhängigen Überschussbeteiligung, die als Schulden ausgewiesen werden, sind erfolgswirksam zu berücksichtigen.[130]

Auch in Deutschland enthalten Versicherungsverträge Überschussbeteiligungen, die nach IFRS 4 zu bewerten sind, es sei denn, es handelt sich um fonds- oder indexgebundene Verträge oder die Überschussbeteiligung erfolgt freiwillig, nicht vertragsgebunden, vollumfänglich im Belieben des Managementes.[131]

[126] IFRS 4.31
[127] IFRS 4.32
[128] IFRS 4.34(e); vgl. auch *Kölschbach/Engeländer* Versicherungsgeschäfte S. 752
[129] IFRS 4 Anh. A
[130] IFRS 4.34
[131] Vgl. *Ebbers* Insurance Contracts S. 1383, *Engeländer/Kölschbach* IFRS 4 für Versicherungsverträge S. 578, *Hasenburg/Drinhausen* IFRS 4 S. 647, *Kölschbach/Engeländer* Versicherungsgeschäfte S. 751

Das IASB verlangt die Entflechtung (sog. Unbundling) von Einlagenkomponenten in Versicherungsverträgen, wenn die Einlagenkomponente für sich bewertbar ist und ansonsten die vom Versicherer angewandte Bilanzierungsmethode nicht alle Rechte und Pflichten aus der Einlagenkomponente berücksichtigen würde. Werden ohnehin alle Rechte und Pflichten berücksichtigt und ist eine getrennte Bewertung möglich, so ist eine Entflechtung erlaubt. Untersagt wird diese hingegen, wenn die Einlagenkomponente nicht separat bewertbar ist. Die Versicherungskomponente ist bei Entflechtung nach IFRS 4 und die Einlagenkomponente nach IAS 39 zu bewerten.[132] Hiermit ist auch eine Zerlegung der Prämieneinnahmen verbunden, die jedoch regelmäßig als Einheit kalkuliert werden, sodass eine Zerlegung aufwändig sein wird.[133] Wird nicht entflochten, so kommt einheitlich IFRS 4 zur Anwendung.

Aufgrund des Vollständigkeitsgebotes des HGB, alle Rechte und Pflichten zu berücksichtigen, sollte bei Versicherern, die ihre handelsrechtlichen Bilanzierungsgrundsätze fortführen, eine Zerlegung nicht zwingend erforderlich sein.[134]

4.5.3 Bewertung gemäß Discussion Paper

4.5.3.1 Mögliche Bewertungsbasen

Das IASB sowie die Literatur haben im Verlaufe der Entwicklung eines Standards zur Bilanzierung von Versicherungsverträgen diverse Bewertungsbasen (sog. Measurement Attributes) diskutiert und daraufhin untersucht, welche Basis dem Leser den höchsten Informationsnutzen bzw. das Geschäft „Versicherungsvertrag" am realitätsnächsten darstellt. Einige Bewertungsbasen sind auch im Discussion Paper enthalten. Dort fokussiert sich das IASB auf die Bewertung der Schulden aus Versicherungsverträgen. Nach DP Anh. I handelt es sich bei den Schulden aus Versicherungsverträgen um die Nettoverpflichtung aus dem Versicherungsvertrag. Von den Bewertungsbasen sollen die Folgenden dargestellt werden: Current Ent-

[132] IFRS 4.10 und 12; vgl. hierzu auch Abbildung 4.1 auf Seite 85

[133] Vgl. *Ebbers* Insurance Contracts S. 1381

[134] Vgl. *Engeländer/Kölschbach* IFRS 4 für Versicherungsverträge S. 576, *Hasenburg/Drinhausen* IFRS 4 S. 645

ry Value, Current Exit Value, Entity Specific Value, Fair Value und Embedded Value.

4.5.3.1.1 Current Entry Value

Im Discussion Paper diskutiert das IASB zwei Versionen eines Current Entry Values. Die erste Version wird definiert als „the amount that the insurer would charge a policyholder today for entering into a contract with the same remaining rights and obligations as the existing contract“.[135]

Die zweite Version wird ähnlich, jedoch mit leicht anderer Akzentuierung, definiert als „the amount a rational insurer would charge a policyholder today for entering into a contract with the same remaining rights and obligations“.[136]

Beide Versionen zeigen, dass der Current Entry Value auf den Ursprungsmarkt, d.h. auf das Verhältnis zwischen Versicherer und Versicherungsnehmer, abstellt. Der Unterschied besteht darin, dass in der zweiten Version auf einen rationalen Versicherer und in der ersten Version auf den spezifischen bilanzierenden Versicherer abgestellt wird.

Unter einem Entry Value ist somit der Anschaffungswert zum Zeitpunkt des Vertragsabschlusses zu verstehen, der Current Entry Value entspricht dem (Wieder-) Beschaffungswert auf der Basis aktueller Marktgegebenheiten.[137]

Nach dem IASB werden im Rahmen der ersten Version Änderungen in Schätzungen sowie bei Zinssätzen nur berücksichtigt, wenn der bilanzierende Versicherer seine eigene Preispolitik und Tarifierung entsprechend geändert hat. Da auf individuelle Parameter abgestellt wird, würde nach Meinung des IASBs hierdurch die Vergleichbarkeit von Financial Statements verschiedener Versicherer eingeschränkt.[138]

Die zweite Version legt der Berechnung aktuelle Schätzungen der Zahlungsströme und aktuelle Zinssätze sowie im Zeitpunkt der Erstbilanzierung an die Prämie

[135] DP.97; der DSOP von 2001 definiert den Current Entry Value als „the amount of the premium (perhaps net of acquisition costs) that the insurer would charge in current market conditions if it were to issue new contracts that created the same remaining contractual rights and obligations“. DSOP 3.40

[136] DP.98

[137] Vgl. *Löw* Gewinnrealisierung S. 174

[138] DP.97(b)

angepasste Margen zugrunde. Nach Meinung des IASBs handele es sich daher bei der zweiten Version nicht um einen Entry Value im eigentlichen Sinne, sondern um eine Form eines Current Exit Values.[139]

4.5.3.1.2 Current Exit Value

Das IASB definiert den Current Exit Value im Discussion Paper als „the amount the insurer would expect to pay at the reporting date to transfer its remaining contractual rights and obligations immediately to another entity".[140]

Aus der Definition ergibt sich, dass im Gegensatz zum Entry Value auf den Absatzmarkt abgestellt wird. Es ist der Preis, den der Versicherer auf einem Markt zahlen müsste, um sich seiner Verpflichtungen aus dem Versicherungsvertrag[141] zu entledigen.

Insofern wäre vorausgesetzt, dass ein derartiger Markt für Versicherungsverträge besteht, an dem derartige Preise beobachtet werden können. Jedoch räumt das IASB ein, dass der Current Exit Value von Versicherungsverträgen üblicherweise nicht beobachtbar sei. Im Übrigen solle ein Current Exit Value auch nicht implizieren, dass ein Versicherer seine Verpflichtungen aus dem Vertrag an einen Dritten übertragen könne, wolle oder müsse. Im Gegenteil, in den meisten Fällen sei ein Transfer nicht möglich oder nicht erwünscht.[142]

Aus diesem Grund seien die drei Building Blocks, die im Discussion Paper erläutert werden, erforderlich, um den Current Exit Value zu schätzen.[143] Auf diese Building Blocks wird in Abschnitt 4.5.3.2, Abschnitt 4.5.3.3 sowie Abschnitt 4.5.3.4 eingegangen. Inwiefern der Current Exit Value unter Verwendung der Building Blocks dazu dient, den Abschlussadressaten entscheidungsnützliche Informationen bereitzustellen, wie dies vom IASB propagiert wird[144], bleibt in Abschnitt 5.2.3 zu untersuchen.

[139] DP.98
[140] DP.93; im DSOP wurde als Exit Value „the amount that the insurer would pay another insurer in exchange for transferring all of the obligations associated with the insurance liability to that other insurer" definiert. DSOP 3.41
[141] Unter gleichzeitiger Abgabe seiner Ansprüche aus dem Versicherungsvertrag
[142] DP.93 und 94
[143] DP.93
[144] DP.94

4.5.3.1.3 Andere Bewertungsbasen

- Entity Specific Value

  Der DSOP behandelte auch die Frage nach einem Entity Specific Value.[145] Hiervon ist das IASB bereits im Januar 2003[146] und in der Folge im Discussion Paper abgerückt.

  Der Entity Specific Value ist der „Preis [...], den ein Marktteilnehmer zu zahlen bereit ist, wenn dieser über die gleichen Informationen und spezifischen Handlungsalternativen als das betreffende Unternehmen verfügen würde".[147]

  In den Entity Specific Value fließen alle künftigen Zahlungsströme aus der Sicht des bilanzierenden Versicherers ein. Er beinhaltet somit neben Informationsvorsprüngen gegenüber konkurrierenden Unternehmen bzw. dem Markt auch Besonderheiten der Vertragsportfolien wie Größe und Zusammensetzung des Vertragsbestandes und Effizienzen in der Verwaltung sowie die unternehmenseigenen Einschätzungen von Risiken.[148] Hieraus ist erkennbar, dass es sich um eine subjektiv gefärbte Größe handelt.

  Geib definiert den Entity Specific Value einer Verpflichtung auch als „gegenwärtige[n] Wert der Kosten, die das Unternehmen bei einer ordentlichen Abwicklung der Verpflichtung über die Vertragslaufzeit zukünftig aufbringen muß".[149] Im Vergleich zur obigen Definition stellt er nicht auf eine Transaktion mit einem Dritten ab, d.h. eine Art Exit Value, sondern auf das Verhältnis zwischen Versicherer und Versicherungsnehmer, d.h. eine Art Entry Value, da er von der Abwicklung über die Vertragslaufzeit ausgeht.[150]

[145] DSOP 3.11ff.; im November 2000 sprach sich das damalige Steering Committee „Insurance Contracts" für einen Entity Specific Value aus, solange der damalige IAS 39 Gültigkeit besäße. Vgl. *Perlet* Zeitwertbilanzierung S. 297

[146] Vgl. *IASB* Update January 2003 S. 4

[147] *Rockel/Sauer* IFRS für Versicherungsverträge II S. 304; vgl. auch *Hitz/Kuhner* Grundsätze der Barwertermittlung S. 893, *Perlet* Zeitwertbilanzierung S. 297

[148] Vgl. *Geib* Diskussionsstand S. 121, *Rockel/Sauer* IFRS für Versicherungsverträge II S. 304

[149] *Geib* Diskussionsstand S. 122; so ähnlich *Gewald/Stichlmair* Fester Marktwert S. 1242; das Discussion Paper beinhaltet diesen Gedanken der Abwicklung der Verpflichtung gegenüber dem Versicherungsnehmer ebenfalls und bezeichnet den Wertmaßstab als „value in settlement with the policyholder" (DP.102f.).

[150] Insofern ist erkennbar, dass sich die Bewertungsbasen nicht gegenseitig ausschließen, sondern auch Kombinationen bzw. Überschneidungen auftreten können.

- Fair Value

  Im Rahmen der IAS/IFRS wird der Fair Value[151] einheitlich definiert als „the amount for which an asset could be exchanged, or a liability settled, between knowledgeable, willing parties in an arm's length transaction“.[152]

  Im Fair Value sollen die am Markt bestehenden Informationen hinsichtlich des Bewertungsobjektes gebündelt werden. Die Ermittlung des Fair Values erfolgt in Abhängigkeit von den verfügbaren Informationen hierarchisch in drei Stufen:[153]

  1. Mark-to-Market: Dieser Wert kommt zur Anwendung, wenn das Bewertungsobjekt auf einem aktiven Markt gehandelt wird und somit ein Marktpreis beobachtbar ist.
  2. Marktvergleichswerte: Sind für das Bewertungsobjekt keine Preise nach dem Mark-to-Market bestimmbar, so soll auf Marktpreise i.S.d. Mark-to-Market für vergleichbare Bewertungsobjekte zurückgegriffen werden.
  3. Mark-to-Model: Können weder Werte nach Mark-to-Market noch Marktvergleichswerte ermittelt werden, ist auf finanzmathematische Bewertungsmodelle, wie z.B. bekannte Preisbildungsmodelle, abzustellen.

  Da für Versicherungsverträge regelmäßig keine aktiven Märkte existieren[154] und Marktvergleichswerte auch schwerlich zu bestimmen sein dürften, verbleibt regelmäßig für die Ermittlung des Fair Values von Versicherungsverträgen nur das Mark-to-Model.[155]

  Das IASB hat im November 2006 ein Discussion Paper „Fair Value Measurements“[156] veröffentlicht, das zum Ziel hat, den Fair Value klarer zu definieren und Anhaltspunkte für seine Ermittlung zu geben. Im Discussion Paper „Insurance Contracts“ führt das IASB aus, dass es aufgrund der fehlenden

[151] Zur Zweckmäßigkeit von Fair Values vgl. stellvertretend *Bieker* Fair Value Accounting, *Hitz* Fair Value, *Ballwieser/Küting/Schildbach* Fair value

[152] IFRS 4 Anh. A, IAS 17.4, IAS 18.7, IAS 39.9, IFRS 3 Anh. A u.a.

[153] Vgl. *Coenenberg* Jahresabschluss S. 104f., 107

[154] Vgl. *Rockel/Sauer* IFRS für Versicherungsverträge II S. 304, so auch *Geib* Diskussionsstand S. 121

[155] Vgl. hierzu im Detail Abschnitt 5.2.2 auf Seite 162

[156] Vgl. *IASB* DP Fair value measurement

endgültigen Entscheidungen in beiden Projekten noch nicht beurteilen kann, ob es sich bei dem Fair Value und dem Current Exit Value um gleiche Wertmaßstäbe handelt. Bisher seien keine Unterschiede festgestellt worden.[157]

- Embedded Value

  Es gibt nicht „den“ Embedded Value. In der Literatur werden verschiedene Ansätze des Embedded Values diskutiert.[158] Stellvertretend sollen hier die vom CFO Forum[159] veröffentlichten *European Embedded Value Principles* dargestellt werden.

  Danach wird der Embedded Value definiert als „the present value of shareholders' interests in the earnings distributable from assets allocated to the covered business after sufficient allowance for the aggregate risks in the covered business“.[160] Dieser besteht aus folgenden Komponenten:[161]

  1. „free surplus allocated to the covered business“,
  2. „required capital, less the cost of holding required capital“,
  3. „present value of future shareholder cash flows from in-force covered business (PVIF)“.

  Der Wert des künftigen Neugeschäftes ist nicht Teil des Embedded Values.[162]

  Bisher werden Informationen über Embedded Values durch einige Lebensversicherungsunternehmen als Zusatzinformationen außerhalb des Abschlusses zur Verfügung gestellt, z.T. auch in der Bewertung im Abschluss genutzt. Im Rahmen der Nichtlebensversicherung werden Embedded Values üblicherweise nicht berechnet.[163] Es wird jedoch kein Grund gesehen, warum der Embedded-Value-Ansatz nicht auf den Nichtlebensversicherungsbereich übertragen werden könnte.[164]

[157] DP.104

[158] Siehe hierzu *Zielke* Marktwertwelt, *Ziewer/Zielke* Konsistenz in der Bilanzierung

[159] Bei dem CFO Forum handelt es sich um einen Zusammenschluss der Chief Financial Officers von 20 bedeutenden europäischen Versicherungsunternehmen. Siehe www.cfoforum.nl

[160] *CFO Forum* EEV Principles S. 2

[161] *CFO Forum* EEV Principles S. 2

[162] Vgl. *CFO Forum* EEV Principles S. 2

[163] DP.106

[164] Vgl. *Bittermann* Versicherungsvertrag S. 820

Das IASB lehnt jedoch den Embedded Value als Bewertungsmaßstab unter Nennung einer Reihe von Kritikpunkten (u.a. kein einheitlicher Ansatz eines Embedded Values) ab und hält den im Folgenden beschriebenen Ansatz eines Current Exit Values auf Basis von drei Building Blocks für informationsrelevanter.[165]

4.5.3.2 Building Block 1: Schätzungen der künftigen Zahlungsströme

Das IASB geht davon aus, dass durch ein Bewertungsmodell auf der Basis von drei Building Blocks nützliche Informationen über den Betrag, den Zeitpunkt und die Unsicherheit zukünftiger Zahlungsströme aus vertraglichen Rechten und Pflichten eines Versicherungsvertrages bereitgestellt werden.[166] Als die drei Building Blocks der Schulden[167], die implizit auch in bestehenden Bilanzierungsmodellen enthalten sind[168] und dem prospektiven Ansatz der Versicherungsmathematik entsprechen[169], werden bestimmt:[170]

- Schätzungen der künftigen Zahlungsströme
- Effekt des Zeitwertes des Geldes
- eine Marge.

Auf diese soll in diesem und in den nächsten beiden Abschnitten detailliert eingegangen werden.

Das IASB plant, den Bilanzierenden nur grundlegende Richtlinien für die Bestimmung der künftigen Zahlungsströme, jedoch keine detaillierten Hilfsmittel, wie etwa in Richtlinien für Aktuare, bereitzustellen.[171]

Schätzungen von zukünftigen Zahlungsströmen sollen die folgenden Merkmale aufweisen:[172] Sie sollen

[165] DP.108 und 110
[166] DP.31
[167] Wie unter Abschnitt 4.5.3.1 auf Seite 102 dargestellt, fokussiert sich das IASB auf die Bewertung der Schulden aus Versicherungsverträgen, die als Netto-Verpflichtung definiert sind.
[168] Vgl. DP.33
[169] Vgl. *Engeländer/Kölschbach* Diskussionspapier des IASB – Analyse S. 387
[170] DP.31
[171] DP.34
[172] DP.34

- explizit sein,
- so konsistent wie möglich mit beobachtbaren Marktpreisen sein,
- alle verfügbaren Informationen über Betrag, Zeitpunkt und Unsicherheit der Zahlungsströme in neutraler Weise enthalten,
- aktuell zum Ende der Berichtsperiode sein sowie
- unternehmensspezifische Zahlungsströme ausschließen.

Zu jedem der fünf Merkmale werden in DP.35–62 nähere Ausführungen gemacht, die unten erläutert werden.

Bei der Schätzung soll es sich nicht um ein „Best Estimate“[173] der zukünftigen Zahlungsströme handeln, sondern es soll eine Reihe von Szenarien aufgestellt werden, die alle möglichen Ergebnisse widerspiegeln. Für jedes Szenario sind die Zahlungsströme sowie die Eintrittswahrscheinlichkeit zu schätzen. Der Endwert bestimmt sich als diskontierter, gewichteter Wert aller Szenarien (Ertragswert). Abweichungen zwischen tatsächlichem Ergebnis und Erwartungswert sind nicht als Fehler zu werten.[174]

Als Quellen für Schätzungen der Wahrscheinlichkeiten werden genannt:[175]

- Informationen aus erhobenen Ansprüchen durch Versicherungsnehmer,
- andere Informationen über bekannte oder erwartete Merkmale des Versicherungsbestandes,
- historische Daten aus eigener Erfahrung des Versicherers, ggf. ergänzt um historische Daten aus anderen Quellen und ggf. angepasst an die aktuelle Situation,
- aktuelle Marktpreise aus Übertragungen von Versicherungsbeständen, ggf. angepasst an die tatsächliche Situation,

[173]Das Best Estimate wird bspw. im IAS 37.36 zum Zwecke der Bewertung von Rückstellungen verwendet.

[174]DP Anh. E4 und 5, DP.39–41

[175]DP Anh. E15

- aktuelle Rückversicherungspreise, ggf. angepasst, falls Faktoren zu einer Abweichung des Rückversicherungspreises im Vergleich zu einer tatsächlichen Transaktion auf dem Erstversicherungsmarkt führen,
- aktuelle Preise für Instrumente, die ähnliche Risiken abdecken, z.B. Katastrophenbonds oder Wetterderivate, angepasst um Abweichungen in den Risiken der Instrumente zu den Risiken des Versicherungsvertrages.

Alle relevanten Zahlungsströme im jeweiligen Szenario sind zu berücksichtigen. Hierzu können gehören:[176]

- Zahlungen an oder im Namen von Versicherungsnehmern aus bestehenden Verträgen, inkl. gemeldeter Ansprüche, entstandener aber noch nicht gemeldeter Ansprüche, zukünftiger Ansprüche und sonstiger Zahlungen,
- Schadenabwicklungskosten,
- Sachleistungen,
- Zahlungen aufgrund ungünstigen Verhaltens der Versicherungsnehmer für den Versicherer,[177]
- durchsetzbare Einzahlungen von Versicherungsnehmern, z.B. Prämienanpassungen,
- Prämien für garantierte Versicherbarkeit vom Versicherungsnehmer sowie hieraus resultierende Auszahlungen,[178]
- Zahlungen aus eingebetteten Optionen und Garantien,
- Kosten der Policenverwaltung und Unterhaltskosten,
- transaktionsbezogene Steuern und Abgaben,

[176] DP Anh. E24
[177] Zu Verhalten der Versicherungsnehmer vgl. Abschnitt 4.5.3.5.1 auf Seite 128
[178] Zur garantierten Versicherbarkeit vgl. Abschnitt 4.5.3.5.1 auf Seite 128

- mögliche Rückerstattungen (wie Schadenrückerstattungen und Forderungsabtretungen) aus zukünftigen Ansprüchen im Rahmen bestehender Verträge,
- Überschussbeteiligungen an Versicherungsnehmer,[179]
- gutzuschreibende Zinsen.

Dagegen sind nicht relevant:[180]

- Anlageerträge,
- Zahlungen aus Rückversicherungsverträgen,
- Nettozahlungseingänge aus Verhalten der Versicherungsnehmer, außer Prämien für garantierte Versicherbarkeit,
- mögliche Zahlungsströme aus künftigen Versicherungsverträgen,
- Steuern vom Einkommen und Ertrag,
- Zahlungsströme zwischen verschiedenen Einheiten des bilanzierenden Versicherers,
- mögliche Transaktionskosten bei Übertragung von vertraglichen Rechten und Pflichten an Dritte,
- unternehmensspezifische Zahlungsströme.

1. Explizite Schätzungen:

   Die Zahlungsströme sollen explizit geschätzt und der Bewertung zugrunde gelegt werden. Eine implizite Berücksichtigung in einer Gesamtbewertung, die ausreichende Margen enthält, die sicherstellen, dass die tatsächlichen Zahlungsströme die Gesamtbewertung höchstwahrscheinlich nicht überschreiten werden,

[179]Zur Überschussbeteiligung vgl. Abschnitt 4.5.3.9 auf Seite 140
[180]DP Anh. E25

wird vom IASB unter Berufung auf die höhere Relevanz, bessere Verständlichkeit und Vergleichbarkeit[181] expliziter Schätzungen abgelehnt. Diese bieten nach Ansicht des IASBs eine verlässlichere Darstellung der Ansprüche der Versicherungsnehmer.[182]

2. Konsistenz mit beobachtbaren Marktpreisen:

   Das IASB befürwortet die Verwendung, soweit als möglich, von Variablen, die mit beobachtbaren Marktpreisen konsistent sind, da diesen eine höhere Relevanz und Verlässlichkeit zugesprochen werden.[183]

   Bei den Variablen wird zwischen Marktvariablen und Nichtmarktvariablen unterschieden. Marktvariable sind solche, die am Markt beobachtet oder direkt vom Markt abgeleitet werden können, wie z.B. Zinssätze. Bei Vorliegen von Marktvariablen sind diese ohne Anpassung aufgrund eigener Einschätzung des Versicherers zu verwenden, selbst wenn der Versicherer diese für unangemessen hält. Stellt sich später heraus, dass das tatsächliche Ergebnis von dem verwendeten Marktwert abweicht, so sei dies kein Anzeichen dafür, dass der Marktwert falsch gewesen sei, da ein Marktwert nicht ein mögliches Ereignis widerspiegelt, sondern mehrere mögliche zukünftige Ereignisse zusammenfasst.[184]

   Nichtmarktvariablen sind alle anderen Variablen, wie z.B. Sterblichkeit, Schadenhäufigkeit und -höhen. Hierfür sollen alle verfügbaren internen und externen Daten herangezogen werden. Dabei ist zwischen internen und externen Daten abzuwägen und den überzeugenderen Daten der Vorzug zu geben. Die Schätzungen sollen jedoch nicht mit anderen aktuellen Marktvariablen in Widerspruch stehen, wie bspw. Wahrscheinlichkeiten zukünftiger Inflationsraten zu Wahrscheinlichkeiten, auf die sich aus Marktzinssätzen schließen lässt.[185]

   Begründet wird die höhere Relevanz und Verlässlichkeit von marktkonsistenten Variablen damit, dass diese weniger subjektiv sind als solche, die durch

[181] Hier ist die Vergleichbarkeit mit der Bewertung nach anderen IFRS wie z.B. IAS 37 und IAS 19 gemeint.
[182] DP.35
[183] DP.37 und 38
[184] DP Anh. E7–9, DP.38(a)
[185] DP Anh. E7, 10–12, DP.38(b)

den Versicherer selbst geschätzt werden. Auch reflektieren sie alle am Markt verfügbaren Informationen und werden unter Verwendung von üblichen und öffentlich zugänglichen Maßstäben bestimmt, die besser verständlich seien als nach internen Verfahren ermittelte Maßstäbe.[186]

3. Neutrale Nutzung aller verfügbaren Informationen:

   Nach Ansicht des IASBs seien alle möglichen Szenarien bei der Schätzung zu berücksichtigen, sodass sich die Bewertung auf der Basis eines Erwartungswertes ergebe. Schätzungen der Wahrscheinlichkeiten der Zahlungsstromszenarien haben neutral[187] zu erfolgen, d.h., der Bilanzierende soll nicht ein vorherbestimmtes Ergebnis oder ein bestimmtes Verhalten auslösen wollen. Ansonsten würde die wirtschaftliche Situation nicht zutreffend dargestellt. Neutralität erfordere, dass weder eine konservative noch eine optimistische Herangehensweise gewählt wird.[188]

4. Aktuelle Schätzungen:

   Das IASB vertritt den sog. Current Estimate Approach. Dessen Anwendung sei bei der Bestimmung der Zahlungsströme für Verpflichtungen aus durch Versicherungsnehmer gestellten Ansprüchen (Claims Period) weithin akzeptiert, jedoch umstritten in der Phase bis zur Entstehung von Ansprüchen seitens der Versicherungsnehmer (Pre-Claims Period). In letzterem Falle wird auch der sog. Lock-in-Approach diskutiert.[189]

   Der Lock-in-Approach erhält seinen Namen daher, dass die bei Vertragsabschluss gemachten Schätzungen in der Bewertung während der Gesamtlaufzeit des Vertrages beibehalten bzw. „eingeschlossen“ werden und sich eine Anpassung in Form eines Verlustes nur aus einem Liability Adequacy Test ergeben kann. Spätere Informationen werden nicht berücksichtigt.[190]

[186]DP.37
[187]Zum Begriff der Neutralität im Rahmenkonzept siehe F.36 sowie Abschnitt 3.5.2.3 auf Seite 61
[188]DP.39 und 43
[189]DP.44 und 45
[190]DP.44

Der vom IASB vertretene Current Estimate Approach dagegen verlangt, dass auch während der Pre-Claims Period alle aktuell verfügbaren Informationen zum Bilanzierungszeitpunkt verwendet werden. Begründet wird der Current Estimate Approach damit, dass er ein zutreffenderes Bild der Rechte und Pflichten gebe und nützlichere Informationen über den Betrag, Zeitpunkt und Unsicherheit der Zahlungsströme bereitstelle, was insbesondere aufgrund der den Versicherungsverpflichtungen innewohnenden Unsicherheit und der z.T. langen Laufzeiten der Verträge Bedeutung erlange. Im Übrigen haben Versicherer so ständig zu beobachten, ob sich Umstände verändert haben, ein separater Liability Adequacy Test wird obsolet[191], ein stimmigerer Rahmen für komplexere Verträge wird geschaffen, Konsistenz mit anderen IFRS ist gegeben, Accounting Mismatches zwischen Schulden aus Versicherungsverträgen und Vermögenswerten der Versicherer werden reduziert und Economic Mismatches aufgezeigt.[192]

Nutzung aller verfügbaren Informationen bedeutet jedoch nicht, dass nur die aktuellsten Erfahrungen genutzt werden, da es sich lediglich um ein mögliches Ergebnis handelt. Vielmehr ist, wie oben erläutert, ein Erwartungswert aus mehreren möglichen Ergebnissen zu ermitteln. Ergeben sich aktuell Änderungen, so ist zu untersuchen, ob diese nachhaltig sind oder es sich um eine kurzfristige Erscheinung handelt (z.B. Anstieg der Sterblichkeitsrate um 20% in einem Jahr). Das IASB erwartet, dass sich bei dem Current Estimate Approach häufiger Anpassungen im Wert der Schulden aus Versicherungsverträgen ergeben als in anderen Bilanzierungsmodellen, da ständig aktuelle Schätzungen verwendet werden, jedoch die Anpassungen auch geringer ausfallen und sich der Erwartungswert somit graduell ändert.[193]

Eine Mischung beider Ansätze, z.B. aktuelle Schätzungen für finanzielle Variablen und Locked-in-Schätzungen für nichtfinanzielle Variablen, wobei negative Änderungen bei nichtfinanziellen Variablen zunächst durch eine implizite Ge-

[191] Im Falle der Erfordernis eines Liability Adequacy Tests z.B. beim Lock-in-Approach ergäben sich diverse zu lösende Fragestellungen, z.B. die Frage nach dem Aggregationsniveau oder die Frage, ob bei der Ermittlung des Vergleichswertes Margen zu verwenden sind. Siehe hierzu DP.55

[192] DP.45

[193] DP.46 und 48

winnmarge abgedeckt werden, bevor sie erfolgswirksam berücksichtigt werden und positive Änderungen nicht berücksichtigt werden, wird vom IASB mit der Begründung abgelehnt, dass die Nutzung von aktuellen Schätzungen für alle Variablen relevantere Informationen bereitstelle, Interdependenzen zwischen finanziellen und nichtfinanziellen Variablen bestehen könnten, so dass der Bilanzierende eine Zuordnung zum von ihm gewünschten Ansatz vornehmen könne und eine implizite Gewinnmarge erfolgswirksame Effekte verhindere.[194]

5. Unternehmensspezifische Zahlungsströme:

   Das IASB lehnt eine Bewertung unter Verwendung von Zahlungsströmen, die spezifisch für den jeweiligen bilanzierenden Versicherer sind, ab.[195] Darunter werden Zahlungsströme verstanden, die durch andere Vermögenswerte und Schulden oder aufgrund von Synergien zwischen den Schulden aus Versicherungsverträgen und anderen Vermögenswerten und Schulden erzeugt werden. Es sollen Zahlungsströme verwendet werden, die in gleicher Weise bei anderen Marktteilnehmern entstehen würden (z.B. auch Servicekosten). Dabei wird jedoch auch verdeutlicht, dass die Zahlungsströme die Charakteristika der jeweiligen vertraglichen Verpflichtung des Versicherers widerspiegeln müssen. Insofern müssen portfolio-spezifische Schätzungen in die Bewertung eingehen. Das IASB räumt im Übrigen ein, dass bei nicht am Markt beobachtbaren Variablen der Unterschied zwischen unternehmensspezifischen Schätzungen und Marktschätzungen nur von geringer praktischer Bedeutung sein wird. So erwartet das IASB auch, dass jeder Versicherer bei der Schätzung von Servicekosten auf seine eigenen Erfahrungen zurückgreift, es sei denn, ihm ist bekannt, dass diese wesentlich von denen anderer Versicherer abweichen.[196]

4.5.3.3 Building Block 2: Zeitwert des Geldes

Das IASB vertritt die Ansicht, dass alle Versicherungsverpflichtungen abgezinst werden müssen. Dies gilt unabhängig von der Laufzeit der Verpflichtung, sodass

[194] DP.52 und 53

[195] Zur Verwendung eines unternehmensspezifischen Wertes vgl. auch Abschnitt 4.5.3.1.3 auf Seite 105

[196] DP.56–58, 60, 62

auch Verpflichtungen mit einer Laufzeit von weniger als einem Jahr abzuzinsen sind. Es soll keine generelle Ausnahme festgeschrieben werden, eine Abzinsung kann nur nach dem allgemeinen Kriterium der Wesentlichkeit in IAS 8.8 unterbleiben. Auch wird keine Notwendigkeit der Andersbehandlung von Lebens- und Nichtlebensversicherungen gesehen. Während Lebensversicherungen bisher in der Regel auf diskontierter Basis angesetzt wurden, steht die Abzinsung von Nichtlebensversicherungen in der Diskussion.[197]

Das IASB nennt diverse Gründe für die Abzinsung aller Schulden aus Versicherungsverträgen. Es räumt ein, dass durch die Abzinsung die Subjektivität und die Kosten erhöht werden könnten, dies jedoch durch den Anstieg an Relevanz überkompensiert würde. Dies sei der Fall, da dem Versicherer und den Investoren der zeitliche Anfall der Zahlungsströme nicht gleichgültig sei, sondern zeitlich näher liegenden Zahlungsströmen ein anderer Wert beigemessen wird als gleich hohen Zahlungsströmen in fernerer Zukunft. Im Übrigen wird bei fehlender Abzinsung die Gefahr gesehen, dass Unterschiede zwischen der bilanziellen Darstellung und den tatsächlichen wirtschaftlichen Gegebenheiten durch Vornahme von Transaktionen, wie bspw. finanziellen Rückversicherungstransaktionen, ausgenutzt werden. Darüber hinaus würde für vergleichbare Posten (wie langfristige Rückstellungen und Finanzierungsleasing) in anderen IFRS ebenfalls eine Abzinsung gefordert und die Ausweitung des Abzinsungserfordernisses auf alle Schulden aus Versicherungsverträgen zu mehr innerer Konsistenz führen. Auch sei die Schätzung von Zinssätzen sowie des Betrages und Zeitpunktes von künftigen Zahlungsströmen in der Praxis ausreichend verlässlich zu annehmbaren Kosten möglich.[198]

Der z.T. vorgebrachte Vorschlag einer impliziten Verzinsung, in dem zukünftige Inflation nicht berücksichtigt werde, wird vom IASB abgelehnt, da nicht immer davon ausgegangen werden könne, dass sich die fehlende Berücksichtigung von Inflation und die fehlende Abzinsung ausgleichen. Vielmehr verbessere sich die bilanzielle Darstellung, wenn jede Variable explizit geschätzt und berücksichtigt werde. Das Gleiche gelte für ein potenzielles Verrechnen der Effekte aus der Abzinsung und der Berücksichtigung von Risikomargen, da auch hier nicht davon aus-

[197] DP.64, 67 und 68; DP.65 nennt einige Argumente, die gegen die Abzinsung von Nichtlebensversicherungen vorgebracht werden.

[198] DP.66(a)

gegangen werden könne, dass sich beide Effekte ausgleichen, sondern eine explizite Berücksichtigung beider Variablen relevanter sei. Weiterhin bringt das IASB an, dass eine Abzinsung konsistent mit rationaler Preissetzung sei und somit Volatilität aufgrund der Abzinsung die realen Verhältnisse darstelle. Auch könne ein angemessener Ansatz und Bewertung nicht in die Anhangangaben verbannt werden, da diese zwar wertvolle Zusatzinformationen bereitstellen, aber eine adäquate Bewertung nicht ersetzen können.[199]

Folgeerscheinung der Entscheidung des IASBs, alle Schulden aus Versicherungsverträgen abzuzinsen, ist die Frage, welcher Zinssatz für die Abzinsung benutzt werden soll. Zum einen könnten unternehmensspezifische Zinssätze, die auf der erwarteten Verzinsung der vom Versicherer tatsächlich gehaltenen Vermögenswerte beruhen, verwendet werden. Die andere Möglichkeit, die auch vom IASB präferiert wird, ist die Verwendung von Zinssätzen, die konsistent zu beobachtbaren Marktpreisen für Zahlungsströme sind, die gleiche Merkmale, bspw. Zeit-, Währungs- und Liquiditätskongruenz, wie die Schulden aufweisen. Grund für die Ablehnung von unternehmensspezifischen Zinssätzen ist, dass die Merkmale der Schulden aus Versicherungsverträgen und nicht die der Vermögenswerte dargestellt werden sollen. Faktoren, die nicht für die Schulden relevant sind, sollen den Zinssatz nicht beeinflussen. Detaillierte Richtlinien zur Erreichung dieses Zieles werden vom IASB explizit nicht herausgegeben.[200]

Die Verwendung von risikoadjustierten Zinssätzen lehnt das IASB ab, da es das Risiko als separaten Building Block ansieht und ein einheitlicher risikoadjustierter Zinssatz nicht die unterschiedlichen Risiken, die in den Zahlungsströmen enthalten sein können, abbilden könne.[201]

4.5.3.4 Building Block 3: Margen

Das IASB unterscheidet im Rahmen des dritten Building Blocks in Margen für die Erbringung der Dienstleistung „Risikoübernahme“, d.h. Risikomargen, sowie in Margen für die Erbringung anderer Dienstleistungen, d.h. Servicemargen.[202]

[199]DP.66(d), (e), (g) und (i)
[200]DP.69
[201]DP.70
[202]DP.71

4.5.3.4.1 Risikomargen

Ziel der Einbeziehung von Risikomargen in die Bewertung von Schulden aus Versicherungsverträgen ist die Berücksichtigung der Unsicherheit der Zahlungsströme aus Versicherungsverträgen.[203]

Das IASB diskutiert zwei unterschiedliche Zwecke der Risikomargen: Risikomarge als „Shock Absorber" oder als „Compensation". Der Begriff „Shock Absorber" leitet sich daraus ab, dass Aufwendungen aus zukünftigen Änderungen in der Bewertung der Schulden aus Versicherungsverträgen, z.B. aufgrund von höheren Zahlungen an die Versicherungsnehmer als ursprünglich erwartet, zunächst durch die Risikomarge aufgefangen werden und die Gesamtverpflichtung unverändert bleibt. Erfolgswirksamkeit tritt erst ein, wenn die Risikomarge vollständig aufgebraucht ist. Auch Erträge aus Änderungen in den Zahlungsströmen werden nicht erfolgswirksam erfasst, es sei denn, sie dienen dazu, vorherige negative Änderungen umzukehren. Die Risikomarge verringert sich jedoch, wenn der Versicherer von Risiko frei wird.[204]

Nach der zweiten Ansicht stellt die Risikomarge eine Entschädigung („Compensation") für die Übernahme des Risikos dar. Zu jedem Bilanzstichtag hat der Versicherer zu beurteilen, wie viel Risiko über die restliche Laufzeit der Verpflichtung verbleibt und hat die Risikomarge entsprechend anzupassen. Sowohl Aufwendungen als auch Erträge aus Änderungen der Zahlungsströme werden erfolgswirksam berücksichtigt, ebenso wie Änderungen in der Risikosituation.[205]

[203] DP.72
[204] DP.73
[205] DP.73

Das folgende Beispiel soll die beiden Ansichten verdeutlichen:[206]
Grunddaten:

- Ausgabe von mehreren Versicherungsverträgen zum 1.1.X1 für eine Versicherungsperiode vom 1.1. bis 31.12.X1
- Erwartete Schadenzahlungen zum 1.1.X1 von 200 GE während des Jahres
- Keine Berücksichtigung des Zeitwertes des Geldes sowie von Kapitalanlageerträgen
- Benötigte Risikomarge von 40 GE, d.h. geforderte Prämie von 240 GE, zahlbar zum 1.1.X1
- Schadenzahlungen von 118 GE am 30.6.X1 und keine weiteren Schäden bis 30.6.X1 erwartet
- Erwartete Schadenzahlungen zum 30.6.X1 von 118 GE bis zum 31.12.X1
- Benötigte Risikomarge von 25 GE, jedoch keine Erhöhung der Prämie möglich
- Schadenzahlungen von 118 GE am 31.12.X1

[206] Beispiel entnommen aus DP Anh. G Beispiel 1; eigene Abbildung

Zahlungsströme in GE	Shock Absorber	Compensation
Prämienzahlung 1.1.X1	240	240
Schadenzahlungen 30.6.X1	-118	-118
Schadenzahlungen 31.12.X1	-118	-118
	4	4
Bilanz in X1 in GE		
Stand 1.1.X1		
Kasse	240	240
Versicherungsschulden	240	240
Eigenkapital	0	0
Stand 30.6.X1		
Kasse	122	122
Versicherungsschulden	120	143
Eigenkapital	2	-21
Stand 31.12.X1		
Kasse	4	4
Versicherungsschulden	0	0
Eigenkapital	4	4
Gewinn-und-Verlust-Rechnung X1 in GE		
Umsatz 1.1. - 30.6.X1	120	120
Schadenaufwendungen 1.1. - 30.6.X1	-118	-118
Anpassung Risikomarge	0	-23
Ergebnis zum 1.1. - 30.6.X1	2	-21
Umsatz 30.6. - 31.12.X1	120	120
Schadenaufwendungen 30.6. - 31.12.X1	-118	-118
Ertrag aus Risikomargenanpassung	0	23
Ergebnis 1.1. - 31.12.X1	4	4

Abbildung 4.2: Beispiel – Shock Absorber versus Compensation

Das IASB selbst vertritt die Auffassung, dass die Risikomarge eine Entschädigung für übernommenes Risiko darstellt. Durch diesen Ansatz würden Schätzänderungen unmittelbar erfasst und transparent gemacht, identische Risikosituationen werden gleich dargestellt und Unterschiede in Risikosituationen werden verdeutlicht. Die Risikomarge als Entschädigung verfolge einen klaren Zweck, während die Risikomarge als Shock Absorber im Zeitablauf nicht direkt, sondern nur als Ergebnis einer Berechnung interpretiert werden kann. Im Übrigen haben sich Versicherer explizit mit dem Risiko auseinanderzusetzen, was zu besserem Verständnis und verlässlicheren Informationen führe.[207]

Nachdem der Zweck der Risikomarge festgelegt wurde, ist zu klären, wie die Risikomarge bestimmt werden soll. Hierzu gibt das IASB eine Art „Rezept“:[208]

1. Zunächst ist festzustellen, wie andere Marktteilnehmer die Risikomarge bemessen würden, und es ist die Einheit zu bestimmen, in der die Risikomarge bemessen werden soll. Im Anhang zum Discussion Paper macht das IASB Vorschläge, die jedoch weder nach ihrer Relevanz beurteilt noch abschließend sind, z.B. Konfidenzniveaus, Conditional Tail Expectation (CTE)/ Tail Value at Risk (TailVaR), explizite Margen mit bestimmter Bandbreite, Kapitalkosten, CAPM, Multiplikatoren.[209]

2. Mithilfe der Szenarien der Zahlungsströme ist die Anzahl der Risikoeinheiten, die mit den Schulden verbunden sind, zu schätzen (Mengenkomponente).

3. Anschließend ist die Marge pro Einheit unter Verwendung einer angemessenen Kombination aus beobachtbaren Marktpreisen für ähnliche Verträge, Preismodellen etc. zu bestimmen (Wertkomponente).

4. Danach ist die geschätzte Marge pro Einheit aus Schritt 3 mit der geschätzten Anzahl der Einheiten aus Schritt 2 zur aggregierten Marge zu multiplizieren. Spätere Änderungen in der aggregierten Marge werden erfolgswirksam erfasst.

[207]DP.75

[208]DP.76

[209]DP Anh. F9. Risikoadjustierte Zinssätze werden jedoch als problematisch angesehen. Vgl. hierzu die Ausführungen unter Abschnitt 4.5.3.3 auf Seite 115; zur Analyse des Economic Capital Models und des Capital Asset Pricing Models im Rahmen der Ermittlung von Risikozuschlägen bei der Zeitwertermittlung vgl. *Kreeb/Rohlfs* Risikozuschläge

5. Zum Schluss hat ein Plausibilitätscheck zu erfolgen, in dem die Änderung der Risikomarge zu den Änderungen in der Anzahl der Einheiten sowie der Marge pro Einheit abgeglichen wird. Nach dem IASB ist i.d.R. zu erwarten, dass die Anzahl der Einheiten im Zeitablauf des Vertrages sinkt, da der Versicherer graduell vom Risiko frei wird.

Zur Bestimmung der Marge pro Einheit (Schritt 3) präsentiert das IASB zwei Ansätze (als „Implementations" bezeichnet), die sich weder in der Bestimmung der Zahlungsströme und des Erfordernisses der Abzinsung noch in der Tatsache unterscheiden, dass eine Risikomarge[210] verwendet wird. Jedoch unterscheiden sie sich darin, dass sie der Prämie, die durch den Versicherungsnehmer zu zahlen ist, bei Erstbilanzierung unterschiedliches Gewicht beimessen.[211]

Ansatz A gleicht zum Zeitpunkt der Erstbilanzierung die Marge pro Einheit an die tatsächlich gezahlte Prämie (abzgl. Anschaffungskosten) an, es sei denn, ein Liability Adequacy Test weist einen Verlust aus. Folge dieses Ansatzes ist, dass zu Beginn des Vertrages nie ein Gewinn aus dem Vertrag ausgewiesen wird. Ansatz A erfordert die Ermittlung von Anschaffungskosten, einen Liability Adequacy Test bei Erstbilanzierung (nicht jedoch für die Folgebilanzierung)[212] sowie eine Schätzung des von anderen Marktteilnehmern geforderten Preises im Rahmen des Liability Adequacy Tests. Veränderungen dieser Preisforderungen während der Laufzeit des Vertrages bleiben unberücksichtigt. Veränderungen in der Anzahl der Risikoeinheiten (Erhöhung oder Verringerung) sind zu ermitteln und werden erfolgswirksam berücksichtigt. Demnach unterscheidet sich auch Ansatz A von der Interpretation der Risikomarge als „Shock Absorber".[213]

Ansatz B setzt auf eine neutrale Schätzung der Marge, die durch Marktteilnehmer gefordert würde, und nutzt die tatsächlich gezahlte Prämie lediglich als Plausibilitätsgröße im Zeitpunkt der Erstbilanzierung. Anschaffungskosten sind

[210] Die drei Building Blocks werden demnach von beiden Ansätzen aufgegriffen.
[211] DP.78
[212] Für die Folgebilanzierung wird deshalb kein Liability Adequacy Test für erforderlich gehalten, weil der Ansatz davon ausgeht, dass spätere Informationen keine besseren Erkenntnisse hinsichtlich der Marge pro Einheit bereitstellen können und alle anderen Building Blocks aktuelle Informationen nutzen. DP.80(b)
[213] DP.78, 79 und 80(f)

außer für den Plausibilitätscheck mit Hilfe der tatsächlichen Prämie nicht zu ermitteln. Ebenso ist ein Liability Adequacy Test nicht erforderlich. Ansatz B kann jedoch zur Erfassung eines Gewinnes im Zeitpunkt der Erstbilanzierung führen und berücksichtigt wie Ansatz A Veränderungen der Anzahl der Risikoeinheiten erfolgswirksam. Nicht nur bei Erstbilanzierung, sondern auch in der Folge sind die aktuellen Preisforderungen anderer Marktteilnehmer zu schätzen.[214] Beide Ansätze führen zum gleichen Ergebnis, wenn die Preisfestsetzung des Versicherers der anderer Marktteilnehmer entspricht.[215]

Auch hier soll ein Beispiel die beiden Ansätze verdeutlichen:[216]

Grunddaten:

- Ausgabe eines Versicherungsvertrages zum 1.1.X1 mit einer Prämie von 1.000 GE und Anschaffungskosten von 100 GE
- Erwartete Schadenzahlungen von 750 GE und einer Standardabweichung von 50 GE am 1.1.X1; Standardabweichung als Risikoeinheit; Marge von 2,8 GE pro Risikoeinheit
- Keine Servicemarge
- Geleistete Schadenzahlungen zum 30.6.X1 von 350 GE
- Erwartete Schadenzahlungen von 400 GE und einer Standardabweichung von 30 GE am 30.6.X1; Marge von 2,9 GE pro Risikoeinheit

[214] Alle Building Blocks arbeiten somit mit aktuellen Informationen. DP.80(b)

[215] DP.78 und 79

[216] Beispiel entnommen aus DP Anh. G Beispiel 2 und ergänzt; eigene Abbildung

Zahlungsströme in GE	Ansatz A	Ansatz B
Prämienzahlung 1.1.X1	1000	1000
Anschaffungskosten	-100	-100
Schadenzahlungen 30.6.X1	-350	-350
Bilanz in X1 in GE		
Stand 1.1.X1		
Kasse	900	900
Versicherungsschulden *	900	890
Eigenkapital	0	10
Stand 30.6.X1		
Kasse	550	550
Versicherungsschulden **	490	487
Eigenkapital	60	63
Gewinn-und-Verlust-Rechnung X1 in GE		
Ertrag 1.1.X1	100	110
Anschaffungskosten	-100	-100
Ergebnis 1.1.X1	0	10
Ertrag 30.6.X1 ***	60	53
Ergebnis zum 1.1. - 30.6.X1	60	63
* Versicherungsschulden	1000 GE ./. 100 GE => 750 GE + 50 * 3 GE	750 GE + 50 * 2,8 GE
Liability adequacy test	750 GE + 50 * 2,8 GE = 890 GE < 900 GE	-
** Versicherungsschulden	400 GE + 30 * 3 GE	400 GE + 30 * 2,9 GE
Liability adequacy test	400 GE + 30 * 2,9 GE = 487 GE < 490 GE	-
*** Reduzierung der Standardabweichung	20 * 3 GE	20 * 2,8 GE = 56 GE
./. Erhöhung der Marge pro Einheit	-	./. 30 * 0,1 GE = 3 GE

Abbildung 4.3: Beispiel – Kalibrierung der Marge: Ansätze A und B

Für beide Ansätze bringt das IASB Argumente vor.

Ansatz A zeichnet sich dadurch aus, dass er den einzig beobachtbaren Preis am Markt zur Bestimmung der Marge verwendet: die tatsächlich gezahlte Prämie. Im Übrigen könnten die ursprünglich bestimmten Margen auch nicht durch spätere tatsächliche Zahlungsströme eines Versicherungsbestandes validiert werden, da die Margen sich immer aus der Mengen- und der Wertkomponente zusammensetzen. Während die Mengenkomponente später verplausibilisiert werden könne, sei dies bei der Wertkomponente nicht möglich. Des Weiteren sei es nicht angebracht, bereits bei Abschluss des Vertrages einen Gewinn auszuweisen, da der Versicherungsnehmer Nutzen aus der Dienstleistung „Risikoübernahme" des Versicherers erst über die Vertragslaufzeit ziehe und nicht bereits aus dem Abschluss und die Berücksichtigung eines Gewinnes bei Vertragsabschluss keine vorsichtige Bilanzierung darstelle. Der Mehrwert aus dem Abschluss eines Vertrages stelle lediglich eine nützliche zusätzliche Anhangangabe dar. Außerdem könnte die Berücksichtigung eines Gewinnes bei Nichtlebensversicherungen dazu führen, dass Abschlussleser traditionelle Kennzahlen, wie Schadenquoten, nicht mehr sinnvoll interpretieren könnten. Auch wird auf die Konsistenz mit IAS 39[217] verwiesen, der unter bestimmten Umständen keine Erfassung eines Gewinnes bei Erstbilanzierung zulässt.[218]

Für Ansatz B wird vorgebracht, dass ein Gewinn bei Vertragsabschluss nicht verhindert werden sollte, wenn alle Vermögenswerte und Schulden aus dem Vertrag angemessen bewertet sind. Ansonsten käme es zu Abgrenzungsposten, die die finanzielle Situation des Versicherers nicht korrekt darstellen würden. Gewinne bei Vertragsabschluss können daraus entstehen, dass der Versicherer höhere Preise durchsetzen kann als andere Marktteilnehmer, Komponenten eingepreist sind, die nicht in der bilanziellen Bewertung widergespiegelt werden (z.B. Belastung von künftigen Kapitalanlagemargen an den Versicherungsnehmer), absichtlich oder unabsichtlich zu optimistische Schätzungen gemacht wurden oder Komponenten eingepreist sind, die sich nicht auf die Verpflichtung beziehen (z.B. Anschaffungskosten, explizite oder implizite Gebühren für weitere Dienstleistun-

[217] DP.81(c) verweist hier auf IAS 39 AG71 und 76 sowie BC98.
[218] DP.81

gen, implizite Gebühren für den Aufbau des Portfolios). Daraus folgt, dass nicht der gesamte aus dem Vertrag entstehende Gewinn bei Vertragsabschluss ausgewiesen wird, insbesondere nicht die Entschädigung für die Übernahme des Risikos und Erbringung von Dienstleistungen, Kapitalanlagemargen sowie Anpassungen aufgrund von Erfahrungen der Vergangenheit sowie Schätzänderungen. Hieraus resultierende Aufwendungen und Erträge sind in späteren Perioden erfolgswirksam zu erfassen. Falls der Versicherer für gleiche Leistungen unterschiedliche Prämien verlangt, z.B. um ein gewünschtes Portfolio zu erzeugen, so stellt der Ansatz B diese Verpflichtungen in gleicher Höhe dar, während Ansatz A unterschiedliche Höhen zeigt. Ein Mehrwert aus dem Abschluss von Versicherungsverträgen sollte auch aus den Financial Statements erkennbar sein. Im Falle der Fluktuation von Prämien auf dem Markt würde Ansatz A bei geringen Prämien zu einem Verlustausweis führen, während Gewinne bei hohen Prämien nicht gezeigt würden (Inkonsistenz). Als Vorteil im Vergleich zu Ansatz A wird der nicht erforderliche Liability Adequacy Test genannt, der genauso wie Ansatz B die Schätzung der durch andere Marktteilnehmer geforderten Margen erfordert und somit die Vereinfachung aufgrund der Anpassung der Marge an die Prämie in Ansatz A vereitelt. Im Übrigen erfordere Ansatz A zusätzlich die Festlegung des Aggregationsniveaus für den Liability Adequacy Test, die Definition des Anschaffungskostenbegriffes sowie Kriterien zur Unterscheidung zwischen Anpassungen an einen bestehenden Vertrag und der Kündigung eines alten und Abschluss eines neuen Vertrages.[219]

Das IASB selbst ist gespalten. Während ein Teil der Mitglieder für Ansatz A plädiert, hat sich die Mehrheit für Ansatz B ausgesprochen.[220]

Bestimmte Techniken für die Bestimmung von Risikomargen sollen vom IASB nicht vorgeschrieben werden. Im Anhang zum Discussion Paper werden jedoch Kriterien genannt, die durch die Techniken erfüllt sein sollten (u.a. Konsistenz mit Margen im Falle der Übertragung von Versicherungsbeständen an einen Dritten, Explizitheit der Margen, Einbeziehung aller Risiken aus der Verpflichtung, weitgehende Konsistenz mit beobachtbaren Marktpreisen, angemessene Kosten der Implementierung der Technik, Auditierbarkeit). Darüber hinaus werden Ten-

[219] DP.82–85
[220] DP.86(d)

denzaussagen gemacht, wie etwa dass die Risikomarge tendenziell höher ist, wenn Risiken eine geringe Häufigkeit aber hohes potenzielles Ausmaß haben, wenn es sich um längerfristige Verträge handelt oder Risiken eine hohe Streuung aufweisen.[221]

Im Übrigen bleibt es der Praxis überlassen, detaillierte Ermittlungsmethoden zu entwickeln.

4.5.3.4.2 Servicemargen

Neben der Übernahme des Risikos erbringen Versicherer im Rahmen von Versicherungsverträgen auch andere Dienstleistungen. Das IASB nennt hier als Beispiel Investment Management Service. Hierfür verlangt ein Versicherer üblicherweise ein Entgelt.[222]

Daher vertritt das IASB die Ansicht, dass in die Bewertung von Schulden aus Versicherungsverträgen im Rahmen des dritten Building Blocks auch eine Servicemarge einzubeziehen ist, die sich als neutrale Schätzung der Marge ergibt, die andere Marktteilnehmer für die Erbringung dieser Leistungen verlangen würden.[223]

Im Zeitpunkt des Vertragsabschlusses hat der Versicherer Schulden in Höhe der gezahlten Prämie abzgl. Anschaffungskosten zu bilanzieren, wenn der Vertrag eine explizite oder implizite Servicemarge in Übereinstimmung mit am Markt üblichen Servicemargen enthält.[224] Dies entspricht dem Vorgehen bei der Risikomarge, da auch hier für den Fall der Übereinstimmung der geforderten Risikomarge mit am Markt üblichen Risikomargen Ansätze A und B zum gleichen Ergebnis[225], der Bewertung in Höhe der Prämie abzgl. Anschaffungskosten, gelangen.

Falls die Anschaffungskosten die erstmalige Prämie übersteigen, ist ein Vermögenswert zu berücksichtigen, falls der Versicherer diesen durch künftige Prämien abdecken kann.[226]

[221] DP.86(c), DP Anh. F3 und 4
[222] DP.87
[223] DP.89
[224] DP.88(a)
[225] Vgl. DP.78(b)
[226] DP.88(a)

Weicht die durch den Versicherer geforderte Servicemarge von den marktüblichen Servicemargen ab, so ist die Verpflichtung mit der marktüblichen Servicemarge zu bewerten und ein Gewinn oder Verlust bei Vertragsabschluss auszuweisen. Weichen die Anschaffungskosten des Versicherers von den marktüblichen Anschaffungskosten ab, so ist die verfügbare Servicemarge entsprechend zu verringern oder zu erhöhen. Teile der Prämie, die sich auf Leistungen beziehen, die bereits bei Vertragsabschluss durch den Versicherer erbracht wurden, oder wenn es sich um eine implizite Gebühr für den Aufbau eines Portfolios handelt, sind sofort erfolgswirksam zu erfassen. Im Übrigen reduziert sich die Servicemarge im Verlaufe des Vertrages in der Höhe der Erbringung der Leistungen in den jeweiligen Perioden, die auch andere Marktteilnehmer erbracht hätten, und wird als Ertrag realisiert. Stellt sich während der Vertragslaufzeit heraus, dass andere Marktteilnehmer eine höhere als bisher erwartete Servicemarge verlangen, ist die Verpflichtung entsprechend zu erhöhen.[227]

Das IASB verdeutlicht, dass dieser Ansatz in einigen Punkten von der Behandlung von Erträgen nach IAS 18 abweicht. So würde nach IAS 18 kein Gewinn bei Vertragsabschluss entstehen, ebenso würde sich die Bewertung nach IAS 18 nicht ändern, wenn sich nachträglich herausstellte, dass andere Marktteilnehmer eine höhere Servicemarge verlangen. Die Ertragsrealisierung würde sich nach der implizit oder explizit im Vertrag enthaltenen Marge richten, nicht jedoch nach der Marge, die andere Marktteilnehmer fordern würden.[228]

Insofern entstünden hier Inkonsistenzen innerhalb der IFRS, die nach dem Postulat der Vermittlung entscheidungsnützlicher Informationen zu lösen sind.

4.5.3.5 Verhalten der Versicherungsnehmer, Kundenbeziehungen und Anschaffungskosten

4.5.3.5.1 Verhalten der Versicherungsnehmer und Kundenbeziehungen

Der erste Building Block behandelt die erwarteten Zahlungsströme aus dem Versicherungsvertrag. In Versicherungsverträgen sind jedoch häufig Optionen enthalten, von deren Ausübung durch den Versicherungsnehmer Zahlungsströme abhän-

[227] DP.88(b)–(f)
[228] DP.88(g)

gen. So ermöglichen viele Versicherungsverträge dem Versicherungsnehmer, gegen Fortzahlung von Prämien auch in Zukunft Versicherungsschutz zu erhalten. Der Versicherer erhält wirtschaftliche Vorteile in Form der Prämien und gewährt wirtschaftliche Vorteile in Form des Versicherungsschutzes. Hieraus kann für den Versicherer ein wirtschaftlicher Verlust entstehen, wenn die Zahlung aus der Gewährung des Versicherungsschutzes die erhaltenen Prämien übersteigen. Umgekehrt kann jedoch auch ein Gewinn für den Versicherer entstehen.[229]

Das IASB unterscheidet demnach in sog. vorteilhaftes Verhalten der Versicherungsnehmer, wenn die Ausübung der vertraglichen Option zu einem Gewinn beim Versicherer führt, und in sog. nachteiliges Verhalten der Versicherungsnehmer, wenn die Ausübung der vertraglichen Option zu einem Verlust führt. Beide Varianten können in einem Portfolio zugleich vorkommen, wenn eine Klasse von Versicherungsnehmern aus Sicht des Versicherers vorteilhaft und eine andere Klasse nachteilig handelt. Dies kann bspw. vorkommen, wenn die Wahrscheinlichkeit eines versicherten Verlustes für eine Klasse der Versicherungsnehmer höher ist, aus welchen Gründen auch immer jedoch keine differenzierte Prämie verlangt werden kann oder auch, wenn Versicherungsnehmer innerhalb der Klassen wechseln und eine Prämienanpassung nicht möglich ist.[230]

Das IASB präsentiert aus Vereinfachungsgründen die Thematik des Verhaltens der Versicherungsnehmer im Wesentlichen anhand von Kündigungs- bzw. Verlängerungsoptionen. Ähnliche Überlegungen ergeben sich bei anderen Optionen.[231]

Das IASB diskutiert anhand eines Beispiels, inwiefern vorteilhaftes und nachteiliges Verhalten von Versicherungsnehmern bei der Schätzung der künftigen Zahlungsströme zu berücksichtigen ist. Dieses Beispiel soll im Folgenden zur Verdeutlichung der Thematik wiedergegeben werden:[232]

[229] DP.120–123
[230] DP.127 und 128
[231] DP.126; dem wird in den folgenden Ausführungen gefolgt.
[232] Siehe DP.129–132 sowie Anh. G Beispiel 7

Grunddaten:

- Ausgabe von 10.000 Lebensversicherungen mit 2-jähriger Laufzeit am 1.1.X1
- Jährliche Prämienzahlung von je 575,80 GE zum 1.1.
- Break-even zum 31.12.X2, wenn sich die Erwartungen des Versicherers erfüllen
- Zahlung von 10.000 GE im Todesfall zwischen dem 1.1.X1 und 31.12.X2, zahlbar zum 31.12.; keine Zahlung im Erlebensfall
- Gesundheitszustand aller Versicherungsnehmer zum 1.1.X1 „gesund"; Schätzung, dass Ende X1 10% „krank" werden
- Keine Anpassung der Prämien möglich
- Jährliche Sterblichkeitswahrscheinlichkeit von 5% für „gesunde" und 20% für „kranke" Versicherungsnehmer
- Stornoquoten Ende X1 von 10% für „gesunde" und 1% für „kranke" Versicherungsnehmer
- Keine Berücksichtigung des Zeitwertes des Geldes sowie von Risiko– und Servicemargen
- Keine Anschaffungs- oder sonstigen Kosten.

Hieraus ergibt sich das folgende Bild für die Entwicklung der Anzahl der Versicherungsnehmer sowie der Zahlungsströme:[233]

[233]DP Anh. G Beispiel 7

Anzahl der Versicherungsnehmer	"gesund"	"krank"	gesamt
Stand 1.1.X1	10.000	0	10.000
Todesfälle in X1 - 5%	-500	0	-500
Änderung des Gesundheitszustandes in "krank" - 10%	-950	950	0
Stand Ende X1 (vor Storno)	8.550	950	9.500
Storno Ende X1 - 10% bzw. 1%	-855	-10	-865
Stand Ende X1 (nach Storno)	7.695	940	8.635
Todesfälle in X2 - 5% bzw. 20%	-385	-188	-573
Stand Ende X2	7.310	752	8.062
Zahlungsströme in 1.000 GE	**"gesund"**	**"krank"**	**gesamt**
Prämien zum 1.1.X1	5.758	0	5.758
Zahlungen für Todesfälle 31.12.X1	-5.000	0	-5.000
Zahlungsmittel 31.12.X1	758	0	758
Prämien zum 1.1.X2	4.431	541	4.972
Zahlungen für Todesfälle 31.12.X2	-3.850	-1.880	-5.730
Zahlungsmittel 31.12.X2	1.339	-1.339	0

Abbildung 4.4: Beispiel – Verhalten der Versicherungsnehmer

Dabei hält das IASB die Berücksichtigung eines Verlustes aus nachteiligem Verhalten für unproblematisch, da der Versicherer eine vertragliche Verpflichtung zur Zahlung hat, sobald der Versicherungsnehmer die Prämie gezahlt hat. Die Berücksichtigung von Gewinnen aus vorteilhaftem Verhalten ist jedoch diskussionsbehaftet.[234]

Das IASB stellt im Zusammenhang mit dem gegebenen Beispiel vier Ansätze zur Berücksichtigung von (vorteilhaftem) Verhalten der Versicherungsnehmer vor:[235]

[234] DP.122 und 123
[235] DP.132

- Ansatz A: Es werden keine zukünftigen Prämien aus dem Verhalten der Versicherungsnehmer, weder vorteilhaft noch nachteilig, berücksichtigt. Dieser Ansatz wird vom IASB als unhaltbar angesehen und nicht weiter diskutiert.

- Ansatz B: Dieser Ansatz enthält nachteiliges Verhalten der Versicherungsnehmer im Hinblick auf bestehende Verträge, lässt jedoch vorteilhaftes Verhalten außer Betracht.

- Ansatz C: Wie Ansatz B umfasst dieser Ansatz nachteiliges Verhalten und schließt vorteilhaftes Verhalten aus. Der Unterschied liegt darin, dass Ansatz C auch Verhalten ausschliesst, das ausgehende Zahlungsströme an die Klasse der Versicherungsnehmer mit nachteiligem Verhalten verringert, z.B. aufgrund von Abgängen von Versicherungsnehmern.

- Ansatz D: Dieser Ansatz bezieht sowohl vorteilhaftes als auch nachteiliges Verhalten der Versicherungsnehmer in gleicher Weise ein.

Die bilanziellen Folgen der vier Ansätze werden in Fortführung des Beispiels in der folgenden Tabelle dargestellt:[236]

Bilanz 31.12.X1 in 1.000 GE	Ansatz A	Ansatz B	Ansatz C	Ansatz D
Zahlungsmittel	758	758	758	758
Zukünftige Nettoeinzahlungen von "gesunden" Versicherungsnehmern	0	0	0	581
Zukünftige Nettoauszahlungen an "kranke" Versicherungsnehmer	0	-1.339	-1.353	-1.339
Eigenkapital	758	-581	-595	0

Abbildung 4.5: Beispiel – Darstellung der Ansätze des Verhaltens der Versicherungsnehmer

Als Argumente für Ansatz B werden vorgebracht, dass der Versicherer die Klasse der Versicherungsnehmer mit vorteilhaftem Verhalten nicht zur Verlängerung des

[236] DP.131, DP Anh. G Beispiel 7

Vertrages zwingen kann. Da der Versicherungsnehmer keine Verpflichtung zur Ausübung hat, hat der Versicherer auch keinen Vermögenswert. Falls Zahlungsströme aus vorteilhaftem Verhalten berücksichtigt würden, müsste man eine Grenze festlegen, welche Zahlungsströme einzubeziehen sind, insbesondere wäre festzulegen, welche Zahlungsströme aus einem bestehenden und welche aus einem künftigen Vertrag resultieren. Weiterhin wird angebracht, dass die Berücksichtigung von erwarteten Vorteilen aus dem Verhalten der Regelung des „Deposit Floors" in IAS 39 widerspreche. Im Übrigen wird argumentiert, dass die Erwartung von Vorteilen aus Verhalten der Versicherungsnehmer auf die bestehende Kundenbeziehung baut, sich jedoch nicht aus vertraglichen Rechten ableiten lässt. Intern generierte Kundenbeziehungen sind nach IAS 38.63 nicht als Vermögenswert zu bilanzieren.[237]

Ansatz C ähnelt Ansatz B, beinhaltet jedoch die Auffassung, dass erwartete Änderungen, die zu einer Reduktion der Auszahlungen an die Klasse der Versicherungsnehmer mit nachteiligem Verhalten, z.B. Kündigungen, erst zu berücksichtigen sind, wenn diese tatsächlich eintreten. Diesem Ansatz wird entgegengehalten, dass der Versicherer Aufwendungen berücksichtigen würde, die er gar nicht erwartet zu erleiden.[238] So ergibt sich die obige Differenz zwischen Ansatz B und Ansatz C bei den zukünftigen Nettoauszahlungen an „kranke" Versicherungsnehmer von 14.242 GE aus zusätzlichen Todesfallleistungen von 20.000 GE an zwei „kranke" Versicherungsnehmer (20% von zehn Stornofällen Ende X1) sowie zusätzlichen Prämienzahlungen von 5.758 GE von zehn „kranken" Versicherungsnehmern (Stornofälle Ende X1).[239]

Für Ansatz D als dem umfassendsten Ansatz wird argumentiert, dass er vollständigere Informationen über Beträge, Zeitpunkt und Unsicherheit der vertraglichen Zahlungsströme sowie zeitnähere Informationen über vorteilhafte und nachteilige Änderungen im Kündigungsverhalten biete. Im Übrigen seien Ansätze B und C inkonsistent mit der Preisfindung des Versicherers, da er berücksichtigt, dass sich Klassen von Versicherungsnehmern untereinander subventionieren. Somit würden bei den Ansätzen B und C bei Vertragsabschluss u.U. Verluste aus-

[237] DP.134 und 150
[238] DP.135
[239] Vgl. DP.132

gewiesen, obwohl aus den Verträgen insgesamt ein Gewinn[240] erwartet wird, was nicht einer zutreffenden Darstellung der Lage des Versicherers entspräche. Während Ansätze B und C Verträge mit laufender Prämienzahlung als kurzfristige Verträge mit Verlängerungsoption ansehen, würde Ansatz D, der impliziert, dass es sich um langfristige Verträge mit Kündigungsoption handelt, die tatsächlichen Gegebenheiten besser wiedergeben. Auch bei einer Übertragung aller vertraglichen Rechte und Pflichten auf einen Dritten würde der Preis realistische Erwartungen über Kündigungen beinhalten, denn i.d.R. werden Rechte und Pflichten nicht unabhängig von der Kundenbeziehung veräußert. Des Weiteren verfügt der Versicherer über eine Kundenbeziehung, selbst wenn er den Versicherungsnehmer nicht zur Fortzahlung der Prämien zwingen kann. Bei dieser handelt es sich um einen Vermögenswert, der jedoch, da intern generiert, nach IAS 38 nicht bilanzierbar ist. Es wird jedoch argumentiert, dass dieser Teil der Kundenbeziehung so eng mit dem bestehenden Vertrag verbunden sei, dass ein Ansatz gerechtfertigt sei. Auch wird vorgebracht, dass es in der Praxis sehr komplex wäre, zu unterscheiden, welche Verträge zu der einen und welche zu der anderen Klasse von Versicherungsnehmern gehören. Als weiteres Argument wird angebracht, dass oft steuerliche Regelungen Versicherungsnehmer davon abhalten, manche Vertragstypen zu kündigen, auch wenn der Versicherer eine Kündigung nicht verhindern könnte.[241]

Zunächst ist zu untersuchen, ob ein Vermögenswert aus vorteilhaftem Verhalten der Versicherungsnehmer überhaupt ansetzbar ist. Hierzu ist zu klären, ob der Vermögenswert auf einem bestehenden Vertrag oder auf der Kundenbeziehung beruht. Nach Ansicht des IASBs resultiert der Vermögenswert aus der Kundenbeziehung, da der Versicherungsnehmer keine vertragliche Verpflichtung übernommen hat, zukünftig Prämien zu zahlen.[242]

Da es sich um eine intern generierte Kundenbeziehung handelt, kann nach IAS 38 kein Vermögenswert angesetzt werden. Das IASB vertritt jedoch die Auffassung, dass die enge Verbundenheit des Vertrages zu diesem Teil der Kundenbeziehung den Ansatz eines Vermögenswertes für diesen Teil, jedoch nicht für

[240] Im dargestellten Beispiel wird ein Break-even am Ende von X1 erwartet.
[241] DP.136
[242] DP.138 und 140

den restlichen Teil der Kundenbeziehung, rechtfertigt[243], wenn eine der folgenden Voraussetzungen erfüllt wird:[244]

- Der Versicherungsnehmer muss die Prämie zahlen, um garantierte Versicherbarkeit, d.h. ein Recht auf fortgeführte Risikodeckung, ohne dass das Risikoprofil des Versicherungsnehmers nochmals überprüft wird und zu einem Preis, der vertraglich festgelegt ist, zu erhalten,
- der Versicherer kann den Versicherungsnehmer zur Zahlung der Prämien zwingen,
- die Einbeziehung der Prämien und der verbundenen Zahlungen an den Versicherungsnehmer führt zu einer Erhöhung der Schulden des Versicherers.

Bei vielen jährlichen Nichtlebensversicherungsverträgen erhält der Versicherungsnehmer keine garantierte Versicherbarkeit nach Ablauf des Jahres. Die Fortführung des Vertrages beruht gemäß IASB vollständig auf der Kundenbeziehung, sodass eine Berücksichtigung nicht in Frage kommt.[245]

Es schließt sich die Frage an, ob der oben angesprochene Teil der Kundenbeziehung als separater Vermögenswert angesetzt oder gegen die Schulden verrechnet werden soll. Aus konzeptioneller Sicht ist das IASB gegen eine Verrechnung des Vermögenswertes mit den Schulden, da ein Teil einer Kundenbeziehung nicht eine Verpflichtung reduzieren kann. Aus praktischen Gründen hält es das IASB jedoch für erforderlich, keine Separierung des Vermögenswertes bei Ansatz, Bewertung und Ausweis vorzuschreiben, da es in praxi schwierig sein wird, die Kundenbeziehung von den Schulden zu unterscheiden sowie Verträge mit vorteilhaftem und nachteiligem Verhalten der Versicherungsnehmer zu identifizieren und voneinander zu trennen. Im Übrigen müsste auch ein Wechsel zwischen den Klassen der Versicherungsnehmer berücksichtigt werden, was ebenfalls praktisch kaum durchführbar ist. Die Risikomargen sollten allerdings die unterschiedlichen Risiken, die mit diesen Zahlungsströmen verbunden sind, widerspiegeln.[246]

[243] DP.142
[244] DP.154
[245] DP.158
[246] DP.143–147, 149

Im Ergebnis befürwortet das IASB die Berücksichtigung von vorteilhaftem Verhalten der Versicherungsnehmer bei Erfüllung bestimmter Kriterien und verlangt keinen separaten Ansatz, Bewertung und Ausweis eines Vermögenswertes.[247]

4.5.3.5.2 Anschaffungskosten

Versicherern entstehen für den Verkauf und die Anbahnung eines neuen Vertrages oft erhebliche Kosten (sog. Anschaffungskosten). Diese sollen nach dem IASB bei Vertragsabschluss sofort als Aufwand erfasst werden und nicht als Vermögenswert abgegrenzt werden, wie es nach anderen Bilanzierungsstandards, z.B. den US-GAAP (hier FAS 60), der Fall ist. Gleichzeitig ist ein Ertrag aus dem abgeschlossenen Vertrag zu realisieren, falls die Anschaffungskosten durch die in die Bewertung einbezogenen Prämien oder bereits erhaltene Prämien abgedeckt werden.[248]

4.5.3.6 Assets Backing Insurance Liabilities

Die Thematik „Assets Backing Insurance Liabilities“ dreht sich um das Problem des „Accounting Mismatches“.

Bei „Accounting Mismatch“ handelt es sich um das Phänomen, dass Vermögenswerte und Schulden von Änderungen in den ökonomischen Gegebenheiten gleich betroffen sind, der Buchwert der Vermögenswerte und Schulden jedoch nicht in gleicher Weise auf diese Änderungen reagiert. Hiervon zu unterscheiden ist das Phänomen des „Economic Mismatches“, bei dem der Wert von bzw. die Zahlungsströme aus Vermögenswerten und Schulden unterschiedlich auf Änderungen in den ökonomischen Gegebenheiten reagieren.[249]

Gerade in Phase I des Projektes „Insurance Contracts“ wurde das Thema Accounting Mismatch heftig diskutiert[250], da nach IFRS 4 die Schulden nach den bisher angewandten Bilanzierungsgrundsätzen, die oft kostenbasiert sind, bilanziert werden dürfen, während viele finanzielle Vermögenswerte der Versicherer

[247] DP.173; zu differierenden Meinungen einzelner IASB-Mitglieder vgl. DP.174

[248] DP.161 und 165

[249] DP.177

[250] Vgl. hierzu *Rockel/Sauer* IFRS für Versicherungsverträge I S. 216, *Engeländer/Kölschbach* IFRS 4 für Versicherungsverträge S. 577, *Ebbers* ED 5 Insurance Contracts S. 523f.

nach IAS 39 zum Fair Value zu bilanzieren sind.[251] Aber auch in den Comment Letters zum Discussion Paper wird dem Thema Accounting Mismatch große Bedeutung beigemessen.[252]

Idealerweise werden durch die Bilanzierung von Vermögenswerten und Schulden Economic Mismatches aufgezeigt, während keine Accounting Mismatches entstehen. Hierfür favorisiert das IASB einen Current Estimate Approach.[253] Kostenbasierten Ansätzen wird zwar zugestanden, dass sie in manchen Fällen Accounting Mismatches eliminieren, jedoch mit der Folge, dass Economic Mismatches bei Vermögenswerten und Schulden nicht deutlich werden könnten. Auch eine eigene Kategorie von finanziellen Vermögenswerten „Held to Back Insurance Liabilities“, die dann, bei gleichzeitiger Bilanzierung der Schulden aus Versicherungsverträgen auf Basis eines Cost-Based Approaches, zu Anschaffungskosten bilanziert würde und in Japan mit gewissen Beschränkungen eingeführt worden ist, wird abgelehnt. Schließlich besteht das langfristige Ziel des IASBs, alle finanziellen Vermögenswerte zum Fair Value zu bilanzieren.[254]

4.5.3.7 Unit of Account

Im Zusammenhang der „Unit of Account“ stellt sich die Frage, ob Ansatz und Bewertung von Versicherungsverträgen auf Basis des einzelnen Vertrages oder auf einer höheren Aggregationsebene bestimmt werden sollen.[255]

Unter der Überschrift „Recognition“ diskutiert das IASB die Berücksichtigung von Verhalten der Versicherungsnehmer, bei der auf die Rechte und Verpflichtungen aus den einzelnen Verträgen abzustellen ist. Da keine neuen vertraglichen Rechte und Pflichten durch Portfoliobildung entstehen und keine bestehenden Rechte und Pflichten eliminiert werden, kommt das IASB zu dem Schluss, dass diese Ansatzfragen unabhängig von der Fragestellung nach der Unit of Account

[251] Vgl. DP.176 und 178

[252] Vgl. exemplarisch *Ernst & Young* Comment Letter S. 20, *Australian Accounting Standards Board* Comment Letter S. 42f., *European Financial Reporting Advisory Group* Comment Letter S. 33

[253] Dieser spiegelt sich auch in den drei Building Blocks, die in den vorherigen Abschnitten vorgestellt wurden, wider.

[254] DP.179 und 180

[255] DP.183

seien.[256] Zu beachten ist, dass es sich hier somit nicht um eine Frage des Ansatzes von Versicherungsverträgen schlechthin handelt, sondern vielmehr um eine Frage des Einbezuges von Zahlungsströmen in die Bewertung.

Bei der Bewertung konkludiert das IASB, dass durch eine Portfoliobetrachtung kein Effekt auf den Erwartungswert der künftigen Zahlungsströme ausgeübt werde, wenn für die Schätzung der Zahlungsströme alle relevanten Informationen einbezogen werden. Denn der Erwartungswert der Zahlungsströme eines Portfolios solle die Summe der Erwartungswerte der Zahlungsströme der einzelnen Verträge ergeben.[257]

Bezüglich des dritten Building Blocks im Rahmen der Bewertung kommt das IASB zu dem Schluss, dass Risikomargen für ein Portfolio an Versicherungsverträgen, die weitgehend den gleichen Risiken unterliegen und als Portfolio verwaltet werden[258], auf Portfoliobasis bestimmt werden sollen. Diese Risikomargen sollen jedoch nicht Diversifikationseffekte sowie negative Korrelationseffekte zwischen Portfolien widerspiegeln.[259]

Dies bedeutet, dass zwar Diversifikationseffekte innerhalb des Portfolios einzubeziehen sind, nicht jedoch solche zwischen Portfolien.

4.5.3.8 Rückversicherung

Für Verpflichtungen aus Rückversicherungsverträgen hat der Rückversicherer die gleichen Regelungen anzuwenden wie der Erstversicherer für seine Verpflichtungen aus Erstversicherungsverträgen. Die Bewertung erfolgt zum Current Exit Value.[260]

Vermögenswerte aus Rückversicherungsverträgen sollen beim Rückversicherungsnehmer (Zedent) ebenfalls zum Current Exit Value bewertet werden. Dabei ist eine Risikomarge zu berücksichtigen, die den Rückversicherungsvermögenswert

[256] DP.184

[257] DP.186, 187 und 202

[258] Hierbei wird auf das Aggregationsniveau des Liability Adequacy Tests in IFRS 4.18 zurückgegriffen (DP.199), das zu verwenden ist, wenn durch die bisher angewandten Bilanzierungsgrundsätze die geforderten Minimumkriterien nicht erfüllt werden. Vgl. hierzu auch Abschnitt 4.5.2 auf Seite 97

[259] DP.202

[260] DP.203

erhöht und in der Höhe der Risikomarge des entsprechenden Teiles des dazugehörigen Erstversicherungsvertrages entspricht.[261]

Hinsichtlich einer Wertminderung des Rückversicherungsvermögenswertes vertritt das IASB das sog. Expected Loss Model. Dieses reduziert den Buchwert des Vermögenswertes um den Erwartungswert der Verluste aus Ausfall oder Streitigkeiten sowie um eine Risikomarge, die Marktteilnehmer für das Risiko, dass Ausfälle oder Streitigkeiten diesen Erwartungswert übersteigen, verlangen würden.[262]

Für den Fall, dass die Laufzeit des Erstversicherungsvertrages und des ihn deckenden Rückversicherungsvertrages nicht übereinstimmen und der Rückversicherungsvertrag dem Zedenten das Recht auf Versicherungsschutz für in Zukunft während der Laufzeit des Rückversicherungsvertrages abzuschließende Erstversicherungsverträge einräumt, so ist der Wert dieses Rechtes im Current Exit Value des Rückversicherungsvermögenswertes zu berücksichtigen. Allerdings geht das IASB davon aus, dass dieses Recht keinen wesentlichen Wert aufweist, wenn die abzuschließenden Erstversicherungsverträge in Zukunft auch zum Current Exit Value bewertet werden.[263]

Rückversicherungsvermögenswerte und -schulden dürfen ebenso wenig wie Erträge und Aufwendungen aus Rückversicherungsverträgen gegeneinander verrechnet werden.[264]

Somit sollen Rückversicherungsvermögenswerte durch den Zedenten und Rückversicherungsschulden durch den Rückversicherer einheitlich zum Current Exit Value bewertet werden. Dies bedeutet jedoch nicht, dass sich in der Praxis beide Werte gleichen müssen. Unterschiede können sich z.B. aus unterschiedlichen Erkenntnissen oder einer unterschiedlichen Unit of Account ergeben.[265]

[261]DP.205 und 206
[262]DP.211 und 213
[263]DP.218
[264]DP.204
[265]DP.217

4.5.3.9 Beteiligung der Versicherungsnehmer

In einem separaten Kapitel behandelt das IASB den Ansatz und die Bewertung der Beteiligung der Versicherungsnehmer (Policyholder Participation). Hierunter fasst das IASB vier Arten von Verträgen zusammen:[266]

- Participating Contracts
- Universal Life Contracts
- Unit-linked Contracts
- Index-linked Contracts.

Allen Verträgen ist gemein, dass der Versicherungsnehmer an der Entwicklung einer bestimmten Basisgröße teilnimmt, d.h. Zahlungen an ihn hiervon abhängen. Diese Basisgröße kann das Portfolio der Versicherungsverträge, zu dem der betrachtete Vertrag selbst gehört, oder die Vermögenswerte, die dieses Portfolio abdecken, oder auch der Versicherer selbst sein.[267]

- Participating Contracts

  Participating Contracts gewähren dem Versicherungsnehmer, i.d.R. neben garantierten Zahlungen, ein Recht auf Beteiligung an der positiven Entwicklung eines Portfolios von Versicherungsverträgen, verbundenen Vermögenswerten oder beidem. Dabei liegt die Höhe und der Zeitpunkt der Gutschrift dieser Anteile in gewissem Rahmen im Ermessen des Versicherers. Dieses Ermessen kann im Einzelfall eingeschränkt sein.[268]

  Das Ermessen sowie dessen Einschränkung zeigt typischerweise das folgende Schema auf:[269]

[266] DP.234
[267] DP.234
[268] DP.236; in IFRS 4 Anh. A wird das sog. Discretionary Participation Feature definiert, das in formaler Weise die Merkmale der Participating Contracts zusammenfasst. Das IASB hat sich noch nicht entschieden, ob diese Definition auch für Phase II beibehalten werden soll. DP.237
[269] DP.242

1. Der Versicherer hat den Betrag zu bestimmen, der für eine Zuteilung zur Verfügung steht (verteilbarer Betrag – Distributable Amount). Die Berechnungsbasis dieses verteilbaren Betrages wird üblicherweise im Vertrag oder gesetzlich bzw. aufsichtsrechtlich spezifiziert.
2. Der verteilbare Vertrag muss im Anschluss auf die Gruppe der Versicherungsnehmer sowie die Gruppe der Gesellschafter aufgeteilt werden. Dabei kann der Vertrag oder das Gesetz ein bestimmtes Minimum festlegen, das an die Versicherungsnehmer zu verteilen ist.

   In Deutschland ist die Zuteilung in der Lebensversicherung in der Verordnung über die Mindestbeitragsrückerstattung in der Lebensversicherung (MindZV)[270] geregelt. Danach hat der Versicherer mindestens 90% der dort definierten Überschüsse an die Versicherungsnehmer auszukehren. In anderen Ländern können die Mindestprozentsätze variieren oder es ist gar keine Mindestzuteilung bestimmt.[271] Im Geschäftsbericht 2007 führt die Allianz-Gruppe für die für sie wichtigsten Länder folgende Prozentsätze zur Ermittlung der latenten Überschussbeteiligung auf: Deutschland 90% der Finanzanlagen in der Lebensversicherung sowie 80% der Finanzanlagen in der Krankenversicherung (jeweils zzgl. einer angemessenen Beteiligung an allen anderen Überschussquellen), Frankreich 80% aller Überschussquellen in der Lebensversicherung, Italien 85% der Finanzanlagen in der Lebensversicherung, Schweiz 90% aller Überschussquellen für Gruppenlebensversicherung und 100% aller Überschussquellen für Einzellebensversicherung.[272]

   Es kann jedoch auch vorkommen, dass Versicherer mehr als die geforderte Mindestzuteilung gewähren.[273]

   Das IASB spricht allgemein für die Zuteilung an alle Versicherungsnehmer von einem Überschuss der Versicherungsnehmer (Policyholder Surplus), unabhängig davon, ob Restriktionen vorliegen und wie diese ausgestaltet sind.

[270] Bis 12. April 2008 in der ZRQuotenV geregelt
[271] Vgl. DP.242
[272] Vgl. *Allianz Gruppe* Geschäftsbericht 2007 S. 149
[273] DP.242

3. Schließlich ist der Überschuss der Versicherungsnehmer auf die einzelnen Versicherungsnehmer aufzuteilen. Die Aufteilung kann in unterschiedlicher Form erfolgen, z.B. durch höhere Auszahlungen, erhöhten Versicherungsschutz oder Erhöhung des Rückkaufswertes. Das IASB bezeichnet die zugeteilten Beträge als Versicherungsnehmerdividende (Policyholder Dividend).

Das Ermessen des Versicherers kommt in den meisten Fällen im zweiten und dritten Schritt zum Ausdruck, kann aber auch bedingt im ersten Schritt enthalten sein, wenn beispielsweise nur realisierte Gewinne im verteilbaren Betrag enthalten sind, unrealisierte jedoch nicht. In diesem Fall kann der Versicherer durch den Zeitpunkt der Realisation den verteilbaren Betrag beeinflussen.[274]

Welche Formen auch das Ermessen und dessen Einschränkung annehmen, das IASB macht deutlich, dass aufgrund dessen zu diskutieren ist, ob überhaupt eine aktuelle Verpflichtung des Versicherers vorliegt, Versicherungsnehmerdividenden zu zahlen.[275]

Das IASB greift in diesem Zusammenhang auf die Definitionen des IAS 37 für eine rechtliche Verpflichtung sowie eine faktische Verpflichtung zurück.[276] Im Falle eines Participating Contracts spricht gemäß IASB vieles dafür, dass eine faktische Verpflichtung vorliegt.[277] So kann der Vertrag, vorgenommene Werbung oder andere Aussagen des Versicherers zu der Erwartung seitens des Versicherungsnehmers führen, dass ein erheblicher Teil der Überschüsse an den Versicherungsnehmer gezahlt wird. Auch ist der Versicherungsnehmer bereit, mehr für einen Participating Contract zu zahlen, weil er eine

[274] DP.243 und 244

[275] Vgl. DP.238 und 247

[276] DP.247; das IASB bringt hierbei zum Ausdruck, dass der Exposure Draft, der Änderungen des bestehenden IAS 37 enthält, die Definition der faktischen Verpflichtung modifiziert. (Vgl. DP.248f.) Ein endgültiger Standard liegt derzeit noch nicht vor, ist jedoch für 2010 geplant. Vgl. *IASB* Work Plan 14. August 2008

[277] Vgl. die nachfolgenden Argumente mit den Anforderungen an eine faktische Verpflichtung im Exposure Draft des IAS 37 in Paragraf 15

Überschusszuteilung erwartet. Schließlich profitiert der Versicherungsnehmer deutlich von der Versicherungsnehmerdividende.[278]

Nach Meinung des IASBs habe der Versicherer für jedes Szenario eine neutrale Schätzung der an die Versicherungsnehmer zu zahlenden Überschüsse bei der Bewertung der Schulden aus einem Participating Contract einzubeziehen, wenn eine rechtliche oder faktische Verpflichtung am Bilanzstichtag vorliegt.[279] Im Einzelfall sei zu entscheiden, wann diese Verpflichtung entsteht, z.B. im Zeitpunkt, in dem der Versicherer Vertragspartner geworden ist.[280]

Das IASB nennt Anhaltspunkte für die Quellen der Schätzung der Versicherungsnehmerdividenden: in den Financial Statements ausgewiesener Überschuss der Versicherungsnehmer, in den Financial Statements enthaltene Beträge, die jedoch noch nicht in den Überschuss der Versicherungsnehmer eingestellt wurden oder auch künftige Beitragszahlungen der Versicherungsnehmer.[281]

Bei der Bewertung der Participating Contracts solle der Versicherer Optionspreismodelle bzgl. der eingebetteten Optionen und Garantien in den Participating Contracts verwenden sowie Zahlungsflüsse aus diesen Verträgen, die von bestimmten Vermögenswerten abhängig sind, hinsichtlich des Diskontierungszinssatzes konsistent mit diesen Vermögenswerten bewerten.[282]

- Universal Life Contracts

  Bei Universal Life Contracts handelt es sich typischerweise um Lebensversicherungsverträge, die dem Versicherungsnehmer ein gewisses Spektrum an Flexibilität während der Laufzeit des Vertrages einräumen.[283] So können bspw. die Beiträge sowie die Höhe des Versicherungsschutzes ohne Gesundheitsprüfung in gewissen Grenzen variiert werden oder das bereits aufge-

[278] DP.251
[279] DP.254
[280] DP.255
[281] DP.256
[282] DP.259–261, 292
[283] Vgl. DP.262

laufene Guthaben abgehoben werden, was jedoch mit Stornokosten oder zeitlichen Beschränkungen verbunden sein kann.[284]

Die Beiträge werden auf einem Konto gutgeschrieben, aus dem bei positivem Saldo Todesfallschutz und andere Kosten, wie Verwaltungskosten oder Anschaffungskosten, gedeckt werden. Das Konto verzinst sich in Abhängigkeit von den Vertragsbestimmungen, z.B. mit einem Zinssatz, der vom Versicherer auf Basis von Vermögenswerten, Marktverhältnissen oder Erwartungen Dritter festgelegt wird, oder den (variablen) Erträgen eines bestimmten Portfolios von Vermögenswerten. Mindestverzinsungen können im Versicherungsvertrag festgelegt sein.[285]

Nach Ansicht des IASBs sind in die Bewertung von Universal Life Contracts Schätzungen der Verzinsung auch über die Mindestverzinsung hinaus in dem Umfang anzusetzen, in dem eine rechtliche oder faktische Verpflichtung am Bilanzstichtag besteht. Eine Berücksichtigung nur der Mindestverzinsung stelle keine nützliche Information für die Bilanzleser dar.[286]

Hinsichtlich der in die Bewertung einzubeziehenden Beitragszahlungen der Versicherungsnehmer nimmt das IASB an, dass aufgrund der großen Flexibilität bei der Höhe der Beiträge einige Beitragszahlungen das Kriterium der Guaranteed Insurability[287] nicht erfüllen würden. Insofern wolle das IASB die Anwendbarkeit und Relevanz dieses Kriteriums im Hinblick auf Universal Life Contracts nochmals überdenken.[288]

- Unit-linked Contracts

  Bei Unit-linked Contracts handelt es sich um Versicherungsverträge, bei denen die Leistungen an die Versicherungsnehmer vertraglich vom Wert eines internen oder externen Investmentsfonds abhängen.[289] In Deutschland wä-

[284] DP.263 (b), (d) und (g)
[285] DP.263 (a), (c), (e) und (f)
[286] DP.267
[287] Zum Kriterium der Guaranteed Insurability vgl. die Ausführungen in Abschnitt 4.5.3.5.1 auf Seite 128 im Zusammenhang mit den Überlegungen zum Verhalten der Versicherungsnehmer
[288] DP.268
[289] DP.269

re in diesem Zusammenhang an die vielfach angebotenen fondsgebundenen Lebensversicherungen zu denken.

Bei Unit-linked Contracts werden mit den vom Versicherungsnehmer gezahlten Beiträgen Fondsanteile erworben. Der Anteilspreis spiegelt zu jeder Zeit den Fair Value der Vermögenswerte wider. Gebühren für das Investmentmanagement, Verwaltungs- und andere Kosten sowie Steuern, ebenso wie die Kosten des Versicherungsschutzes (z.B. Todesfallschutz) werden von den Anteilen abgezogen. In Abhängigkeit von der Ausgestaltung des Fonds können die Vermögenswerte im Fond von den weiteren Geschäftstätigkeiten des Versicherers abgegrenzt sein. In manchen Fällen geben Versicherer auch Garantien hinsichtlich einer bestimmten Performance der Investments ab.[290]

Kritisch im Zusammenhang mit Unit-linked Contracts ist nach Ansicht des IASBs zum einen der Ansatz und Ausweis der mit dem Vertrag verbundenen Vermögenswerte und zum anderen der mögliche Accounting Mismatch zwischen der Bilanzierung des Versicherungsvertrages und den verbundenen Vermögenswerten.[291]

Hinsichtlich des ersten Punktes diskutiert das IASB die Möglichkeiten, dass weder die Vermögenswerte noch die Schulden in der Bilanz gezeigt werden oder dass die Vermögenswerte und Schulden separat ausgewiesen werden, mit der Unterscheidung, ob die Vermögenswerte in einer eigenen Bilanzposition oder zusammen mit anderen Vermögenswerten gezeigt werden.[292]

Das IASB hat sich derzeit noch für keine der oben genannten Alternativen entschieden.[293]

[290]DP.270

[291]Vgl. DP.271

[292]DP.273; in IFRS-Konzernbilanzen deutscher Versicherungsgruppen findet sich derzeit der getrennte Ausweis der Vermögenswerte und Schulden, wobei die Vermögenswerte in einer eigenen Bilanzlinie ausgewiesen werden. Vgl. hierzu beispielhaft „Kapitalanlagen für Rechnung und Risiko von Inhabern von Lebensversicherungspolicen“ in *ERGO Versicherungsgruppe* Konzerngeschäftsbericht 2007 S. 76, *AMB Generali Gruppe* Konzern-Geschäftsbericht 2007 S. 80, *Gothaer Konzern* Bericht 2007 S. 82, *Münchener-Rück-Gruppe* Geschäftsbericht 2007 S. 158

[293]DP.277

Hinsichtlich des zweiten Punktes bringt das IASB zum Ausdruck, dass es Accounting Mismatches soweit als möglich vermeiden möchte und stellt zwei Ansätze zu deren Beseitigung vor. Zum einen schlägt es vor, dass alle mit Unit-linked Contracts verbundene Vermögenswerte zum Fair Value through Profit and Loss[294] bewertet werden, wobei möglicherweise auch Vermögenswerte anzusetzen wären, die ansonsten die Voraussetzungen eines Vermögenswertes im Rahmenkonzept[295] nicht erfüllen würden (z.B. Treasury Shares oder intern generierter Firmenwert aus Tochterunternehmen). Zum anderen diskutiert das IASB, ob die Bewertung der Schulden aus Unit-linked Contracts um die Differenz aus Buchwert der Vermögenswerte und deren Fair Value angepasst werden sollte.[296]

Auch hier hat das IASB noch keine Entscheidung für eine bevorzugte Vorgehensweise getroffen.[297]

- Index-linked Contracts

  Index-linked Contracts ähneln Unit-linked Contracts, mit dem Unterschied, dass die Leistungen an die Versicherungsnehmer an einen Index gebunden sind, der Versicherer die Vermögenswerte, auf denen der Index basiert, nicht zwingend erwerben und vorhalten muss.[298] Aufgrund der Tatsache, dass der Versicherer die Vermögenswerte zwar freiwillig, z.B. zwecks Hedgings, erwerben kann, dies jedoch nicht muss, lehnt das IASB die zwei Möglichkeiten der Vermeidung von Accounting Mismatches, die für Unit-linked Contracts oben vorgestellt wurden, ab. Insofern hat die Bewertung der Vermögenswerte nach Ansicht des IASBs keinen Einfluss auf die Bewertung der Schulden aus den Index-linked Contracts mit dem Current Exit Value.[299]

[294] Vgl. hierzu IAS 39.9
[295] Siehe hierzu Abschnitt 3.5.4.1 auf Seite 67
[296] DP.279 und 280
[297] DP.286
[298] Vgl. DP.287
[299] Vgl. DP.287 und 288

4.5.3.10 Entflechtung

Die Frage der Entflechtung (Unbundling)[300] bei Versicherungsverträgen stellt sich, wenn der Versicherungsvertrag neben der Versicherungskomponente auch noch eine Spar- bzw. Investmentkomponente (Deposit Component)[301] enthält. Relevanz besitzt die Thematik der Entflechtung insbesondere deshalb, weil nach den derzeitig gültigen IFRS nicht alle Komponenten in gleicher Weise bewertet werden. So sollen Rechte und Pflichten aus Versicherungsverträgen nach dem Discussion Paper zum Current Exit Value, Finanzinstrumente nach IAS 39 zu Anschaffungskosten oder zum Fair Value bewertet werden und Erträge aus Serviceverträgen werden nach IAS 18 nach dem Fertigstellungsgrad realisiert.[302]

Das IASB nennt verschiedene Argumente für und gegen Entflechtung.[303] Nach Ansicht des IASBs solle die Entflechtung fallabhängig erfolgen. Sind die Komponenten so eng miteinander verbunden, dass eine getrennte Bewertung nur willkürlich erfolgen könnte, ist der Vertrag in seiner Einheit als Versicherungsvertrag nach dem künftigen Standard der Phase II zu bewerten. Sind die Komponenten dagegen nicht miteinander verbunden, so soll die Versicherungskomponente nach dem künftigen Standard der Phase II und die Spar- bzw. Investmentkomponente nach IAS 39 bewertet werden. Im Falle, dass die Komponenten zwar miteinander verbunden sind, eine getrennte Bewertung jedoch willkürfrei möglich ist, soll die Spar- bzw. Investmentkomponente nach IAS 39 bewertet werden. Der gesamte Vertrag wird dann nach dem Standard für die Phase II bewertet und der Wert der Versicherungskomponente ergibt sich als Differenz aus der Gesamtbewertung des Vertrages und dem Wert der Spar- bzw. Investmentkomponente.[304]

4.5.3.11 Bonität

Bei der Thematik der Bonität (Credit Characteristics) geht es darum, ob die Bonität der Verpflichtungen aus dem Versicherungsvertrag, d.h. das Risiko, dass

[300] Unbundling wird definiert als „Accounting for the components of a contract as if they were separate contracts". DP Anh. I
[301] Bzgl. Beispiele für Spar- bzw. Investmentkomponenten siehe DP.220
[302] DP.220 und 221
[303] Siehe DP.225 und 226
[304] DP.228

der Versicherer den Verpflichtungen aus dem Vertrag nicht nachkommen kann (Ausfallrisiko), in die Bewertung der Schulden aus dem Versicherungsvertrag einbezogen werden soll. Die Bonität der Verpflichtungen ist gemäß IASB nicht zu verwechseln mit der Bonität des Versicherers, der die Verpflichtung übernommen hat.[305]

Nach Ansicht des IASBs spiegelt der Current Exit Value die Bonität der Schulden wider und ist demnach ein Preis, der die Bonität der Schulden weder verbessert noch verschlechtert. Dies resultiert daraus, dass ein Gläubiger einer Übertragung der Verpflichtung des Schuldners auf einen Schuldner mit geringerer Bonität nicht zustimmen würde und ein Übernehmender mit höherer Bonität die Verpflichtung nicht zu einem Preis übernehmen würde, der über dem liegt, den er aufgrund seiner besseren Bonität bezahlen müsste.[306]

Der Versicherer soll den Effekt der Bonität der Versicherungsschulden aus der Erst- und Folgebewertung angeben. Da der Versicherungsnehmer allerdings keinen Vertrag mit dem Versicherer abschließen würde, wenn er glaubt, dass der Versicherer seinen Verpflichtungen nicht nachkommen kann, hält das IASB es für unwahrscheinlich, dass die Bonität einen wesentlichen Effekt auf den Current Exit Value bei der Erstbewertung hat.[307]

4.6 Anhangangaben und Ausweis von Versicherungsverträgen

Nachdem der Ansatz von Versicherungsverträgen in Abschnitt 4.4 sowie die Bewertung in Abschnitt 4.5 behandelt worden sind, sollen zum Abschluss dieses Kapitels die Anhangangaben und der Ausweis von Versicherungsverträgen dargestellt werden.

[305] DP Anh. H1 und H2
[306] DP Anh. H10, siehe auch DP.232(a)
[307] DP.232(b)

4.6.1 Anhangangaben und Ausweis nach IFRS 4

Ganz allgemein bestimmt IFRS 4.36 zunächst, dass ein Versicherer Informationen zur Identifikation und Erläuterung all jener Beträge darstellen muss, die mit Versicherungsverträgen in Zusammenhang stehen. Diese Allgemeinaussage wird nachfolgend in IFRS 4.37 präzisiert, wonach folgende Angaben zu machen sind:

- Bilanzierungs- und Bewertungsgrundsätze für Versicherungsverträge sowie für die zugehörigen Posten,
- bilanzierte Vermögenswerte, Schulden, Erträge und Aufwendungen sowie Zahlungsströme bei Anwendung der direkten Methode zur Aufstellung der Kapitalflussrechnung, sofern sie mit Versicherungsverträgen zusammenhängen,
- Zedenten haben ihre erfolgswirksam erfassten Gewinne und Verluste aus der Rückversicherung sowie, falls diese Gewinne und Verluste abgegrenzt werden, die Abschreibungen sowie die verbleibenden Restbuchwerte zum Bilanzstichtag anzugeben,
- eine Beschreibung des Prozesses zur Bestimmung der wesentlichen Annahmen, die der Bewertung der Vermögenswerte, Schulden, Erträge und Aufwendungen aus Versicherungsverträgen zugrunde liegen, wenn möglich in quantitativer Form,
- den Effekt aus Änderungen der Annahmen zur Bewertung der Vermögenswerte und Schulden, wobei Annahmeänderungen mit wesentlichem Effekt separat auszuweisen sind,
- eine Überleitung der Änderungen in Versicherungsschulden, Rückversicherungsvermögenswerten sowie ggf. zugehörigen abgegrenzten Anschaffungskosten.

Im Übrigen muss ein Versicherer Informationen zum Verständnis von Art und Ausmaß der Risiken aus Versicherungsverträgen angeben.[308] Hierzu sollen folgende Angaben dienen:[309]

- Ziele, Strategien und Prozesse der Steuerung der Risiken von Versicherungsverträgen sowie die Methoden zur Steuerung der Risiken,
- Informationen hinsichtlich des Versicherungsrisikos (vor und nach Milderung durch Rückversicherung), wie Sensitivitätsanalysen des Versicherungsrisikos, Konzentrationen des Versicherungsrisikos (inkl. der Methoden zur Identifizierung von Konzentrationen sowie die gemeinsamen Merkmale der Konzentration) sowie tatsächliche Ansprüche im Vergleich zu vorherigen Schätzungen (d.h. Schadenentwicklungen) maximal zehn Jahre zurück in die Vergangenheit,
- Informationen über das Ausfall-, Liquiditäts- sowie Marktrisiko, die IFRS 7.31–42 verlangen würden, wenn der Versicherungsvertrag unter IFRS 7 fallen würde,
- Informationen über das Marktrisiko bei eingebetteten Derivaten, falls die eingebetteten Derivate nicht separat von der Versicherungskomponente zum Fair Value bewertet werden (müssen).

Neben den Anhangangaben bestimmt IFRS 4, dass Vermögenswerte aus der Rückversicherung nicht mit zugehörigen Schulden aus Erstversicherungsverträgen sowie Erträge und Aufwendungen aus der Rückversicherung nicht mit Erträgen und Aufwendungen aus der zugehörigen Erstversicherung verrechnet werden dürfen.[310]

Die Implementation Guidance zu IFRS 4 gibt zahlreiche Hilfestellungen zu den obigen Angabeerfordernissen. Einige hiervon seien im Folgenden beispielhaft genannt:[311]

[308] IFRS 4.38
[309] IFRS 4.39
[310] IFRS 4.14(d)
[311] Siehe hierzu im Detail IFRS 4 IG11–IG71

Zu IFRS 4.37:

- Bilanzierungs- und Bewertungsgrundsätze zu Prämien, Gebühren, Anschaffungskosten, Schadenfälle und Schadenbearbeitungskosten, Liability Adequacy Test, Diskontierung, Berücksichtigung des Risikos und der Unsicherheit, eingebettete Optionen und Garantien, ermessensabhängige Überschussbeteiligung, Rückversicherung, Embedded Value-Informationen (bei freiwilliger Angabe)[312]
- Bilanzierte Vermögenswerte, Schulden, Erträge, Aufwendungen und Zahlungsströme:[313]
  - Separater Ausweis von Schulden und Vermögenswerten aus Erst- und Rückversicherung in der Bilanz sowie Unterteilung der Schulden z.B. in nichtverdiente Prämien, gemeldete Schadenfälle sowie Rückstellungen aus Liability Adequacy Tests
  - Separater Ausweis in der Gesamterfolgsrechnung von Erträgen aus ausgegebenen Versicherungsverträgen, Erträge aus Rückversicherungsverträgen, Aufwendungen für Schadenfälle und andere Vorteile an die Versicherungsnehmer, Aufwendungen aus Rückversicherungen
  - Zusätzliche Angabe von Anschaffungskosten, Effekte von Änderungen in Schätzungen und Annahmen, Verluste aus Liability Adequacy Tests, Zinseffekt aus der Diskontierung, Effekt aus der Änderung des Zinssatzes
  - Ggf. detaillierte Analyse der Quellen des Einkommens aus dem Versicherungsgeschäft.
- Beschreibung des Prozesses zur Bestimmung der wesentlichen Annahmen: Ziel der Annahmen (z.B. neutrale Schätzung in Form eines Best Estimate), Quelle der verwendeten Daten (intern, extern oder Mischung aus beidem), Ausmaß der Konsistenz mit beobachtbaren Marktdaten, Methoden der Ent-

312 IFRS 4.IG17 und 18

313 IFRS 4.IG19, 20, 22, 24, 26 und 27

wicklung von Annahmen über künftige Trends sowie der Identifikation von Wechselbeziehungen zwischen den Annahmen[314]

- Überleitung der Änderungen in:[315]
  - Versicherungsschulden: Buchwert zu Beginn und zum Ende der Periode, Erhöhungen während der Periode, Auszahlungen, erfolgswirksame Erträge und Aufwendungen, Käufe oder Transfers von anderen Versicherern und Nettofremdwährungsdifferenzen
  - Abgegrenzten Anschaffungskosten: Buchwert zu Beginn und zum Ende der Periode, während der Periode aufgewendete Beträge, planmäßige und außerplanmäßige Abschreibung und andere Änderungen.

Zu IFRS 4.39:

- Ziele, Strategien, Prozesse und Methoden der Risikosteuerung: Struktur und Organisation der Risikomanagementfunktionen, Umfang und Art der Systeme der Risikoberichterstattung und -messung (interne Risikomanagementmodelle, Sensitivitätsanalysen, Szenarioanalysen, Stresstests), Prozesse der Annahme, Bewertung, Überwachung und Kontrolle der Versicherungsrisiken, Asset Liability Management-Techniken[316]

- Informationen hinsichtlich des Versicherungsrisikos: Risiko vor und nach Rückversicherung, verwendete Methoden sowie deren Stärken und Schwächen, quantitative oder qualitative Sensitivitätsanalysen, Beschreibung der gemeinsamen Merkmale bei Risikokonzentrationen, Schadenentwicklungstabellen[317]

- Informationen über das Ausfall-, Liquiditäts- und Marktrisiko: Angabe auch ausserhalb der Financial Statements z.B. im Lagebericht möglich, Zusammenfassung der wesentlichen Garantien, Fälligkeitsanalysen bzgl. des Liquiditätsrisikos.[318]

[314] IFRS 4.IG32
[315] IFRS 4.IG37 und 39
[316] IFRS 4.IG48
[317] IFRS 4.IG51 und 52A
[318] IFRS 4.IG62, 64 und 65B

Die Angabe von Fair Values der Vermögenswerte und Schulden aus Versicherungsverträgen, die noch im Exposure Draft ED 5 gefordert wurde[319], ist aufgrund zahlreicher Kritik[320] nicht in IFRS 4 übernommen worden.

4.6.2 Anhangangaben und Ausweis nach Discussion Paper

Das Discussion Paper enthält keine expliziten Festlegungen hinsichtlich Anhangangaben oder sonstiger Ausweisfragen. Dies begründet sich daraus, dass das IASB nicht plant, die Regelungen zu den Anhangangaben des IFRS 4 für den endgültigen Standard wesentlich zu ändern. Lediglich die Implementation Guidance soll verfeinert werden.[321]

Jedoch diskutiert das IASB die Fragen,

- ob Prämien als Umsatz oder als Einlage behandelt werden sollen,[322]
- ob Änderungen in den Schulden aus Versicherungsverträgen in einer Linie der Gewinn-und-Verlust-Rechnung oder deren Effekte aufgespalten in mehreren Linien gezeigt werden sollen,[323]
- ob alle Erträge und Aufwendungen aus den Änderungen der Buchwerte der Schulden aus Versicherungsverträgen erfolgswirksam erfasst werden sollen[324] sowie
- wie die Vermögenswerte bei Unit-linked Contracts ausgewiesen werden sollen.[325]

Darüber hinaus enthalten einzelne Passagen des Discussion Papers Hinweise auf mögliche Angabeerfordernisse im endgültigen Standard, so z.B.:

- im Zusammenhang mit dem Verhalten der Versicherungsnehmer: Sensitivitätsanalysen der Stornorisiken sowie Angaben von Rückkaufswerten,[326]

[319] Vgl. ED 5.30
[320] Vgl. IFRS 4 BC225 und BC226 sowie *Ebbers* ED 5 Insurance Contracts S. 527f.
[321] DP Appendix D „Presentation and Disclosure“
[322] Vgl. DP.297–324
[323] Vgl. DP.325–328
[324] Vgl. DP.329–335
[325] Vgl. DP.273–276
[326] DP.148

- Effekt der Bonität der Schulden aus Versicherungsverträgen bei der Erst- und Folgebewertung,[327]
- Angaben zu Participating Contracts,[328]
- Angabe zur Höhe der Anschaffungskosten.[329]

[327] DP.232(b)
[328] DP.258; die Art der Angaben wurde nicht spezifiziert.
[329] DP.326

5 Zweckmäßigkeitsanalyse der Bilanzierung von Versicherungsverträgen nach IFRS

5.1 Einführung

In diesem Kapitel soll die im vorherigen Kapitel dargestellte vom IASB verankerte bzw. vorgeschlagene Bilanzierung von Versicherungsverträgen nach IFRS einer Zweckmäßigkeitsanalyse unterzogen werden.

Diese soll jedoch nicht anhand eines wie auch immer definierten idealtypischen Maßstabes vollzogen werden, stattdessen soll die vom IASB vertretene Bilanzierungsweise anhand des sich vom IASB selbst gesteckten Zweckes beurteilt werden: nämlich anhand des Kapitalgeberschutzes durch Vermittlung entscheidungsnützlicher Information.[1]

Die Vermittlung entscheidungsnützlicher Information soll über die Vermittlung von informativen Bilanzposten (Informationsbilanz), die Vermittlung eines prognosegeeigneten Gewinnes sowie die Vermittlung eines zur Performance-Messung des Managementes geeigneten Gewinnes erfolgen. Im Übrigen soll durch neben der Bilanz und der Gesamterfolgsrechnung stehende Bestandteile der Financial Statements (Anhang, Kapitalflussrechnung, Eigenkapitalveränderungsrechnung sowie

[1]Vgl. zum Zweck Abschnitt 3.5.1 auf Seite 58

ggf. Segmentberichterstattung) eine Vermittlung sonstiger Informationen stattfinden.[2]

Entscheidungsnützlich sind Informationen allerdings erst dann, wenn sie sowohl für den Kapitalgeber relevant als auch verlässlich sind.[3]

Vor diesem Hintergrund ist die folgende Analyse aufgebaut. In Abschnitt 5.2 soll die Bilanzierung von Versicherungsverträgen im Hinblick auf ihre Zweckmäßigkeit im Sinne einer Informationsbilanz analysiert werden. Zu untersuchen ist, ob die vom IASB gesetzten bzw. vorgeschlagenen Regelungen relevante sowie verlässliche Informationen bereitstellen, wobei im Falle von Konflikten eine Gewichtung zwischen Relevanz und Verlässlichkeit zu erfolgen hat.[4] Dabei gibt das IASB der Relevanz den Vorzug vor der Verlässlichkeit.[5] Der Schwerpunkt wird auf die Analyse der Bewertung von Versicherungsverträgen gelegt.

Anschließend wird in Abschnitt 5.3 auf die Zweckmäßigkeit der Bilanzierung von Versicherungsverträgen hinsichtlich ihrer Prognoseeignung (Abschnitt 5.3.1) sowie ihrer Eignung zur Performance-Messung des Managementes[6] (Abschnitt 5.3.2) eingegangen. Abschnitt 5.4 behandelt die Bilanzierung von Versicherungsverträgen im Rahmen der sonstigen Informationsvermittlung. Kapitel 5 schließt mit einer Erörterung, ob der Settlement Value eine „informativere" Lösung im Vergleich zum Current Exit Value darstellt.

Nicht behandelt werden soll die Frage der Zweckmäßigkeit hinsichtlich der Gewinnermittlung zur Ausschüttungsbemessung[7], da die Ausschüttungsbemessung nicht als Zweck der Gewinnermittlung durch das IASB formuliert wird.

[2]Vgl. Abschnitt 3.5 auf Seite 58

[3]Vgl. zu Relevanz und Verlässlichkeit Abschnitt 3.5.2.2 auf Seite 60 und Abschnitt 3.5.2.3 auf Seite 61

[4]Vgl. zum Trade-off Abschnitt 3.5.2.3 auf Seite 61 und Abschnitt 3.5.2.5 auf Seite 64

[5]Vgl. *Streim/Bieker/Leippe* Theoretische Fundierung S. 184

[6]Auf diesen Zweck soll eingegangen werden, da er im derzeit gültigen Rahmenkonzept enthalten ist (vgl. Abschnitt 3.5.1 auf Seite 58) und trotzdem, dass er im Exposure Draft eines zukünftigen Rahmenkonzeptes nicht als expliziter Zweck, immerhin aber implizit enthalten ist (vgl. Abschnitt 3.5.6 auf Seite 70).

[7]Vgl. hierzu Abschnitt 3.4.2.2 auf Seite 51

5.2 Analyse der Bilanzierung von Versicherungsverträgen im Sinne einer Informationsbilanz

5.2.1 Analyse des Ansatzes von Versicherungsverträgen

5.2.1.1 Definition „Versicherungsvertrag"

Relevant und damit entscheidungsnützlich[8] ist der Ansatz von Vermögenswerten und Schulden dann, wenn sämtliche Ein- und Auszahlungspotenziale, die aus ihnen resultieren, in der Bilanz abgebildet werden.[9]

Demnach ist zu untersuchen, ob sämtliche Ein- und Auszahlungspotenziale aus Versicherungsverträgen nach den Regelungen des IASBs angesetzt werden (Vollständigkeit). Zunächst soll die Definition des Versicherungsvertrages im Hinblick darauf analysiert werden, ob bestimmte Versicherungsverträge nicht anzusetzen sind.

Wie in Abschnitt 4.4.1 dargestellt, weist die Definition des Versicherungsvertrages vier Schlüsselbegriffe auf: unsicheres zukünftiges Ereignis, wesentliches Versicherungsrisiko, Versicherer und Versicherungsnehmer.

Das Kriterium des unsicheren zukünftigen Ereignisses stellt ein der Versicherung immanentes Merkmal dar.[10] Ohne Unsicherheit bräuchte der Versicherungsnehmer nur eine Versicherung abzuschließen, wenn er genau wüsste, dass und wann ihm ein Schaden entsteht. Der Versicherer würde aber eine Versicherung nicht auf Basis des Kollektivs[11] anbieten können. Insofern trägt das Kriterium des unsicheren zukünftigen Ereignisses für sich betrachtet zur vollständigen Erfassung von Versicherungsverträgen bei.

[8] Lässt man die Verlässlichkeit zunächst ausgeklammert

[9] Vgl. *Streim/Bieker/Leippe* Theoretische Fundierung S. 191f., *Streim/Esser* Informationsvermittlung S. 837, *Streim/Bieker/Esser* Schleichender Abschied S. 231f.

[10] Vgl. zur Definition der Versicherung Abschnitt 2.1.1.3 auf Seite 8 und zu Versicherungstheorien Abschnitt 2.1.2 auf Seite 10

[11] Vgl. die Definition einer Versicherung in Abschnitt 2.1.1.3 auf Seite 8

Das Kriterium des wesentlichen Versicherungsrisikos ist in zweifacher Hinsicht zu betrachten. Auch das Risiko ist der Versicherung immanent[12] und mit dem obigen Kriterium der Unsicherheit eines zukünftigen Ereignisses verbunden. Demnach müssten alle Verträge, die ein Risiko abdecken, einbezogen werden. Das IASB grenzt jedoch das „Versicherungs"risiko von finanziellen Risiken negativ ab.[13]

Es erfolgt demnach eine Differenzierung der Risiken. Eine positive Definition des Versicherungsrisikos wird nicht gegeben.[14] Begründbar wäre diese Entscheidung des IASBs lediglich mit dem Argument, dass alle finanziellen Risiken durch andere Standards erfasst werden, die entscheidungsnützliche Informationen vermitteln und somit ebenfalls Eingang in die Bilanz finden. Ein Standard, der sämtliche finanziellen Risiken i.S.d. Definition des IFRS 4 Anh. A beinhaltet, ist jedoch im bisherigen Standardwerk des IASBs nicht zu finden. Allerdings werden Verträge, die keine Versicherungsverträge darstellen und die Voraussetzungen von finanziellen Vermögenswerten und finanziellen Schulden erfüllen, in den Anwendungsbereich von IAS 39 fallen.[15] Falls dies nicht zutrifft, kommt IAS 18 zur Anwendung.[16] Ob Verträge über sämtliche Risiken somit Eingang in die Bilanz finden und entscheidungsnützliche Informationen vermitteln, wäre nur festzustellen, wenn das gesamte Standardwerk, und hier insbesondere IFRS 4, IAS 39 und IAS 18, einer Analyse unterzogen würde. Dies würde jedoch den Rahmen dieser Arbeit sprengen.

Des Weiteren enthält die Definition des Versicherungsvertrages in Zusammenhang mit dem Versicherungsrisiko die Forderung, dass das Versicherungsrisiko einen negativen Effekt auf den Versicherungsnehmer als Voraussetzung für eine Zahlung durch den Versicherer aufweisen muss. Der Versicherer muss zwar den tatsächlichen Eintritt des negativen Effektes nicht erforschen, jedoch muss ein Leistungsvorbehalt seinerseits gegeben sein.[17] IFRS 4 Anh. B14 stellt ausdrücklich

[12]Vgl. auch hier die Definition der Versicherung in Abschnitt 2.1.1.3 auf Seite 8
[13]Vgl. Abschnitt 4.4.1.2 auf Seite 81
[14]Das IASB versucht sich dadurch zu helfen, dass Beispiele für Versicherungsverträge sowie solche Verträge, die keine Versicherungsverträge sind, in IFRS 4 Anh. B18 und B19 aufgezählt werden. Vgl. hierzu detailliert Abschnitt 4.4.4 auf Seite 88 und Abschnitt 4.4.5 auf Seite 92
[15]IFRS 4 Anh. B20
[16]IFRS 4 Anh. B21
[17]Vgl. Abschnitt 4.4.1.2 auf Seite 81

klar, dass ohne Leistungsvorbehalt selbst dann kein Versicherungsvertrag gegeben ist, wenn der Versicherungsnehmer diesen zum Ausgleich eines sich ihm bietenden Risikos verwendet.

Dies engt den Ansatz von Versicherungsverträgen jedoch ein und kann dazu führen, dass Versicherungsverträge, die als solche genutzt werden, nicht im Rahmen von IFRS 4 anzusetzen sind.[18] So werden bspw. Lebensversicherungsverträge, obschon i.d.R. kein Leistungsvorbehalt vereinbart wird, von IFRS 4 als Beispiel für Versicherungsverträge in IFRS 4 Anh. B18(c) aufgezählt. Ein Ausweg hieraus bietet lediglich die Argumentation, dass ein versichertes Interesse bei Lebensversicherungsverträgen widerlegbar vermutet wird und damit ein Leistungsvorbehalt entbehrlich ist.[19] Eine derartige Argumentation ließe sich dann jedoch auf andere Verträge übertragen, sodass das Erfordernis des Leistungsvorbehaltes hinfällig würde. Stattdessen sollte die Einengung auf Verträge mit negativem Effekt durch das versicherte Ereignis gestrichen werden. Denn aus Sicht des Kapitalgebers eines Versicherers, der eine Verpflichtung zur Zahlung im Falle des Eintrittes eines unsicheren zukünftigen Ereignisses eingegangen ist, kann nur der Eintritt des Ereignisses und die Folge der Zahlung an den Versicherungsnehmer, nicht jedoch die Folgen beim Versicherungsnehmer selbst relevant sein.

Als zweiter Punkt ist bei dem Kriterium des wesentlichen Versicherungsrisikos eine potenzielle Einschränkung des Ansatzes durch das Merkmal der Wesentlichkeit zu untersuchen. Unbestritten ist, dass für Zwecke einer informativen Bilanz jeder Vertrag, aus dem Rechte und Verpflichtungen für den Versicherer entstehen, zu erfassen ist, unabhängig davon, ob ein wesentliches oder unwesentliches Versicherungsrisiko vorliegt. Denn die Frage nach der Wesentlichkeit des Versicherungsrisikos ist nicht zu verwechseln mit der Frage der Wesentlichkeit des gesamten Versicherungsvertrages. Beabsichtigt das IASB, Verträge aufgrund der Unwesentlichkeit des Versicherungsrisikos vom Ansatz nach IFRS 4 (und eines späteren umfassenden Standards für Versicherungsverträge) auszuschließen, dann sollte es

[18] Auch hier wäre in einer umfassenden Analyse zu klären, ob andere Standards solche Verträge erfassen und so entscheidungsnützliche Informationen geliefert werden. Jedoch würde auch dies den Umfang dieser Arbeit überschreiten.

[19] Vgl. *KPMG Deutsche Treuhand-Gesellschaft* IFRS aktuell – Neuerungen 2004 S. 135

sicherstellen, dass diese Verträge im Rahmen eines anderen Standards zweckadäquat abgebildet werden.

Im Zusammenhang mit der Wesentlichkeit des Versicherungsrisikos bestimmt IFRS 4, dass jeder Vertrag einzeln zu beurteilen ist und wesentliches Versicherungsrisiko auf Einzelvertragsebene auch bestehen kann, wenn durch Zusammenfassung von Versicherungsverträgen die Wahrscheinlichkeit wesentlicher Verluste aus dem Portfolio (bzw. die Auswirkung auf den Barwert der Zahlungsströme) gering ist.[20] Die Aggregation von Versicherungsverträgen zu Bewertungsportfolien ist jedoch keine Frage des Ansatzes, sondern der Bewertung, sodass IFRS 4 zuzustimmen ist, dass die Beurteilung des Ansatzes anhand des einzelnen Vertrages zu erfolgen hat.

Im Übrigen sollte das Kriterium der Wahrscheinlichkeit nicht beim Ansatz, sondern lediglich bei der Bewertung von Bedeutung sein.[21]

Die Begriffe des Versicherers und des Versicherungsnehmers haben keinen signifikanten Einfluss im Hinblick auf die Relevanz der Definition des Versicherungsvertrages, da zur Schließung eines Vertrages immer zwei Parteien gehören und speziell im Falle der Versicherung gerade der Zweck darin liegt, dass ein Risiko auf eine andere Partei übertragen wird.[22]

Nach der Betrachtung der Frage der Relevanz der Definition des Versicherungsvertrages bleibt die Frage nach der Verlässlichkeit.[23] Die Verlässlichkeit einer Information erfordert, dass sie objektiv und intersubjektiv eindeutig ist.[24] Bezüglich des Kriteriums des unsicheren zukünftigen Ereignisses sollte dies gegeben sein, da das Ereignis, an das die Zahlungen geknüpft sind, regelmäßig im Vertrag genannt wird. Daraus ergibt sich dann auch das Versicherungsrisiko.

Die Konkretisierung des Versicherungsrisikos durch die Wesentlichkeit birgt jedoch Ermessens- und Gestaltungsspielräume für den Versicherer.[25] Denn IFRS 4

[20] IFRS 4 Anh. B25; vgl. *Rockel* et al. Versicherungsbilanzen S. 69; vgl. auch Abschnitt 4.4.1.2 auf Seite 81

[21] Vgl. *Streim/Esser* Informationsvermittlung S. 838

[22] Zur Risikoüberwälzung vgl. Abschnitt 2.1.1.2 auf Seite 6

[23] Zur Verlässlichkeit vgl. Abschnitt 3.5.2.3 auf Seite 61

[24] Vgl. *Franken* Gläubigerschutz S. 78

[25] Vgl. zu Ermessensspielräumen bei der Wesentlichkeit *Streim/Bieker/Leippe* Theoretische Fundierung S. 187, *Demming* Grundlagen S. 51 und 58, *Wagenhofer* Internationale Rechnungslegungsstandards S. 578f.

verzichtet – bewusst[26] – auf eine konkrete Festlegung der Wesentlichkeit und wirkt so der Verlässlichkeit entgegen.

Die Begriffe des Versicherers und des Versicherungsnehmers sollten unter dem Gesichtspunkt der Verlässlichkeit keine Schwierigkeiten aufwerfen, da beide Parteien regelmäßig im Vertrag festgelegt sind.

5.2.1.2 Ansatzzeitpunkt und Ausbuchung

Gemäß Discussion Paper soll der Versicherer den Versicherungsvertrag dann erstmalig bilanzieren, wenn er Vertragspartei geworden ist.[27]

Wie unter Abschnitt 5.2.1.1 dargelegt, ist eine Ansatzregel dann informativ, wenn alle Ein- und Auszahlungspotenziale in der Bilanz enthalten sind. Der Versicherer geht die Verpflichtung zur Übernahme der Risiken aus dem Versicherungsvertrag an dem Zeitpunkt ein, an dem der Versicherungsvertrag durch beide Parteien geschlossen wurde. Genau dann erhält er auch die Rechte aus dem Vertrag – im Wesentlichen das Recht auf Zahlung der Versicherungsprämie durch den Versicherungsnehmer. Insofern liefert der Ansatz des Versicherungsvertrages im Zeitpunkt des Vertragsschlusses relevante Informationen für die Kapitalgeber, da hier die Rechte und Pflichten aus dem Vertrag begründet werden. Die Thematik eines potenziellen Rücktrittes des Versicherungsnehmers ist im Rahmen der Bewertung des Vertrages, nicht im Rahmen des Ansatzes zu berücksichtigen.

Gegenstimmen präferieren, insbesondere aufgrund der Tatsache, dass der Zeitpunkt des Vertragsabschlusses und der Beginn des Versicherungsschutzes auseinanderfallen können, den Ansatz erst zum Zeitpunkt des Beginnes des Versicherungsschutzes festzulegen.[28]

Hiergegen ist einzuwenden, dass zwar der Zeitraum des Versicherungsschutzes noch nicht begonnen haben mag – und somit die Möglichkeit des Eintretens eines Ereignisses, aufgrund dessen der Versicherer Zahlungen an den Versicherungsneh-

[26]Vgl. IFRS 4.BC33

[27]Vgl. Abschnitt 4.4.2.1 auf Seite 86

[28]Siehe hierzu beispielhaft *Deutsches Rechnungslegungs Standards Committee e. V.* Comment Letter S. 4, *The European Insurance CFO Forum* Comment Letter App. A S. 1, *European Financial Reporting Advisory Group* Comment Letter S. 19, *Institut der Wirtschaftsprüfer* Comment Letter S. 3

mer zu leisten hat, noch nicht besteht –, allerdings kann sich der Versicherer den Vertragsverpflichtungen nicht mehr ohne Weiteres entziehen.[29] Für die Kapitalgeber ist dies eine relevante Information im Hinblick auf zukünftige Auszahlungspotenziale. Ebenso ist die Information über die zukünftigen Einzahlungspotenziale aus dem Vertrag für die Kapitalgeber relevant. Zur Unterscheidung wäre eine Angabe im Anhang denkbar. Diese würde Vermögenswerte und Schulden getrennt danach angeben, ob sie auf Versicherungsverträgen beruhen, deren Versicherungsperiode bereits begonnen hat, und solchen Verträgen, bei denen bis zum Bilanzstichtag lediglich ein Vertragsabschluss stattgefunden hat.

Hinsichtlich der Verlässlichkeit bietet der Ansatzzeitpunkt bei Vertragsabschluss keine wesentlichen Ermessenspielräume, da i.d.R. eindeutig sein sollte, wann der Vertrag zustande gekommen ist, sei es rechtlich oder wirtschaftlich.

IFRS 4 sowie das Discussion Paper regeln bisher lediglich die Ausbuchung von Schulden aus Versicherungsverträgen. Diese hat dann zu erfolgen, wenn sie getilgt sind.[30] Wird die Regelung so verstanden, dass die Schulden aus Versicherungsverträgen erst dann ausgebucht werden, wenn keine Auszahlungspotenziale mehr zu erwarten sind, so entspricht sie der oben genannten Forderung nach informativer Bilanzierung.

5.2.2 Zweckmäßigkeit eines Exit Values

Das IASB sieht zur Bewertung von Versicherungsverträgen den Current Exit Value vor. Dieser wird definiert als Preis, den der Versicherer auf einem Absatzmarkt zahlen müsste, um sich seiner Verpflichtungen aus dem Versicherungsvertrag zu

[29] So hat der Versicherungsgeber in Deutschland nur in bestimmten Fällen, wie bspw. nichtrechtzeitiger Zahlung der erstmaligen oder einmaligen Prämie (§ 37 VVG 2008), Anzeigepflichtverletzungen durch den Versicherungsnehmer (§ 19 VVG 2008), bei Gefahrerhöhung durch den Versicherungsnehmer (§ 24 VVG 2008), Verletzung einer vertraglichen Obliegenheit durch den Versicherungsnehmer (§ 28 VVG 2008), nichtrechtzeitiger Zahlung einer Folgeprämie (§ 38 VVG 2008) sowie Veräußerung der versicherten Sache (§ 96 VVG 2008) ein Recht auf Rücktritt bzw. Kündigung nach Vertragsabschluss. Lediglich der Versicherungsnehmer hat ein Widerrufsrecht ohne Begründungspflicht nach § 8 VVG 2008. Vgl. zum Rücktritt und zur Kündigung durch den Versicherungsgeber auch *Deutsch* Das neue Versicherungsvertragsrecht S. 66–68

[30] Vgl. Abschnitt 4.4.2.2 auf Seite 87

entledigen.[31] Inwiefern der Current Exit Value dem Fair Value gleicht, will das IASB im Rahmen der Entwicklung eines endgültigen Standards für Versicherungsverträge beurteilen, bisher seien jedoch keine Unterschiede festgestellt worden.[32] Dies verwundert insofern nicht, als „es *den* fair value nicht gibt".[33] Der Fair Value wird vom IASB definiert als der Betrag, zu dem ein Vermögenswert zwischen vertragswilligen, voneinander unabhängigen und gleichberechtigten, sachverständigen Partnern getauscht oder eine Schuld beglichen wird.[34]

Im theoretischen Modell der vollkommenen und vollständigen Güter- und Kapitalmärkte im Gleichgewicht stellt der Fair Value die subjektiven Nutzwerte aller Marktteilnehmer sowie die Summe der Fair Values den Gesamtwert des Unternehmens dar. Der Fair Value ist eindeutig und genau bestimmt. Da die Marktteilnehmer jedoch alle Informationen über den Markt zur Verfügung gestellt bekommen, ist zweifelhaft, welchen Informationsnutzen der Fair Value aufweist.[35]

Diese theoretische Modellwelt hat jedoch nichts mit der realen Welt gemein. Insofern ist *Ballwieser/Küting/Schildbach* zuzustimmen, dass „[d]er fair value der idealen Welt [...] in die Widrigkeiten der Realität umgesetzt werden [muß]".[36]

In dieser realeren Welt ist der Fair Value nicht genau bestimmt, sondern es sind drei Bewertungsbasen denkbar: Entry Values, Exit Values und Value in Use, die nicht alle zu einem identischen Wert führen.[37] Da sich der Exit Value unter den Begriff „Fair Value" subsumieren lässt, ist bei der Bestimmung des Current Exit Values für Versicherungsverträge mit ähnlichen Problemen zu rechnen, die bei der Ermittlung von Fair Values auftreten.

[31]Vgl. Abschnitt 4.5.3.1.2 auf Seite 104

[32]Vgl. Abschnitt 4.5.3.1.3 auf Seite 105

[33]*Ballwieser/Küting/Schildbach* Fair value S. 534, die auf unterschiedliche Ausprägungen in den einzelnen IFRS eingehen (siehe hierzu S. 532f.)

[34]Vgl. Abschnitt 4.5.3.1.3 auf Seite 105

[35]Vgl. *Ballwieser/Küting/Schildbach* Fair value S. 530f., vgl. auch *Barth/Landsman* Fundamental Issues S. 98ff., *Schmidt/Schwedler* Value in use S. 206; Kümmel kommt jedoch zu dem Schluss, dass auch auf vollkommenen und vollständigen Märkten eine Bilanzierung auf Einzelbewertungsbasis zu beizulegenden Zeitwerten nicht zum Unternehmenswert im Sinne eines Ertragswertes führt, da Synergieeffekte nicht erfasst werden. Vgl. *Kümmel* Fair Value-Ermittlung mit Barwertkalkülen S. 62

[36]*Ballwieser/Küting/Schildbach* Fair value S. 531

[37]Vgl. *Barth/Landsman* Fundamental Issues S. 97ff., *Kümmel* Fair Value-Ermittlung mit Barwertkalkülen S. 48ff., 53f.

So könnte als Annäherung an den nicht beobachtbaren Fair Value bzw. Exit Value auf Preise an aktiven Märkten zurückgegriffen werden.[38] Demnach ist zu fragen, ob aktive Märkte für einzelne Versicherungsverträge bestehen.

Sucht man nach einem Markt, auf dem Versicherungsverträge gehandelt werden, so wird man, zumindest für eine Versicherungssparte, zunächst schnell beim Zweitmarkt für Lebensversicherungsverträge fündig. So belief sich das geschätzte jährliche Handelsvolumen in Deutschland in 2007 auf 1,4 Mrd. EUR.[39] Schaut man sich diesen Zweitmarkt jedoch genauer an, stellt man fest, dass es sich keineswegs um einen Verkaufsmarkt für Versicherer, sondern für Versicherungsnehmer handelt. Dann stellt sich jedoch die Frage, ob aus diesen Transaktionen Marktpreise für Lebensversicherungsverträge im Sinne von Exit Values aus Sicht des Versicherers ableitbar sind.

Bei Kapitallebensversicherungen mit 30-jähriger Laufzeit werden 76% der Verträge vor Ablauf storniert, bei 20-jähriger Laufzeit sind es immer noch 55% und bei 12-jähriger Laufzeit 32%.[40] Potenzial für einen Zweitmarkt ist somit gegeben und bei einem derzeitigen Handelsvolumen von 1,4 Mrd. EUR mit steigender Tendenz[41], sollten Datengrundlagen in zunehmendem Maße vorhanden sein.

Die Gründe für die Kündigung liegen allerdings häufig in Arbeitslosigkeit, Hausbau oder Scheidung[42], d.h., es handelt sich oft nicht um „freiwillige“ Verkäufe der Versicherungsnehmer.[43] Der Verkaufspreis liegt im Bereich zwischen der erwarteten Renditekurve des Käufers und dem vom Versicherer gebotenen Rückkaufswert.[44] Ein Marktpreis im Sinne eines Exit Values aus Sicht des Versicherers lässt sich bei diesen Gegebenheiten nicht direkt ableiten.

Als weitere Möglichkeit wäre zu überlegen, ob der Exit Value nicht anhand von Transaktionen zwischen dem Versicherer und dem Versicherungsnehmer ermittelt

[38] Vgl. *Ballwieser/Küting/Schildbach* Fair value S. 535

[39] Vgl. *BVZL* Gegenüberstellung sowie *BVZL* Zweitmarkt für Lebensversicherungen S. 6

[40] Vgl. *BVZL* Zweitmarkt für Lebensversicherungen S. 8

[41] Vgl. *BVZL* Zweitmarkt für Lebensversicherungen S. 6

[42] Vgl. *BVZL* Zweitmarkt für Lebensversicherungen S. 6

[43] Zumindest der Fair Value geht in seiner Definition explizit von vertragswilligen Parteien aus. Dies bedeutet jedoch, „daß keiner der Vertragspartner in einer Zwangslage handelt“ *Küting/Dawo* Anwendungsfälle der fair value-Bewertung S. 230.

[44] Vgl. *BVZL* Zweitmarkt für Lebensversicherungen S. 8

werden kann. Wie oben erläutert, liegen die Stornoquoten bspw. für Lebensversicherungsverträge z.T. über 50%.

Der Preis dieser Transaktionen ergibt sich in der Form des Rückkaufswertes.[45] Dabei handelt es sich nach dem VVG vor der Reform[46] um den „Geldbetrag, den ein [Versicherungsnehmer] bei vorzeitiger Beendigung einer **kapitalbildenden** Lebensversicherung (wegen **Rücktritt**, **Kündigung** oder **Anfechtung**) vom [Versicherungsnehmer] erhält" (Hervorhebungen im Original, A.d.V.).[47] Der Rückkaufswert bestimmte sich nach § 176 Abs. 3 VVG i.d.F. vom 26. März 2007 „nach den anerkannten Regeln der Versicherungsmathematik für den Schluß der laufenden Versicherungsperiode als Zeitwert der Versicherung". Insofern als von einem Zeitwert gesprochen wurde, ließe sich fragen, ob dieser nicht für die Bestimmung eines Fair Values bzw. Exit Values herangezogen werden könnte.

Dieser Zeitwert sollte „prospektiv als Differenz der Barwerte der zukünftigen Leistungen und der zukünftig noch zu zahlenden Prämien"[48] berechnet werden. Dabei belassen die verwendeten Berechnungsgrundlagen Spielräume wie sie bei Zeitwertberechnungen üblich sind.[49] In den Versicherungsverträgen wurden aber durchaus andere Vereinbarungen getroffen, die sogar über den gesetzlich festgelegten Zeitwert hinausgehen.[50] Insofern ist daran zu zweifeln, ob es sich bei dem gesetzlichen Zeitwert tatsächlich um einen Fair Value bzw. Exit Value im Sinne der IFRS handeln könnte, wenn die Versicherer freiwillig höhere Werte zahlen.

Im Übrigen sind auch die Versicherungsexperten uneins, wie der Zeitwert bestimmt werden soll.[51] Dies räumt auch der Gesetzgeber in seiner Gesetzesbegründung zum neuen Versicherungsvertragsrecht ein, wenn er sagt, „dass auch fast zehn Jahre nach der Neuregelung noch nicht allgemein anerkannt ist, wie die Berechnung zu erfolgen hat".[52] Kritisiert wird auch, dass der Rückkaufswert „nicht (vollständig) den Barwert der zukünftigen Leistungsverpflichtungen des Versiche-

[45] Vgl. *Hommel* ED5 S. 2116
[46] Vgl. hierzu Abschnitt 2.5 auf Seite 29
[47] *v. Fürstenwerth/ Weiß* Versicherungs-Alphabet S. 543
[48] *Fiala/Schramm* Rückkaufswert S. 117
[49] Vgl. *Fiala/Schramm* Rückkaufswert S. 117 sowie auch *Jäger* Zeitwert S. 139
[50] Vgl. *Fiala/Schramm* Rückkaufswert S. 118, *Engeländer* Zeitwert S. 440
[51] Vgl. *Kleinlein* Rückkaufswert S. 889, *Jäger* Zeitwert S. 133; zur Bestimmung des Zeitwertes vgl. *Engeländer* Zeitwert, *Jäger* Zeitwert, *Zeuner* Gedanken zum Zeitwert, *Engeländer* Leserbrief
[52] *Bundesregierung* Entwurf und Begründung zur Reform des Versicherungsvertragsrechts S. 102

rers" umfasst und auf „restriktiven Preisabsprachen zwischen den Vertragsparteien zu Beginn des Leistungsverhältnisses" beruht.[53] Schon im Draft Statement of Principles „*Insurance Contracts*" hat auch das IASB diese Möglichkeit der Bestimmung eines Fair Values für Versicherungsverträge verworfen, da es sich nicht um einen aktuellen Transaktionspreis handele.[54]

Insofern hilft auch der im VVG i.d.F. vom 26. März 2007 bestimmte Zeitwert nicht bei der Suche nach einem Wertmaßstab für die Bilanzierung von Versicherungsverträgen.

Nach dem VVG nach der Versicherungsrechtsreform ab 1. Januar 2008[55] handelt es sich beim Rückkaufswert gem. § 169 Abs. 1 VVG 2008 um den Betrag, den der Versicherer im Falle der Kündigung, des Rücktrittes oder der Anfechtung durch den Versicherungsnehmer an diesen zu zahlen hat. Der Rückkaufswert bestimmt sich nach § 169 Abs. 3 VVG 2008 als „das nach anerkannten Regeln der Versicherungsmathematik mit den Rechnungsgrundlagen der Prämienkalkulation zum Schluss der laufenden Versicherungsperiode berechnete Deckungskapital der Versicherung, bei einer Kündigung des Versicherungsverhältnisses jedoch mindestens der Betrag des Deckungskapitals, das sich bei gleichmäßiger Verteilung der angesetzten Abschluss- und Vertriebskosten auf die ersten fünf Vertragsjahre ergibt". Bei fondsgebundenen Versicherungen kommt nach § 169 Abs. 4 VVG 2008 immer noch der Zeitwert zum Tragen. Zusätzlich sind ggf. noch Überschussanteile auszuzahlen (§ 169 Abs. 7 VVG 2008).

Ziel dieses Wechsels vom Zeitwert zum Deckungskapital ist die Schaffung einer „klare[n] und nachvollziehbare[n] Berechnung des Rückkaufswertes"[56] für den Versicherungsnehmer. Bei der Berechnung sollen neben den versicherungsmathematischen Grundsätzen sowie den Rechnungsgrundlagen der Prämienkalkulation die bilanz- und aufsichtsrechtlichen Regelungen zur Deckungsrückstellung in § 341f HGB sowie § 65 VAG berücksichtigt werden. Die Fünftelung soll einen „Minde-

[53] *Hommel* ED5 S. 2116

[54] DSOP 3.19(a)

[55] Zum neuen Versicherungsvertragsgesetz, anwendbar auf alle Verträge mit Abschluss ab 1. Januar 2008, vgl. grundlegend *Niederleithinger* Das neue VVG, hier zum Rückkaufswert im speziellen S. 70f., *Deutsch* Das neue Versicherungsvertragsrecht, hier zum Rückkaufswert S. 226f. sowie *Bundesregierung* Entwurf und Begründung zur Reform des Versicherungsvertragsrechts

[56] *Bundesregierung* Entwurf und Begründung zur Reform des Versicherungsvertragsrechts S. 102

strückkaufswert“ sicherstellen, der für die sog. Frühstornofälle in den ersten Vertragsjahren zur Anwendung gelangt, wenn sich durch die Zillmerung in den ersten Jahren kein Rückkaufswert ergibt.[57]

Deutlich wird, dass der Gesetzgeber die Regelung zum Rückkaufswert im Hinblick auf die Kundenfreundlichkeit im Sinne einer Nachvollziehbarkeit durch den Versicherungsnehmer erlassen hat und nicht den „wahren“ Wert des Versicherungsvertrages ermitteln will. Demnach sollte auch der Rückkaufswert im Sinne des VVG 2008 keine Erkenntnisgewinne im Hinblick auf einen Fair Value bzw. Exit Value bringen.

Kommt auch der Rückkaufswert als Ausprägung des Fair Values bzw. Exit Values nicht in Betracht, so könnte man noch eine Transaktion zwischen Versicherer und Rückversicherer untersuchen, ob die hier ausgehandelten Preise den Fair Value bzw. Exit Value approximieren.

Schaut man sich die Rückversicherungstransaktionen genauer an, stellt man fest, dass sehr unterschiedliche Güter gehandelt werden und Markttransparenz nicht gegeben ist, sodass kein aktiver Sekundärmarkt vorliegt. Im Übrigen lässt sich, wenn überhaupt, nur dann ein Preis sinnvoll ableiten, wenn es sich um eine Quotenrückversicherung, nicht aber um eine Überschadenrückversicherung handelt. Insgesamt sind auf dem Rückversicherungsmarkt zu viele Individualitäten gegeben, insbesondere stimmen die Risiken aus der Erst- und der Rückversicherung i.d.R. nicht überein.[58] Somit stellt sich auch hier eine Ableitung des Fair Values bzw. des Exit Values als nicht sinnvoll heraus.

Verkäufe einzelner Versicherungsverträge zwischen Erstversicherern dürften sehr selten sein.

Im Ergebnis ist festzuhalten, dass keine aktiven Märkte für einzelne Versicherungsverträge zur Bestimmung eines Exit Values aus Sicht des Versicherers bestehen und eine Ableitung ebenfalls nicht möglich ist.

Geht man eine Aggregationsebene höher, ist zu untersuchen, ob aktive Märkte für Übertragungen von ganzen Versicherungsbeständen, d.h. Portfolien, bestehen.

[57]Vgl. *Bundesregierung* Entwurf und Begründung zur Reform des Versicherungsvertragsrechts S. 102

[58]Vgl. *Hommel* ED5 S. 2116

Nach § 14 Abs. 1 VAG bedarf die Übertragung von Versicherungsbeständen oder Teilen hiervon auf andere Versicherungsunternehmen der Genehmigung der Aufsichtsbehörde, hier i.d.R. der BaFin.[59] Somit sind Bestandsübertragungen nicht ohne Weiteres möglich. Die Aufsichtsbehörde hat, da eine Mitwirkung aller betroffenen Versicherungsnehmer nach § 415 BGB durch § 14 Abs. 5 2. Hs. VAG ausgeschlossen ist, die Interessen der Versicherungsnehmer zu wahren.[60]

Intention der Bestandsübertragung war ursprünglich, dass sie als Sanierungsmittel für Versicherungsbestände von Versicherungsunternehmen in der Krise dient.[61]

Im November 2002 wurde die Protektor Lebensversicherungs-AG mit Sitz in Berlin gegründet. Gegenstand des Unternehmens ist „die Sanierung von Versicherungsbeständen des selbst abgeschlossenen Geschäfts notleidender Lebensversicherungsgesellschaften, die der deutschen Versicherungsaufsicht unterliegen".[62] So wurde in 2003 der Versicherungsbestand der Mannheimer Lebensversicherung AG übernommen[63] und bisher – trotz diverser Versuche der vollständigen Weiterveräußerung[64] – fortgeführt. Weitere Bestandsübertragungen auf die Protektor Lebensversicherungs-AG sind den Geschäftsberichten 2003–2007 nicht zu entnehmen.

Dieser Sicherungsgedanke von Versicherungsbeständen kommt auch in den §§ 124–133a VAG zum Ausdruck, die Sicherungsfonds jeweils für die Lebens- sowie die Krankenversicherung vorsehen. Nach § 127 VAG wurden hierzu die beiden privaten Unternehmen Protektor Lebensversicherungs-AG für den Bereich Lebensversicherung[65] sowie die Medicator AG für den Bereich Krankenversiche-

[59] Zu den Zuständigkeiten vgl. Fußnote 73 auf Seite 21

[60] Vgl. *Hasselbach/Komp* Bestandsübertragung S. 1652, *Präve* Rückkaufswert S. 90f.

[61] Vgl. *Hasselbach/Komp* Bestandsübertragung S. 1652

[62] *Protektor Lebensversicherungs-AG* Satzung § 2 1.

[63] Vgl. *Protektor Lebensversicherungs-AG* Geschäftsbericht 2003 S. 13ff.

[64] Vgl. *Protektor Lebensversicherungs-AG* Geschäftsbericht 2005 S. 14, *Protektor Lebensversicherungs-AG* Geschäftsbericht 2006 S. 14 und *Protektor Lebensversicherungs-AG* Geschäftsbericht 2007 S. 14; allerdings hat die Protektor Lebensversicherungs-AG u.a. Ende 2005/Anfang 2006 (vgl. *Bundesanstalt für Finanzdienstleistungsaufsicht* Bekanntmachung 16.12.2005) sowie Ende 2007 (vgl. *Bundesanstalt für Finanzdienstleistungsaufsicht* Bekanntmachung 22.01.2008) Teilbestände übertragen.

[65] Vgl. SichLVV vom 11.5.2006

rung[66] beliehen. Schaut man in den Geschäftsbericht 2007 des Sicherungsfonds für die Lebensversicherer[67], stellt man fest, dass bisher keine Bestandsübertragungen notwendig waren. Auch dem Jahresabschluss 2006 der Medicator AG[68] sind keine Bestandsübertragungen zu entnehmen.

Insofern scheint man *Hasselbach/Komp* zustimmen zu können, dass die Bestandsübertragung als Sanierungsmittel weitgehend unbedeutend geworden ist.[69] Vielmehr dient sie nunmehr der „Effizienzsteigerung, Rationalisierung und Restrukturierung".[70]

So fanden anzahlmäßig die folgenden Bestandsübertragungen in den vergangenen Jahren statt:[71]

	2008*	2007	2006	2005	2004
Bestandsübertragungen**	8	12	21	18	25

* Stand September 2008
** ohne Bestandsübertragungen von EU/EWR-Versicherungsunternehmen

Abbildung 5.1: Bestandsübertragungen in Deutschland 2004–2008

Insgesamt lässt sich hieraus schließen, dass auch aus Bestandsübertragungen keine Fair Values bzw. Exit Values direkt oder indirekt zu entnehmen sind. Im Falle von Sanierungen liegt kein gewöhnliches Geschäft zwischen vertragswilligen Parteien vor[72], Bestandsübertragungen aus anderen Gründen kommen nicht re-

[66]Vgl. SichKVV vom 11.5.2006
[67]Vgl. *Sicherungsfonds für die Lebensversicherer* Geschäftsbericht 2007
[68]Vgl. *Medicator AG* Jahresabschluss 2006
[69]Vgl. *Hasselbach/Komp* Bestandsübertragung S. 1652
[70]*Hasselbach/Komp* Bestandsübertragung S. 1652
[71]Die Zahlen der folgenden Tabelle wurden aus den in den Veröffentlichungen der Bundesanstalt für Finanzdienstleistungsaufsicht (2004–2006) sowie den im BaFinJournal (01/2007–09/2008) bekannt gemachten Bestandsübertragungen selbst errechnet. Für die Zuordnung zu einem Jahr wurde auf das Wirksamwerden des Vertrages abgestellt. Vgl. *Bundesanstalt für Finanzdienstleistungsaufsicht* VerBaFin, *Bundesanstalt für Finanzdienstleistungsaufsicht* BaFinJournal
[72]Vertragswillige Parteien werden in der Definition des Fair Values explizit gefordert, nichts anderes kann aber auch im Rahmen eines Exit Values im Sinne des DP gefordert werden.

gelmäßig vor, um von einem aktiven Markt sprechen zu können, und stellen i.d.R. höchst individuelle Transaktionen dar, die nicht homogen und vergleichbar sind.

Steigt man auf der Aggregationsleiter noch eine Ebene höher, so wäre daran zu denken, Werte für Versicherungsverträge aus Akquisitionen ganzer Versicherungsunternehmen abzulesen.

Die Konzentration in der Versicherungsbranche ist hoch. So beträgt der Marktanteil der zehn größten Versicherer in 2006 in Bezug auf die verdienten Bruttobeiträge im Bereich Schaden- und Unfallversicherung 43,9%, im Bereich Lebensversicherung 50,0%, im Bereich Krankenversicherung schon 69,5% und bei der Rückversicherung sogar 91,1%.[73] In 2001 konnte man lesen, dass das Wachstum der Marktanteile der zehn größten deutschen (Sach-) Versicherer im Zeitraum von 1980 bis 1998 fast ausschließlich aus Akquisitionen resultierte.[74] Und auch in den letzten Jahren ergaben sich diverse Transaktionen, von denen einige beispielhaft genannt sein sollen:

- In 2008 erwirbt die Zürich Gruppe die Baden-Badener Versicherung AG.[75]
- In 2006 wurde die Winterthur Group durch den AXA-Konzern übernommen.[76]
- In 2005 veräußert die Münchener-Rück-Gruppe ihre Anteile an der Karlsruher Versicherungsgruppe an die Württembergische Leben.[77]
- In 2002 erfolgte die mehrheitliche Übernahme der Deutsche Herold Versicherungsgruppe durch die Zürich Versicherungsgruppe.[78]
- In 1998 erreicht die Generali-Gruppe die Mehrheit der Aktien an der AMB-Gruppe.[79]

[73]Vgl. *Bundesanstalt für Finanzdienstleistungsaufsicht* Statistik 2006 S. 10; hierbei wurden allerdings keine Konzernverhältnisse berücksichtigt.

[74]Vgl. *Lammers* Trügerische Statistik S. 20

[75]Vgl. *Zurich Gruppe Deutschland* Presseinformation 30. Juli 2008

[76]Vgl. *DBV-Winterthur Holding AG* Ad hoc-Meldung 22. Dezember 2006

[77]Vgl. *Münchener Rückversicherungs-Gesellschaft* Pressemitteilung 10. Oktober 2005

[78]Vgl. *Zurich Financial Services* Medien-Mitteilung 11. April 2002

[79]Vgl. *AMB Gruppe* Mehrheitsaktionär 04. Juni 1998

Zu beachten ist bei Transaktionen über gesamte Unternehmen oder sogar Konzerne, dass hier als Kaufpreis ein Gesamtwert ermittelt wird, der nicht nur die Versicherungsverträge, sondern auch die Kapitalanlagen und die sonstigen Vermögenswerte und Schulden sowie Kundenbeziehungen, Mitarbeiter und deren Knowhow etc. einschließt. Hieraus ergibt sich jedoch im Falle der Einzelbewertung das Problem der Aufspaltung des Gesamtwertes auf die einzelnen Vermögenswerte und Schulden. Selbst wenn die Versicherungsverträge nicht einzeln, sondern als Portfolien bewertet werden, kommt man um eine Verteilung zwischen Verpflichtungen aus den Versicherungsverträgen und den restlichen Vermögenswerten und Schulden nicht umhin.[80]

Da auch Unternehmenstransaktionen höchst individuell sind und sich eine Aufteilungsproblematik ergibt, lässt sich auch hieraus kein aktiver Markt zur Bestimmung von Fair Values bzw. Exit Values für Versicherungsverträge ableiten.

Insgesamt bleibt zu konstatieren, dass auf aktive Märkte im Rahmen der Bestimmung des Exit Values für Versicherungsverträge nicht zurückgegriffen werden kann.

Dann stellt sich jedoch die Frage, ob der Exit Value überhaupt einen relevanten Wertmaßstab für die Bilanzierung von Versicherungsverträgen darstellt.

Aktive Märkte bestehen – wie oben analysiert – für Versicherungsverträge nicht; Versicherer verkaufen einzelne Verträge oder Bestände i.d.R. nicht. Sanierungs- oder Restrukturierungsfälle sind keine Normalszenarien.

Somit basiert der Exit Value von Versicherungsverträgen auf hypothetischen Transaktionen.[81]

Dann fragt man sich jedoch, welche Relevanz der Exit Value für den Kapitalgeber besitzt, wenn dieser weiß, dass im theoretischen Fall der Veräußerung an einen Dritten der Versicherer für den Versicherungsvertrag einen Betrag X zahlen müsste bzw. erzielen könnte. Über die Zukunft des Geschäftes des Versicherers sagt dies nichts aus. Für den Kapitalgeber ist vielmehr von Relevanz, wie hoch

[80] Siehe zur Aufteilung im Rahmen von Unternehmenstransaktionen die Regelungen in IFRS 3

[81] Vgl. auch zur Kritik hinsichtlich der hypothetischen Transaktionen *Ernst & Young* Comment Letter S. 2, *Deutsches Rechnungslegungs Standards Committee e. V.* Comment Letter S. 4f., *Group of North American Insurance Enterprises* Comment Letter S. 2, *Deutsche Aktuarvereinigung e. V.* Comment Letter S. 2 sowie *Engeländer/Kölschbach* Diskussionspapier des IASB – Analyse S. 388.

der Wert ist, der sich ergibt, wenn der Versicherer – wie bei Abschluss der Verträge geplant – die Verträge fortführt. Wie oben gesehen, sind die Stornoquoten in der Lebensversicherung zwar durchaus beachtlich, dies ändert jedoch nichts daran, dass der Versicherer generell den Vertrag bis zum Laufzeitende fortführen will. Das Storno geht auf Entscheidungen der Versicherungsnehmer zurück, nicht auf eine Entscheidung des Versicherers, den Vertrag zu verkaufen, wodurch ein Exit Value gerechtfertigt werden könnte.

Die Kapitalgeber benötigen Informationen darüber, welche Zahlungsströme aus Verpflichtungen aus den Versicherungsverträgen in Zukunft anfallen und welche Zahlungsströme aus Ansprüchen aus diesen gegen die Versicherungsnehmer bestehen werden.[82]

Das IASB hat sich zum Ziel gesetzt, entscheidungsnützliche Informationen bereitzustellen. Das Konzept des Exit Values auf Basis dieser hypothetischen Transaktionen bildet jedoch das Schuldendeckungspotenzial des Versicherers ab und zielt somit auf den Gläubigerschutz.[83] Relevant sind Exit Values lediglich für solche Vermögenswerte und Schulden, die tatsächlich veräußert werden sollen.[84] Dies trifft auf Versicherungsverträge i.d.R. nicht zu.

Im Übrigen ist fraglich, ob der Exit Value-Gedanke mit der Prämisse der Unternehmensfortführung vereinbar ist. Denn ein Versicherer will bei geplanter Unternehmensfortführung seine Versicherungsverträge regelmäßig nicht veräußern, sondern bis zum Ende der Vertragslaufzeit gegenüber dem Versicherungsnehmer erfüllen.[85]

Aufgrund der mangelnden Relevanz stellt sich die Frage nach der Verlässlichkeit des Exit Values nicht mehr.[86]

[82]Im Rahmen der Ermittlung dieser Zahlungsströme hat der Versicherer die Stornorisiken zu berücksichtigen.

[83]Vgl. *Hipp* IAS/IFRS für Versicherungsunternehmen S. 204, vgl. auch *Siegel* Zeitwertbilanzierung S. 593

[84]Vgl. *Streim/Bieker/Esser* Fair Values S. 471

[85]Vgl. zur Vereinbarkeit von Fair Values von nicht jederzeit veräußerbaren bzw. tilgungsfähigen Vermögenswerten und Schulden mit der Prämisse der Unternehmensfortführung *Kley* Fair Value-Bilanzierung S. 2259

[86]Auf die Verlässlichkeit des Current Exit Values auf Basis der drei Building Blocks soll im folgenden Abschnitt ausführlicher eingegangen werden.

Auch das IASB hat erkannt, dass Versicherer regelmäßig nicht die Absicht haben, Verpflichtungen aus Versicherungsverträgen zu veräußern und dies ggf. auch gar nicht können.[87] Daher hat es auf die drei Building Blocks zurückgegriffen, die im folgenden Abschnitt auf ihre Relevanz und Verlässlichkeit untersucht werden sollen.

5.2.3 Zweckmäßigkeit der drei Building Blocks

Die Bilanzierung von Verpflichtungen aus Versicherungsverträgen soll nach dem Discussion Paper unter Verwendung eines Bewertungsmodelles, das die folgenden Komponenten einschließt erfolgen:[88]

- Schätzungen der künftigen Zahlungsströme,
- Effekt des Zeitwertes des Geldes,
- eine Marge.

Diese gilt es, auf ihre Zweckmäßigkeit im Rahmen der Informationsbilanz anhand der Kriterien „Relevanz" und „Verlässlichkeit" hin zu untersuchen.

So ist die Bewertung von Passivposten dann relevant, wenn alle ihre Auszahlungspotenziale in die Bewertung einfließen. Die künftigen Zahlungsströme sind abzudiskontieren, d.h. mit ihrem Auszahlungsbarwert anzusetzen.[89] Der Barwert kann so als Annäherung an einen Marktpreis angesehen werden.[90]

Grundsätzlich bestehen drei Möglichkeiten, einen Barwert zukünftiger (unsicherer) Zahlungsströme zu bestimmen:[91]

1. Abzinsung der wahren, mit ihren Wahrscheinlichkeiten gewichteten zukünftigen Zahlungsströmen mit einem Faktor, der sich aus dem risikofreien Zinssatz und einer Risikoprämie zusammensetzt,

[87] DP.94

[88] Vgl. Abschnitt 4.5.3.2 auf Seite 108, Abschnitt 4.5.3.3 auf Seite 115 und Abschnitt 4.5.3.4 auf Seite 117

[89] Vgl. *Streim/Esser* Informationsvermittlung S. 837f., vgl. auch *Streim/Bieker/Esser* Fair Values S. 470

[90] Vgl. *Streim/Bieker/Esser* Fair Values S. 463, vgl. auch *Starbatty* Fair Value Accounting S. 544

[91] Vgl. *Babbel/Gold/Merrill* Fair Value of Liabilities S. 12f.

2. um das Risiko modifizierte Wahrscheinlichkeiten angewendet auf die unsicheren zukünftigen Zahlungsströme unter Abzinsung mit einem risikofreien Zinssatz,

3. um das Risiko modifizierte unsichere Zahlungsströme unter Abzinsung mit einem risikofreien Zinssatz.

Das FASB hat in SFAC No. 7 fünf Elemente zur Barwertermittlung identifiziert:[92]

1. Schätzungen künftiger Zahlungsströme,

2. Erwartungen über Schwankungen in Höhe und/oder zeitlichem Anfall der Zahlungsströme,

3. Zeitwert des Geldes (risikoloser Zinssatz),

4. Risikoprämie im Hinblick auf die Schwankungen unter 2.,

5. andere Faktoren, z.B. Illiquidität oder Marktunvollkommenheiten.

Wird im Nenner der Barwertformel nur das dritte Element, der Zeitwert des Geldes, berücksichtigt und die restlichen Elemente im Zähler, spricht das FASB vom sog. Expected Cash Flow Approach.[93]

Wie oben dargestellt, verwendet das IASB zur Ermittlung des Current Exit Value im ersten Building Block Schätzungen künftiger Zahlungsströme und berücksichtigt im zweiten Building Block den Zeitwert des Geldes durch Diskontierung mit einem risikolosen Zinssatz.[94] Im dritten Building Block wird schließlich das Risiko in den Zahlungsströmen im Rahmen der Risikomarge erfasst. Dieser Ansatz des IASBs ähnelt dem Expected Cash Flow Approach des FASBs. Somit lassen sich beide Ansätze unter die oben dargestellte 2. und 3. Möglichkeit der Barwertermittlung subsumieren, da mit einem risikolosen Zinssatz diskontiert werden soll.[95]

[92] SFAC 7.23 und 39; vgl. auch *Hitz/Kuhner* Grundsätze der Barwertermittlung S. 894

[93] SFAC 7.40; vgl. auch *Hitz/Kuhner* Grundsätze der Barwertermittlung S. 895

[94] Vgl. zum Zeitwert des Geldes Abschnitt 4.5.3.3 auf Seite 115

[95] Vgl. die Ablehnung von risikoadjustierten Zinssätzen durch das IASB in DP.70

Insofern werden die Forderung nach der Ermittlung eines Barwertes erfüllt und prinzipiell relevante Informationen bereitgestellt.

Im Folgenden sollen die einzelnen Elemente der Barwertberechnung eingehender untersucht werden.

Im Rahmen des ersten Building Blocks ist zunächst zu fragen, welche Zahlungsströme in die Berechnung einbezogen werden sollen.

Die nach dem IASB für die Bewertung relevanten Zahlungsströme wurden auf Seite 110, die nicht relevanten Zahlungsströme auf Seite 111 dargestellt. Zu Letzteren zählen die Zahlungsströme aus Rückversicherung sowie aus dem Verhalten der Versicherungsnehmer.[96] Des Weiteren sind Anlageerträge sowie Steuern vom Einkommen und Ertrag nicht einzubeziehen, wobei diese separat im Rahmen von IAS 39 sowie IAS 12 erfasst werden. Auch sind mögliche Zahlungsströme aus künftigen Versicherungsverträgen nicht zu berücksichtigen. Diese weisen jedoch eine hohe Relevanz für die Einschätzung der künftigen Entwicklung im Rahmen der Informationsbilanz auf[97], entsprechen jedoch nicht der Auffassung des IASBs, nur bereits existierende Versicherungsverträge zu bilanzieren.[98] Im Weiteren sind auch Zahlungsströme zwischen verschiedenen Einheiten des Versicherers, mögliche Transaktionskosten der Übertragung an Dritte sowie unternehmensspezifische Zahlungsströme[99] nicht einzubeziehen. Zu den Ersteren wird als Beispiel die Vermietung eines Gebäudes, das im Eigentum eines Fonds der Versicherungsnehmer steht, zur Nutzung im operativen Geschäft an den Versicherer genannt.[100] Zahlungsströme, die nicht aus dem Versicherungsvertrag resultieren, sollten auch nicht

[96] Auf diese beiden Punkte wird separat in Abschnitt 5.2.8 auf Seite 201 und Abschnitt 5.2.4 auf Seite 187 eingegangen.

[97] Die Einbeziehung möglicher künftiger Zahlungsströme scheitert jedoch i.d.R. an der mangelnden Verlässlichkeit ihrer Bestimmung, da sie hochgradig unsicher sind und ihre Bestimmung eher einem Blick in die Glaskugel gleicht.

[98] Dies wird aus der Regelung in DP.27 deutlich, Versicherungsverträge erst anzusetzen, wenn der Versicherer Vertragspartner geworden ist. Auch zeigt sich diese Ansicht in der Diskussion des IASBs im Zusammenhang mit dem Verhalten der Versicherungsnehmer, wann ein bestehender Versicherungsvertrag endet und wann ein neuer Versicherungsvertrag beginnt. Vgl. DP.150–160; bereits im DSOP zum Projekt „Insurance Contracts“ wurde ein sog. Closed Book-Ansatz befürwortet. Vgl. DSOP 2.26

[99] Auf unternehmensspezifische Zahlungsströme wird weiter unten in diesem Abschnitt noch eingegangen.

[100] DP Anh. E25

im Rahmen dessen Bewertung angesetzt werden, sondern sind separat als Vermögenswert oder Schulden anzusetzen. Werden Zahlungsströme zwischen verschiedenen Einheiten des Versicherers nur im Sinne des gegebenen Beispiels verstanden, ist deren Nichtberücksichtigung bei der Bewertung des Versicherungsvertrages folgerichtig und nicht zu beanstanden. Mögliche Transaktionskosten aus der Übertragung der Verpflichtungen aus dem Versicherungsvertrag an Dritte sind bei wörtlicher Auslegung eines als Current Exit Value verstandenen Wertmaßstabes nicht einzubeziehen. Denn der Current Exit Value spiegelt gemäß Definition den Betrag wider, den der Versicherer für die Übertragung der Rechte und Pflichten aus dem Vertrag an einen Dritten zahlen müsste. Da das IASB allerdings der Bewertung eine (fiktive)[101] Übertragung zugrunde legt, gehören hierzu konsequenterweise auch die Kosten, um diese Übertragung zu ermöglichen.[102]

Das IASB fordert fünf Merkmale der Schätzungen zukünftiger Zahlungsströme:[103]

1. Explizite Schätzungen
2. Konsistenz mit beobachtbaren Marktpreisen
3. Neutrale Nutzung aller verfügbaren Informationen
4. Aktuelle Schätzungen
5. Keine unternehmensspezifischen Zahlungsströme.

Das erste Merkmal der expliziten Schätzung der Zahlungsströme ist positiv zu beurteilen, da so die Zahlungspotenziale direkt in die Berechnung einbezogen werden.

Beim zweiten Merkmal der Konsistenz mit beobachtbaren Marktpreisen unterscheidet das IASB zwischen Marktvariablen und Nichtmarktvariablen. Marktvariable sind ohne Anpassung an eigene Einschätzungen des Versicherers zu übernehmen, während bei Nichtmarktvariablen alle verfügbaren internen und externen

[101] Siehe hierzu Abschnitt 5.2.2 auf Seite 162

[102] Zur grundsätzlichen Kritik an der auf einer Übertragung an einen Dritten basierenden Bewertung zum Exit Value vgl. Abschnitt 5.2.2 auf Seite 162

[103] Vgl. Abschnitt 4.5.3.2 auf Seite 108

Daten herangezogen werden sollen.[104] An der Verwendung von Marktvariablen ist zu kritisieren, dass diese zu verwenden sind, selbst wenn der Versicherer sie für unangemessen hält.[105] Der Kapitalgeber benötigt Informationen, die die Verhältnisse des Bilanzierenden widerspiegeln. Werden Variablen verwendet, die diese nicht oder unangemessen darstellen, erhält der Kapitalgeber keine für seine Entscheidungsfindung relevanten Informationen.

So gesteht das IASB bei Nichtmarktvariablen dem Bilanzierenden die „Wahl" zwischen internen und externen Daten zu, wobei die überzeugenderen, d.h. die für die Bewertung angemessenen, Daten zu verwenden sind.[106] Demnach kann hier der Bilanzierende entscheiden, welche Daten relevantere Informationen im Hinblick auf seine Financial Statements bereitstellen.

Das dritte Merkmal der neutralen Nutzung aller verfügbaren Informationen ist wiederum positiv zu beurteilen. So verlangt das IASB, dass alle möglichen Szenarien der unsicheren Zahlungsströme einbezogen werden[107] und ein Erwartungswert ermittelt wird.[108] Dies entspricht der obigen Forderung nach dem Ansatz eines Auszahlungsbarwertes für Passivposten. Die Wahrscheinlichkeiten der Szenarien sollen neutral, weder konservativ noch optimistisch[109], d.h. realistisch, geschätzt werden. Die tatsächlichen Gegebenheiten beim Bilanzierenden sind den Kapitalgebern zu vermitteln.

Beim vierten Merkmal der aktuellen Schätzungen diskutiert das IASB zwei Ansätze: den Lock-in-Approach und den Current Estimate Approach. Während der Lock-in-Approach die bei Vertragsabschluss gemachten Schätzungen unverändert fortführt und einen Liability Adequacy Test erfordert, sind beim Current Estimate Approach stets die aktuell verfügbaren Informationen zur Schätzung zu verwenden. Nach Aussage des IASBs vermittele der von ihm präferierte Current Estimate

[104] Vgl. die Ausführungen auf Seite 112 in Abschnitt 4.5.3.2

[105] Vgl. DP Anh. E8

[106] Insofern handelt es sich bzgl. des Kriteriums der Relevanz nicht um eine Wahl im eigentlichen Sinne. Im Hinblick auf das Kriterium der Verlässlichkeit mag diese Beurteilung aufgrund von Ermessensspielräumen anders ausfallen.

[107] *Starbatty* weist jedoch darauf hin, dass „die Erfassung aller denkbaren Szenarien nicht möglich erscheint". *Starbatty* Fair Value Accounting S. 546

[108] Vgl. die Ausführungen auf Seite 113 in Abschnitt 4.5.3.2

[109] Vgl. die Ausführungen auf Seite 113 in Abschnitt 4.5.3.2

Approach ein zutreffenderes Bild der Rechte und Pflichten und nützlichere Informationen.[110] Eine Begründung hierfür wird jedoch nicht geliefert.

Der Lock-in-Approach kann durchaus relevante Informationen bereitstellen. Allerdings erfordert dies, dass sich die Verhältnisse über die Laufzeit des Vertrages nicht ändern und somit die bei Vertragsabschluss gemachten Schätzungen weiterhin Gültigkeit besitzen. Haben sich die Verhältnisse dagegen geändert[111], so werden lediglich Verluste im Rahmen des Liability Adequacy Tests erfasst, nicht jedoch Gewinne.[112] Dies mag mit dem Vorsichtsprinzip und dem Zweck des Gläubigerschutzes in Einklang stehen, nicht jedoch mit dem Prinzip der Relevanz im Rahmen des Informationsgedankens.

Beim Current Estimate Approach werden dagegen stets die Schätzungen an aktuelle Informationen angepasst. Dabei folgert das IASB korrekterweise, dass Nutzung aller verfügbaren aktuellen Informationen nicht bedeutet, dass stets die aktuellsten Erfahrungen einzubeziehen sind, sondern nur nachhaltige und nicht nur vorübergehende Erscheinungen Berücksichtigung finden.[113] Der Kapitalgeber erhält, insbesondere bei langfristigen Versicherungsverträgen wie z.B. in der Lebensversicherung, keine relevanten Informationen, wenn stets mit den aktuellsten Parametern bewertet wird, diese aber im Extremfall lediglich am Bilanzstichtag gelten und sich danach wieder ändern. Die häufig gegebene Langfristigkeit des Versicherungsgeschäftes ist zu berücksichtigen. Und auch bei kurzfristig laufenden Versicherungsverträgen, wie in der Schaden- und Unfallversicherung zu finden, sind langfristige Trends von kurzfristigen Ereignissen, z.B. im Schadenanfall, zu unterscheiden. Hier ist die Einschätzung des bilanzierenden Versicherers auf Basis von Erfahrungen der Vergangenheit (z.B. in Form von Statistiken) sowie Erwartungen der Zukunft gefordert.

Im Rahmen des fünften Merkmals der unternehmensspezifischen Zahlungsströme lehnt das IASB die Verwendung derselben ab. Stattdessen sind Zahlungsströme eines (fiktiven) Marktteilnehmers zu verwenden.[114] Insbesondere sind keine Syner-

[110] Vgl. die Ausführungen auf Seite 113 in Abschnitt 4.5.3.2
[111] Dies wird in der Realität der häufigere Fall sein.
[112] Vgl. DP.44
[113] Vgl. DP.46
[114] Vgl. die Ausführungen auf Seite 115 in Abschnitt 4.5.3.2

gien zu anderen Vermögenswerten und Schulden des Versicherers sowie Effizienzen oder Ineffizienzen in den Servicekosten (z.B. Verwaltungskosten oder Schadenbearbeitungskosten) gegenüber anderen Marktteilnehmern zu berücksichtigen.[115]

Dies mag vor dem Hintergrund der Ermittlung eines Current Exit Values, der den Preis widerspiegeln soll, den der bilanzierende Versicherer für die Übertragung an einen anderen Marktteilnehmer zahlen muss, einleuchtend sein. Denn der Erwerber wird in den von ihm geforderten Preis kaum Synergieeffekte des Veräußerers einbeziehen. Gegebenenfalls wird er die von ihm selbst durch die Übernahme des Versicherungsvertrages realisierbaren Synergieeffekte erfassen. Diese sind jedoch ebensowenig in den Current Exit Value des IASBs einzubeziehen. Genauso wenig wird der Erwerber die Effizienzen oder Ineffizienzen des Veräußerers berücksichtigen, stattdessen ggf. seine (In-)Effizienzen einbeziehen. Auch diese sind nicht in den Current Exit Value des IASBs aufzunehmen. Vor dem Hintergrund der Bereitstellung relevanter Informationen ist der Informationsnutzen solcher Zahlungsströme, die weder Synergien noch (In-)Effizienzen des bilanzierenden Versicherers einbeziehen, fraglich. Der Kapitalgeber ist an dem Anfall, der Höhe und der zeitlichen Struktur der Zahlungsströme aus den Verpflichtungen des Versicheres interessiert. Hierzu gehören auch Synergien, die der Versicherer erzielen kann. Ebenso zählen hierzu auch niedrigere Zahlungsströme aus Effizienzen, die sich der Versicherer als Vorteil gegenüber anderen Marktteilnehmern aufgebaut hat. Gleiches gilt für höhere Zahlungsströme aus Ineffizienzen. Insofern ist das reine Abstellen auf nichtunternehmensspezifische Zahlungsströme unter dem Gesichstpunkt der Relevanz abzulehnen.

Allerdings räumt das IASB ein, dass bei Nichtvorliegen von beobachtbaren Marktdaten auf unternehmensspezifische Schätzungen zurückgegriffen werden kann, sofern diese im Rahmen dessen liegen, was für andere Marktteilnehmer zutrifft. So dürfte dieses Merkmal bei gewissen Variablen von geringer praktischer Bedeutung sein.[116]

Im Rahmen des zweiten Building Blocks verlangt das IASB die Diskontierung der Zahlungsströme des ersten Building Blocks und damit die Berücksichtigung

[115] DP.56 und 62; vgl. auch *Engeländer/Kölschbach* Diskussionspapier des IASB – Analyse S. 393 sowie *Bacher/Hofmann* Versicherungsbilanzierung S. 313f.

[116] Vgl. die Ausführungen auf Seite 115 in Abschnitt 4.5.3.2

des Zeitwertes des Geldes. Dieser berücksichtigt die Präferenzen der Marktteilnehmer im zeitlichen Anfall der Zahlungsströme.[117]

Auch der zweite Building Block entspricht prinzipiell dem oben geforderten Auszahlungsbarwert im Rahmen der Vermittlung relevanter Informationen.

Konsequenterweise verlangt das IASB die Diskontierung sämtlicher Verpflichtungen[118], da die Laufzeit konzeptionell hinsichtlich der Relevanz keinen Unterschied ausmachen kann.[119] Ebenso konsequent fordert das IASB eine explizite Einbeziehung des Diskontierungseffektes anstatt einer impliziten Behandlung durch Nichtberücksichtigung des Inflationseffektes.[120]

Nach Auffassung des IASBs sind für die Diskontierung Zinssätze zu verwenden, die konsistent zu beobachtbaren Marktpreisen für Zahlungsströme sowie kongruent, bspw. im Hinblick auf zeitliche Struktur, Währung und Liquidität, zur zugrunde liegenden Verpflichtung sind. Genaue Vorgaben zum zu verwendenden Zinssatz werden nicht gemacht. Lediglich unternehmensspezifische Zinssätze, d.h. solche, die die Rendite von Vermögenswerten des Versicherers widerspiegeln, sowie risikoadjustierte Zinssätze werden abgelehnt.[121]

Im Hinblick auf die Bestimmung eines Current Exit Values ist die Ablehnung von unternehmensspezifischen Zinssätzen folgerichtig, da der Erwerber die Rendite des Veräußerers als unerheblich betrachten wird.[122]

Aus dem Blickwinkel der Relevanz ist jedoch für einen Kapitalgeber entscheidend, welcher Barwert sich aus Sicht des bilanzierenden Versicherers ergibt. Dieser wird seine unternehmensspezifische Rendite zugrunde legen, die sich z.B. aus Kapitalanlagen ergibt, die der Finanzierung der künftigen Auszahlungsverpflichtungen dienen.[123]

[117] Vgl. die Ausführungen auf Seite 115 in Abschnitt 4.5.3.3 sowie auch *Hassler/Sauer/Schneider* Sicherheitslage S. 1541

[118] DP.66 und 68

[119] Lediglich kann, wie das IASB dies auch in DP.68 tut, im Rahmen von Wesentlichkeitsaspekten auf eine Diskontierung verzichtet werden.

[120] Vgl. die Ausführungen auf Seite 116 in Abschnitt 4.5.3.3

[121] Vgl. die Ausführungen auf Seite 117 in Abschnitt 4.5.3.3

[122] Vgl. auch *Engeländer/Kölschbach* Diskussionspapier des IASB – Analyse S. 393

[123] Siehe auch die Kritik zur Verwendung der stichtagsbezogenen Zinsstrukturkurve risikoloser Wertpapiere im Rahmen des DSOP „Insurance Contracts", in dessen Zusammenhang die mangelnde Berücksichtigung des Zusammenhanges zwischen Versicherungs- und Kapitalanlagegeschäft angemerkt wird, in *Hipp* IAS/IFRS für Versicherungsunternehmen S. 198f.

Die Verwendung eines risikolosen Zinssatzes ist insofern folgerichtig, als das IASB sich entschlossen hat, das Risiko als separaten Building Block zu behandeln und das Risiko, wie oben beschrieben, bei der Bestimmung der Zahlungsströme einzubeziehen.

Im dritten Building Block sind Margen, genauer gesagt Risikomargen und Servicemargen, in die Bewertung einzubeziehen. Die Risikomarge soll die Unsicherheit der Zahlungsströme aus den Versicherungsverträgen berücksichtigen.[124] Hintergrund ist, dass i.d.R. von risikoaversen Marktteilnehmern auszugehen ist, die für die Übernahme der Unsicherheit eine Prämie verlangen,[125] da sie sichere Zahlungsströme unsicheren Zahlungsströmen mit gleichem Erwartungswert vorziehen.[126]

Das IASB diskutiert, ob die Risikomargen als Shock Absorber oder als Compensation angesehen werden sollen.[127] Das IASB präferiert die Interpretation als Compensation.[128] Der Nachteil bzgl. der Relevanz der Interpretation als Shock Absorber zeigt sich darin, dass Änderungen in den Verhältnissen zunächst nicht deutlich werden, da sie durch die Marge aufgesogen werden. Dies gilt auch für Änderungen in den Erwartungen über die Zahlungsströme.[129] Wandeln sich die Verhältnisse und insbesondere die Erwartungen über die Zahlungsströme, so sollte sich dies, wie in der Interpretation als Compensation, auch in der Bewertung der Verpflichtungen niederschlagen.

Im Rahmen eines Current Exit Values wird der fiktive Erwerber als i.d.R. risikoaverser Marktteilnehmer ebenfalls eine Prämie für die Übernahme der Unsicherheit verlangen. Dies gilt gleichermaßen für den Versicherer selbst, wenn von der Sichtweise eines Exit Values abgerückt wird.[130]

Bei der Bestimmung der Risikomarge verlangt das IASB in seinem „Rezept“, dass der Versicherer festzustellen hat, wie andere Marktteilnehmer die Risikomar-

[124]Vgl. die Ausführungen auf Seite 118 in Abschnitt 4.5.3.4.1

[125]Vgl. *Hassler/Sauer/Schneider* Sicherheitslage S. 1541, *Kreeb/Rohlfs* Risikozuschläge S. 352

[126]Vgl. *Richter* Haftungsregeln bei Risikoaversion S. 49, *Lenz* Versicherungsverträge bei adverser Selektion S. 28

[127]Vgl. die Ausführungen auf Seite 118 in Abschnitt 4.5.3.4.1

[128]Vgl. DP.75

[129]Vgl. die Ausführungen auf Seite 118 in Abschnitt 4.5.3.4.1

[130]Vgl. hierzu die Kritik am Exit Value-Gedanken in Abschnitt 5.2.2 auf Seite 162

ge bemessen würden, und er hat dann entsprechend zu verfolgen.[131] In Bezug auf die Relevanz der Information ist hier wiederum zu kritisieren, dass auf fiktive Verhältnisse anderer Marktteilnehmer zurückgegriffen werden soll, während Informationen bzgl. der Risikoverhältnisse des bilanzierenden Versicherers für den Kapitalgeber von Relevanz sind, da dieser Informationen über den Versicherer zur Entscheidungsfindung benötigt.

Des Weiteren ist zu bestimmen, welche Risiken in die Risikomarge einfließen sollen. Nach dem IASB sind konsistent zum Current Exit Value-Ansatz nur die Risiken einzubeziehen, die auch in einer Übertragung von einem Dritten vergütet werden.[132] In der Kapitalmarkttheorie werden jedoch ausschließlich nichtdiversifizierbare Risiken und keine diversifizierbaren, in dem Unternehmen begründete, Risiken vergütet.[133] So sind das Investmentrisiko, das Asset-Liability-Mismatch-Risiko sowie das allgemeine Geschäftsrisiko aus zukünftigen Transaktionen als unternehmensspezifische Risiken nach Ansicht des IASBs nicht zu berücksichtigen.[134] In der Praxis können jedoch u.U. nicht alle Risiken, die nach der Kapitalmarkttheorie diversifizierbar sind, diversifiziert werden.[135]

Schaut man sich jedoch unter dem Gesichtspunkt der Relevanz die Sicht des bilanzierenden Versicherers an, so kommt man zu dem Schluss, dass die Risiken einzubeziehen sind, die dieser Versicherer nicht diversifizieren kann, und so im Rahmen der Bewertung seiner Verpflichtungen berücksichtigen muss.[136] Im Übrigen ist auf Ebene des Versicherers zu bestimmen, auf welcher Aggregationsebene die Risiken ermittelt werden sollen, da sich durch Diversifikationseffekte unterschiedliche Risikohöhen auf Einzelvertragsbasis und Portfoliobasis ergeben

[131] Vgl. die Ausführungen auf Seite 121 in Abschnitt 4.5.3.4.1 sowie die dortigen Ausführungen zu den beiden Ansätzen

[132] Vgl. *Engeländer/Kölschbach* Diskussionspapier des IASB – Analyse S. 395 sowie DP Anh. F3(a)

[133] Vgl. *Zimmermann/Schweinberger* Zukunftsperspektiven S. 2160; vgl. auch *Starbatty* Fair Value Accounting S. 548

[134] DP Anh. F3(d); vgl. auch *Zimmermann/Schweinberger* Zukunftsperspektiven S. 2160

[135] Vgl. *Kreeb/Rohlfs* Risikozuschläge S. 353f.

[136] Vgl. zur Berücksichtigung von Diversifikationseffekten auch *Kreeb/Rohlfs* Risikozuschläge S. 354

können.[137] Für den Kapitalgeber, der relevante Informationen benötigt, zählt, welchen Risiken der Versicherer selbst ausgesetzt ist.

In Schritt 3 des „Rezeptes“ zur Ermittlung der Risikomargen ist es erforderlich, die Marge pro Einheit zu bestimmen. Hierbei stellt das IASB zwei, in der Literatur und in den Comment Letters zum Discussion Paper kontrovers diskutierte Ansätze vor. In Ansatz A soll die Risikomarge an die von Versicherungsnehmern gezahlte Prämie angepasst werden. In Ansatz B bestimmt sich die Risikomarge aus den Marktforderungen, wobei die tatsächliche Prämie der Plausibilisierung dient.[138] Ansatz A lässt sich als Entry Value und Ansatz B als Exit Value interpretieren.[139] Umstritten ist insbesondere, ob es mit dem Charakter eines Versicherungsvertrages übereinstimmt, wenn es, wie in Ansatz B, auch bereits bei Vertragsabschluss zum Ausweis von Gewinnen[140] kommen kann. Dieser Ausweis ist konsistent zum vom IASB gewählten Asset-Liability-Ansatz[141], bei dem es nicht primär um die periodengerechte Erfolgsermittlung geht.[142] Allerdings ist zu berücksichtigen, dass auch das IASB nicht den gesamten Gewinn im Rahmen der Erstbilanzierung erfolgswirksam erfassen will. Insbesondere die Vergütung für die Übernahme des Risikos, aber auch Anlagemargen, Änderungen in den Erwartungen über die Zahlungsströme sowie Schätzänderungen und die Vergütung für die Erbringung von Dienstleistungen sollen erst über die Vertragslaufzeit erfasst werden.[143] Dies berücksichtigt wiederum den Aspekt der periodengerechten Erfolgsermittlung.

Gerade die periodengerechte Erfolgsermittlung spiegelt den Charakter der Langfristigkeit und Zeitraumbezogenheit des Versicherungsgeschäftes wider. So sind Gewinne entsprechend dem Risikoverlauf zu erfassen.[144]

[137] Vgl. *Zimmermann/Schweinberger* Zukunftsperspektiven S. 2158 sowie auch *Bacher/Hofmann* Versicherungsbilanzierung S. 314
[138] Vgl. die Ausführungen auf Seite 122 in Abschnitt 4.5.3.4.1
[139] Vgl. *Rockel/Sauer* Versicherungsverträge S. 745
[140] Vgl. hierzu Seite 122 in Abschnitt 4.5.3.4.1
[141] Vgl. hierzu Abschnitt 4.5.1.2 auf Seite 95
[142] Vgl. *Geib* Diskussionsstand S. 118
[143] DP.85
[144] Vgl. *Geib* Diskussionsstand S. 118; vgl. auch *Kölschbach/Engeländer* Rahmenwerk S. 789, *König* Anwendungsprobleme S. 366 sowie *Engeländer/Kölschbach* Diskussionspapier des IASB – Analyse S. 394

Vor dem Hintergrund der Ermittlung eines Current Exit Values ist dem Anfallen anfänglicher Gewinne eine gewisse Berechtigung nicht abzusprechen. Soll die Risikomarge, wie oben dargestellt, auf Basis von Marktdaten bestimmt werden, so kann es aufgrund der Tatsache, dass der Versicherer die Prämien auf Basis von unternehmensspezifischen Daten ermittelt und nicht auf Basis eines fiktiven Marktteilnehmers, zu Unterschieden kommen, aus denen Gewinne, aber auch Verluste, resultieren können. Des Weiteren können, wie das IASB in DP.83 ausführt, anfängliche Gewinne auch die Möglichkeit eines Versicherers darstellen, höhere Preise als andere Versicherer durchzusetzen, die zu einem zusätzlichen Gewinn für den Versicherer aus dem Vertrag führen. Insofern ist zwischen Gewinnen (bzw. Verlusten) zu unterscheiden, die durch die Verwendung von Markt- und unternehmensspezifischen Daten im Hinblick auf die Risikomarge entstehen, und solchen Gewinnen, die der Versicherer darüber hinaus aus welchen Gründen auch immer realisiert.

Hält man sich das Ziel der Bereitstellung relevanter Informationen an die Kapitalgeber vor Augen, so ist diese Differenzierung zu berücksichtigen. Gewinne bzw. Verluste, die aus Unterschieden zwischen der Bewertung auf Basis von Daten anderer Marktteilnehmer und unternehmensspezifischen Daten resultieren, haben keine Relevanz. Dem Kapitalgeber wird ein Gewinn bzw. Verlust präsentiert, der allein auf der Tatsache beruht, dass der Bilanzierende eine andere Risikostruktur aufweist als ein fiktiver Marktteilnehmer. Wie oben bereits dargestellt, nutzen dem Kapitalgeber jedoch nur Informationen über die Risiken des bilanzierenden Versicherers. Gewinne bzw. Verluste, die der Versicherer jedoch über seine geforderte und benötigte Risikoprämie hinaus erzielt, haben Entscheidungsnutzen für den Kapitalgeber, da sie die Möglichkeit des Versicherers widerspiegelt, in der Prämie über sämtliche Auszahlungspotenziale und über die benötigte Risikoprämie hinaus Einzahlungspotenziale zu generieren. Bei solchen Gewinnen sollte es sich regelmäßig um die allgemeine Gewinnmarge des Versicherers handeln. Diese wird vom IASB jedoch nicht explizit angeführt.[145]

Die, auch vom IASB geforderte, Erfassung der Gewinne entsprechend dem Risikoverlauf ist auch unter dem Gesichtspunkt der Relevanz zu befürworten, da dem

[145] Vgl. zur Gewinnmarge *Rockel/Sauer* Versicherungsverträge S. 746

Versicherungsgeschäft eine Langfristigkeit und Zeitraumbezogenheit nicht abzusprechen ist.

Teil des dritten Building Blocks ist nach Auffassung des IASBs auch eine Servicemarge, die für die Erbringung von anderen Dienstleistungen verlangt wird.[146] Welche Dienstleistungen jedoch von der Servicemarge erfasst werden sollen, wird im Discussion Paper nicht deutlich. Das IASB nennt als Beispiel lediglich Investment Management Services.[147] Auch die Servicemarge ist auf der Basis zu bestimmen, die andere Marktteilnehmer ansetzen würden. Bei Unterschieden zu unternehmensspezifischen Daten würde ein Gewinn oder Verlust ausgewiesen.[148] Insofern sei im Hinblick auf die Relevanz auf die Ausführungen zur Risikomarge verwiesen.

Um die Entscheidungsnützlichkeit von Informationen beurteilen zu können, ist neben der Relevanz auch die Verlässlichkeit zu untersuchen.

Bei der Bestimmung der Zahlungsströme aus den Versicherungsverträgen (erster Building Block) ergeben sich zweifelsohne Objektivierungsprobleme, da es dem Charakter der Versicherung immanent ist, dass Anfall, Höhe und/oder zeitliche Struktur unsicher sind. Diese lassen sich jedoch in bestimmten Fällen durch die Verwendung empirischer Daten im Rahmen von statistischen Verfahren objektivieren.[149] Zu denken wäre an die Lebenserwartung oder den Schadenanfall.

Auch vor dem Hintergrund, dass das IASB im Rahmen des Current Estimate Approaches[150] stets aktuelle Schätzungen verlangt, ergeben sich Ermessensspielräume für den Bilanzierenden.[151]

---

[146] Vgl. die Ausführungen auf Seite 127 in Abschnitt 4.5.3.4.2

[147] Vgl. *Bacher/Hofmann* Versicherungsbilanzierung S. 315; siehe zur Kritik auch *Rockel/Sauer* Versicherungsverträge S. 746 sowie *Engeländer/Kölschbach* Diskussionspapier des IASB – Analyse S. 396

[148] Vgl. die Ausführungen auf Seite 127 in Abschnitt 4.5.3.4.2

[149] Vgl. zur Ermittlung mittels statistischer Methoden *Kümmel* Fair Value-Ermittlung mit Barwertkalkülen S. 222ff.; zu Fällen, in denen die Ermittlung mittels statistischer Methoden nicht möglich ist, siehe *Kümmel* Fair Value-Ermittlung mit Barwertkalkülen S. 235ff. und S. 247ff.

[150] Vgl. die Ausführungen auf Seite 113 in Abschnitt 4.5.3.2

[151] Vgl. *Engeländer/Kölschbach* Diskussionspapier des IASB – Analyse S. 393; vgl. zu Grenzen der Prognose bei Versicherungen *Helten* Methoden und Grenzen

Das IASB verlangt zwar die Verwendung von Marktvariablen, die, sofern tatsächlich vorhanden, als beobachtbar gelten mögen[152], es räumt aber auch ein – trotz genereller Ablehnung der Verwendung unternehmensspezifischer Zahlungsströme[153] –, dass insbesondere bei am Markt nicht beobachtbaren Variablen in der Praxis auf unternehmensspezifische Daten zurückgegriffen werden muss.[154] Hieraus ergeben sich wiederum Ermessensspielräume, die eine Objektivierung der Wertansätze erschweren. Insbesondere lassen sich bei nachträglich festgestellten Abweichungen der Zahlungsströme von den erwarteten Zahlungsströmen bewusste Manipulationen nicht von tatsächlichen Schwankungen unterscheiden.[155]

Im Rahmen des zweiten Building Blocks ist zur Diskontierung ein risikoloser Marktzins zu verwenden, der Merkmale wie Zeit-, Währungs- und Liquiditätskongruenz aufweisen sollte.[156] Aufgrund der häufig vorliegenden Langfristigkeit der Versicherungsverträge ist die gesamte Zinskurve einzubeziehen.[157] Insbesondere bei langen Laufzeiten sollte sich das Problem der verlässlichen Bestimmung von zeitkongruenten Marktzinssätzen in der Praxis ergeben.[158]

Bei der Ermittlung der Margen ergibt sich im Zusammenhang mit der Risikomarge eine erhebliche Subjektivität daraus, dass der Bilanzierende das Modell zur Bestimmung der Risikomarge selbst wählen kann. Denn das IASB schreibt kein explizites Modell vor, sondern zählt beispielhaft Methoden[159] auf. Im Rahmen der Ermittlung der Marge pro Einheit präferiert das IASB den Ansatz B, der die

[152] So wenden *Engeländer/Kölschbach* ein: „Die Diskussion der Verwendung von Marktinformationen und anderen Informationen im Diskussionspapier berücksichtigt nicht, dass eine neutrale Schätzung des Erwartungswerts der Zahlungsströme schlichtweg schon deshalb nicht beobachtete Marktpreise berücksichtigen kann, da diese nicht neutral sind, sondern schon implizit eine Risikomarge enthalten.“ *Engeländer/Kölschbach* Diskussionspapier des IASB – Analyse S. 392

[153] Vgl. die Ausführungen auf Seite 115 in Abschnitt 4.5.3.2

[154] Vgl. die Ausführungen auf Seite 115 in Abschnitt 4.5.3.2

[155] Vgl. *Starbatty* Fair Value Accounting S. 549f.

[156] Vgl. die Ausführungen auf Seite 117 in Abschnitt 4.5.3.3

[157] Vgl. *Engeländer/Kölschbach* Diskussionspapier des IASB – Analyse S. 394

[158] So führt IAS 19.81 aus, dass für die Abzinsung von Verpflichtungen für nach Beendigung des Arbeitsverhältnisses zu erbringende Leistungen möglicherweise am Markt keine Anleihen mit ausreichend langen Laufzeiten zur Verfügung stehen. In diesem Falle sollen die Zinssätze für längere Laufzeiten durch Extrapolation aktueller Marktzinssätze entlang der Renditekurve geschätzt werden.

[159] Vgl. DP Anh. F9

Schätzung einer von anderen (fiktiven) Marktteilnehmern geforderten Risikomarge verlangt. Auch diese Schätzung ist mit Ermessensspielräumen verbunden, da, wie das IASB in DP.76 einräumt, die Risikomarge regelmäßig nicht beobachtbar ist.

So wird auch zur Erhöhung der Verlässlichkeit der Ansatz A, bei dem auf die Prämie, die beobachtbar ist, rekurriert wird, diskutiert.[160] Daneben wird im Discussion Paper eine Zwischenlösung genannt – ohne weitere Beachtung –, die widerlegbar die Risikoprämie nach der tatsächlichen Prämie festlegt. Hierdurch könnte ebenfalls eine höhere Verlässlichkeit erzeugt werden.[161]

Auch für die Ermittlung der Servicemarge werden sich keine objektiven Marktdaten feststellen lassen, sodass auf unternehmensspezifische Daten zurückzugreifen ist[162], die die oben beschriebenen Probleme im Hinblick auf die Verlässlichkeit aufwerfen.

Im Übrigen ergibt sich insgesamt das Problem der Festlegung des fiktiven Marktteilnehmers, auf den im Bewertungsmodell der drei Building Blocks immer wieder zurückgegriffen wird.[163]

Insgesamt ist festzustellen, dass das IASB mit der Bewertung zum Barwert zukünftiger Zahlungsströme durch die drei Building Blocks den konzeptionell richtigen Weg eingeschlagen hat. Allerdings zeigen sich in der Ausfüllung der drei Building Blocks Schwächen, die die Relevanz des Barwertes untergraben.

Auch unter dem Gesichtspunkt der Verlässlichkeit wurden die Probleme aufgezeigt. Kollisionen mit dem Kriterium der Relevanz bedürfen der Wertung zwischen den beiden Kriterien.

5.2.4 Einbeziehung des Verhaltens der Versicherungsnehmer und Kundenbeziehungen

Nach Ansicht des IASBs ist es unstrittig, dass für den Versicherer nachteiliges Verhalten durch die Versicherungsnehmer in die Ermittlung der Zahlungsströme

[160] Vgl. *Zimmermann/Schweinberger* Zukunftsperspektiven S. 2159
[161] Vgl. *Engeländer/Kölschbach* Diskussionspapier des IASB – Analyse S. 390
[162] Vgl. *Engeländer/Kölschbach* Diskussionspapier des IASB – Analyse S. 396
[163] Siehe hierzu auch Abschnitt 5.2.2 auf Seite 162

(erster Building Block) einzubeziehen ist, da der Versicherer eine vertragliche Verpflichtung zur Zahlung hat, falls der Versicherungsnehmer die Option ausübt und die Prämie zahlt.[164] Vor dem Hintergrund, dass die Berücksichtigung vorteilhaften Verhaltens durch die Versicherungsnehmer umstritten[165] ist, erweckt diese Ansicht den Anschein, dass hier eher dem Vorsichtsgedanken Genüge getan werden soll als dem Informationsgedanken.

Auch ein rational handelnder Versicherungsnehmer hilft nicht weiter. Dieser würde zwar für ihn vorteilhafte und somit für den Versicherer nachteilige Verträge fortführen, sodass generell nachteiliges Verhalten einzubeziehen wäre. Er würde jedoch für ihn nachteilige, d.h. für den Versicherer vorteilhafte Verträge, erkennen und nicht fortführen, sodass sich eine Diskussion über den Einbezug von für den Versicherer vorteilhaften Verhaltens der Versicherungsnehmer erübrigen würde. In der Realität handeln die Versicherungsnehmer jedoch nicht immer rational, z.B. wenn der Versicherungsnehmer aus persönlichen Gründen wie Geldnot oder Arbeitslosigkeit, den Vertrag nicht fortführen kann. Möglicherweise differieren die Ansichten des Versicherers und des Versicherungsnehmers auch über die Vorteilhaftigkeit bzw. Nachteiligkeit des Vertrages. Demnach ergibt sich, dass Versicherungsnehmer sowohl für sie vorteilhaftes Verhalten nicht und für sie nachteiliges Verhalten doch ausüben, sodass die Diskussion über die Einbeziehung von vorteilhaftem Verhalten gerechtfertigt ist.[166]

Nach Auffassung des IASBs sind künftige Prämien und damit verbundene Auszahlungspotenziale in der Ermittlung der Zahlungsströme aus dem Versicherungsvertrag zu berücksichtigen, jedoch mit der Einschränkung, dass eines von drei Kriterien erfüllt wird.[167] Das IASB räumt ein, dass das zweite Kriterium, die Möglichkeit des Versicherers den Versicherungsnehmer zur Prämienzahlung zu zwingen, sehr unüblich ist.[168] Das dritte Kriterium bezieht sich auf Fälle des nachteiligen

[164] Vgl. Abschnitt 4.5.3.5.1 auf Seite 128
[165] Selbst die Mitglieder des IASBs sind hierzu gespalten. So führt das Discussion Paper selbst Gegenstimmen von Mitgliedern zur darin vorgeschlagenen Behandlung auf. DP.174
[166] Zu den Erwägungen der Versicherungsnehmer im Hinblick auf ihr Verhalten vgl. auch *Kölschbach* Kundenverhalten S. 247
[167] Vgl. Abschnitt 4.5.3.5.1 auf Seite 128
[168] DP.155

Verhaltens durch die Versicherungsnehmer[169], das somit immer einzubeziehen ist. Das erste Kriterium, die garantierte Versicherbarkeit, führt dazu, dass künftige Prämien nur einbezogen werden, wenn der Versicherungsnehmer ein Recht auf fortgeführten Versicherungsschutz ohne erneute Risikoprüfung zu einem vertraglich vereinbarten Preis besitzt.[170] Folge ist, dass viele Schaden- und Sachversicherungen nicht unter diese Regelung fallen, da sie keine garantierte Versicherbarkeit bieten, selbst wenn der Versicherer von den fortgeführten Verträgen profitiert.[171] Auch würden in Deutschland Rentenversicherungen das Kriterium der garantierten Versicherbarkeit nicht erfüllen, da eine Risikoprüfung (bei Abschluss) nicht erfolgt.[172]

Wie unter Abschnitt 5.2.2 sowie Abschnitt 5.2.3 bereits dargestellt, erfordert das Kriterium der Relevanz im Rahmen der Entscheidungsnützlichkeit für die Kapitalgeber, dass sich sämtliche Ein- und Auszahlungspotenziale im Auszahlungsbarwert der Schulden niederschlagen müssen.

Im Falle des nachteiligen Verhaltens durch die Versicherungsnehmer ist diese Forderung erfüllt, da die künftigen Zahlungsströme in diesen Fällen nach Ansicht des IASBs stets einzubeziehen sind. Bei Verträgen, die zu vorteilhaftem Verhalten durch die Versicherungsnehmer führen, finden jedoch nur für bestimmte Fälle, garantierte Versicherbarkeit und Zwang zur Prämienzahlung, die künftigen Zahlungsströme in der Ermittlung des Current Exit Values Berücksichtigung. Wie oben gesehen, fallen weite Teile der Versicherungsverträge (so z.B. Schaden-, Sach- und Rentenversicherung) aus der Regelung heraus. Von einer Bereitstellung relevanter Informationen kann demnach nicht die Rede sein.

Problematisch wird der mögliche anfängliche Ausweis eines Verlustes gesehen. Dieser kann, zu Beginn des Vertrages, entstehen, wenn die Abschlusskosten, die i.d.R. in der Prämie eingepreist sind, wie vom IASB gefordert, sofort als Auf-

[169] DP.155

[170] DP.154(a)

[171] DP.158; vgl. *Kölschbach* Kundenverhalten S. 246

[172] Vgl. *Kölschbach* Kundenverhalten S. 246; *Kölschbach* vertritt die Auffassung, dass zwar das Discussion Paper keine Risikoprüfung bei Neuabschluss explizit fordert, „ohne dies wäre die garantierte Versicherbarkeit aber ohne ökonomische Substanz“. *Kölschbach* Kundenverhalten S. 245, hier Fn. 16

wand erfasst werden[173], aber erst durch künftige, aufgrund des Kriteriums der garantierten Versicherbarkeit oder Mangels Zwang zur Prämienzahlung nicht berücksichtigungsfähige Prämienzahlungen gedeckt werden. Der Versicherer geht bei Abschluss des Vertrages i.d.R. von einem gewinnbringenden Vertrag über die gesamte Vertragslaufzeit aus.[174] Parameter hinsichtlich möglicher Beitragsfreistellung oder Storno sind in die Bewertung einzubeziehen, sodass sich lediglich in diesem Umfang Verluste ergeben könnten, falls die Abschlussaufwendungen durch die künftigen Prämien bis zum erwarteten Storno oder bis zur erwarteten Beitragsfreistellung nicht abgedeckt werden können. Es kommt dann jedoch in den anderen Fällen nicht zu einem Verlustausweis zu Beginn.

Ein Verlustausweis würde demnach nicht dem Kriterium der für die Kapitalgeber relevanten Information genügen, da der Versicherer nicht in jedem Fall von einem Verlust ausgeht.[175] Diese Problematik löst sich erst über die Vertragslaufzeit, wenn der Versicherungsnehmer den Vertrag tatsächlich fortführt und die Prämienzahlungen, die auch die Abschlussaufwendungen decken, zunehmend in die Bewertung der Verpflichtungen einbezogen werden müssen.

Aus der Sicht des Kriteriums der Verlässlichkeit ergeben sich allerdings dahingehend Probleme, dass möglicherweise das Verhalten durch die Versicherungsnehmer der Vergangenheit nicht verlässlich auf die Zukunft übertragbar ist, um z.B. Wahrscheinlichkeiten für Storno oder Beitragsfreistellung zu ermitteln. Wie oben bereits angemerkt, liegt der Grund für das Verhalten durch die Versicherungsnehmer oft in persönlichen Gegebenheiten, die „keine natürlichen Gesetzmäßigkeiten“[176] kennen.

Im Zusammenhang mit dem Kriterium der garantierten Versicherbarkeit ergibt sich in der Praxis die Frage, wie die Verträge, die einzubeziehen bzw. nicht einzubeziehen sind, objektiv abgegrenzt werden können, um Ermessensspielräume des bilanzierenden Versicherers zu vermeiden.[177]

[173] Vgl. Abschnitt 4.5.3.5.2 auf Seite 136

[174] Vgl. *Kölschbach* Kundenverhalten S. 243f.

[175] Vgl. *Engeländer/Kölschbach* Diskussionspapier des IASB – Analyse S. 390, *Kölschbach* Kundenverhalten S. 244

[176] *Kölschbach* Kundenverhalten S. 247

[177] Vgl. *Rockel/Sauer* Versicherungsverträge S. 746

Gemäß IASB sind in den Risikomargen Unterschiede in den Risiken aus den Zahlungsströmen, die durch das Verhalten der Versicherungsnehmer ausgelöst werden, zu berücksichtigen.[178] Für die Bestimmung der Risikomargen fehlen allerdings Wahrscheinlichkeitsverteilungen; Finanzmarkttheorien setzen Rationalität voraus.[179]

Insofern stellt zwar die Einbeziehung des Verhaltens der Versicherungsnehmer, sofern nicht beschränkt, relevante Informationen bereit, wirft jedoch je nach Grad der verlässlichen Ermittlung Probleme auf.

5.2.5 Behandlung der Anschaffungskosten

Nach Ansicht des IASBs sind Anschaffungskosten bei Vertragsabschluss sofort als Aufwand zu erfassen und werden nicht als Vermögenswert abgegrenzt.[180]

Anschaffungskosten des Versicherers, im Wesentlichen Abschlussaufwendungen, stellen Auszahlungspotenziale zu Beginn des Versicherungsvertrages dar und sind daher unter dem Gesichtspunkt der Relevanz in den Auszahlungsbarwert der Verpflichtung einzubeziehen, sofern sie noch nicht geleistet worden sind. Falls sie, wovon das IASB scheinbar ausgeht, bereits geleistet wurden, sind sie konsequenterweise nicht mehr im Barwert der künftigen Zahlungsströme zu erfassen, sondern erfolgswirksam zu behandeln.

Werden die Prämien, die die Anschaffungskosten decken sollen, in die Ermittlung des Barwertes einbezogen[181], würde eine Abgrenzung der Anschaffungskosten und deren Verteilung über die Laufzeit des Vertrages dazu führen, dass sich zu Beginn des Vertrages ein Ertrag aus den in den Prämien einkalkulierten Anschaffungskosten ergibt, während die Aufwendungen erst über die Vertragslaufzeit erfasst würden.[182]

[178] DP.149

[179] Vgl. *Kölschbach* Kundenverhalten S. 247

[180] Vgl. Abschnitt 4.5.3.5.2 auf Seite 136

[181] Vorausgesetzt, sie erfüllen die vom IASB geforderten Kriterien, insbesondere die garantierte Versicherbarkeit; vgl. Abschnitt 5.2.4 auf Seite 187; die Einbeziehung ist, wie in Abschnitt 5.2.4 auf Seite 187 herausgearbeitet, unter dem Aspekt der Relevanz zu fordern.

[182] Vgl. *Rockel/Sauer* Versicherungsverträge S. 746

Insofern ist die Erfassung der Anschaffungskosten als Aufwand zu Vertragsbeginn folgerichtig.

Die Problematik eines möglichen anfänglichen Gewinnausweises aufgrund der erfolgswirksam erfassten Anschaffungskosten wurde bereits in Abschnitt 5.2.4 behandelt. Insofern sei auf die dortigen Ausführungen verwiesen.

Unter dem Gesichtspunkt der Verlässlichkeit sind i.d.R. keine Schwierigkeiten bzgl. der Erfassung der Anschaffungskosten zu erwarten, da diese regelmäßig durch den Versicherer, wie in der Vergangenheit auch, bestimmbar sein sollten.

5.2.6 Bewertung von Versicherungsverträgen und von Assets Backing Insurance Liabilities

Accounting Mismatches[183] von Vermögenswerten und Schulden führen insofern nicht zu relevanter Information der Kapitalgeber, da sich die Folge von ökonomischen Gegebenheiten, die in gleicher Weise auf Vermögenswerte und Schulden einwirken, nicht in gleicher Weise in der Bilanzierung der Vermögenswerte und Schulden niederschlagen. Vielmehr sollen in Financial Statements die Economic Mismatches[184] verdeutlicht werden.

Im Hinblick auf Versicherungsverträge werden mögliche Accounting Mismatches zwischen der Bilanzierung der Schulden aus Versicherungsverträgen und den sie finanzierenden Vermögenswerten, im Wesentlichen Finanzinstrumente[185], diskutiert.

Vielfach wird kritisiert, dass Schulden aus Versicherungsverträgen und Finanzinstrumente in der Phase I des Projektes „Insurance Contracts" des IASBs nicht zwingend korrespondierend zu Marktwerten bzw. zu Anschaffungskosten bilanziert werden, sondern Finanzinstrumente gemäß IAS 39 teilweise zum Fair Value

[183] Vgl. hierzu Abschnitt 4.5.3.6 auf Seite 136

[184] Vgl. hierzu Abschnitt 4.5.3.6 auf Seite 136

[185] So meldet die BaFin, dass sich die Kapitalanlagen (ohne Depotforderungen) 2006 von 612 unter Bundes- bzw. Landesaufsicht stehenden Versicherungsunternehmen auf 1.199,7 Mrd. Euro belaufen. Hiervon entfallen 22,5% auf Investmentanteile, 21,7% auf Namensschuldverschreibungen, 20,2% auf Schuldscheinforderungen und Darlehen, 11,5% auf Anteile und Ausleihungen an verbundene Unternehmen sowie 10,1% auf Inhaberschuldverschreibungen und andere festverzinsliche Wertpapiere. *Bundesanstalt für Finanzdienstleistungsaufsicht* Statistik 2006 Tabelle 040, S. 113

(mit erfolgswirksamer oder erfolgsneutraler Erfassung der Veränderungen) angesetzt werden, während die Schulden aus Versicherungsverträgen weiterhin nicht auf Basis von aktuellen Zinssätzen bilanziert werden[186] oder sogar auf undiskontierter Basis angesetzt werden können.[187]

Der Vorschlag, die finanziellen Vermögenswerte mittels Einführung einer separaten Kategorie für finanzielle Vermögenswerte (Assets Held to Back Insurance Liabilities) mit ihren Anschaffungskosten anzusetzen, während die Schulden aus den Versicherungsverträgen nicht auf Basis aktueller Parameter bewertet werden, wird durch das IASB im Discussion Paper zu Recht abgelehnt.[188] Zu Recht geschieht dies deshalb, weil der Verlässlichkeit der Bestimmung von Anschaffungskosten eines Vermögenswertes mangelnde Relevanz gegenübersteht. Denn über die Anschaffungskosten hinausgehende Einzahlungsüberschüsse, die zweifelsohne erwartet werden, wenn Investitionen nach dem Kapitalwertkriterium[189] durchgeführt werden, werden nicht abgebildet.[190] Ein undiskontierter Ansatz der Schulden aus Versicherungsverträgen würde auch nicht der in Abschnitt 5.2.2 erläuterten Forderung nach dem Ansatz eines Auszahlungsbarwertes zur Vermittlung relevanter Information genügen.

Im Übrigen ist die Einführung einer eigenen Kategorie von Vermögenswerten, die sich auf zu finanzierende Schulden aus Versicherungsverträgen bezieht, vor dem Hintergrund der Relevanz deshalb abzulehnen, da es bei der Bilanzierung keinen Unterschied machen kann, ob ein Versicherer diese zur Finanzierung von Versicherungsschulden und ein anderer Bilanzierender zur Finanzierung seiner Nichtversicherungsschulden oder aus anderen Gründen hält.[191]

Das IASB will im Discussion Paper, im Gegensatz zu der derzeit in IFRS 4 bestehenden Möglichkeit der Bilanzierung der Schulden aus Versicherungsverträgen

[186] DP.176 und 178; zur Diskussion der inkonsistenten Bewertung von Kapitalanlagen und versicherungstechnischen Rückstellungen vgl. auch *Kölschbach/Engeländer* Versicherungsgeschäfte S. 749f.; vgl. zur Analyse der Entscheidungsnützlichkeit der Bilanzierung nach IFRS 4 in diesem Zusammenhang grds. *Surrey* Versicherungsgeschäfte S. 159–233

[187] IFRS 4.25(a)

[188] Vgl. DP.180(e), 182

[189] Es werden die Investitionen durchgeführt, bei denen der Kapitalwert mindestens Null beträgt. Vgl. *von Colbe/Laßmann* Investitionstheorie S. 51, *Götze* Investitionsrechnung S. 71

[190] Vgl. *Streim/Bieker/Leippe* Theoretische Fundierung S. 196

[191] So auch DP.180(g)

auf undiskontierter Basis, die Schulden aus Versicherungsverträgen auf Basis der drei Building Blocks zum Current Exit Value bewerten und favorisiert damit ein Barwertkalkül, das, wie in Abschnitt 5.2.3 herausgearbeitet, grundsätzlich bzgl. des Relevanzaspektes in die richtige Richtung zeigt. Damit erübrigt sich aber auch die Forderung nach der Bewertung der Assets Held to Back Insurance Liabilities zu Anschaffungskosten.

Fordert das IASB eine Bewertung der Schulden aus Versicherungsverträgen zu einem Current Exit Value, so wären zur Vermeidung eines Accounting Mismatches auch die sie finanzierenden Vermögenswerte korrespondierend zu einem Current Exit Value zu bewerten. Wie unter Abschnitt 5.2.2 gesehen, lässt sich der Exit Value durchaus unter den Begriff des Fair Values subsumieren.[192]

Wie unter Abschnitt 5.2.2 und Abschnitt 5.2.3 herausgearbeitet, mangelt es dem Current Exit Value des Discussion Papers jedoch an Relevanz in Bezug auf die Bereitstellung entscheidungsnützlicher Informationen an die Kapitalgeber. Somit ist ein Wertmaßstab für die Schulden aus Versicherungsverträgen zu finden, der relevante Informationen an die Kapitalgeber bereitstellt. Ebenso ist ein Wertmaßstab für die Assets Backing Insurance Liabilities zu finden, der ebenfalls relevante Informationen bereitstellt. Folge hiervon wäre, dass sämtliche Accounting Mismatches vermieden werden, während Economic Mismatches verdeutlicht würden.

Vor dem Hintergrund der Verlässlichkeit ist die Einführung einer separaten Kategorie Assets Held to Back Insurance Liabilitiess ebenfalls abzulehnen, da sich hieraus Spielräume für den bilanzierenden Versicherer ergeben, welche Vermögenswerte dieser Kategorie zuzuordnen sind. Dies gilt insbesondere dann, wenn, wie in Japan, der Bilanzierende eine Wahlmöglichkeit[193] bzgl. der Zuordnung der Vermögenswerte besitzt.[194]

Festzuhalten bleibt, dass dem IASB zuzustimmen ist, wenn es die Einführung einer eigenen Kategorie für Assets Backing Insurance Liabilities ablehnt. Die Problematik des Accounting Mismatches ist stattdessen durch eine entscheidungsnütz-

[192] Zur Kritik an einer vorgespiegelten Singularität des Fair Values vgl. jedoch *Ballwieser/ Küting/ Schildbach* Fair value S. 534

[193] Vgl. DP.180(e)

[194] Wahlmöglichkeiten der Zuordnung zu Klassen von Finanzinstrumenten bestehen derzeit auch für Financial Instruments nach IAS 39.

liche Informationen vermittelnde Bilanzierung der Vermögenswerte und Schulden zu lösen.

5.2.7 Bestimmung der Unit of Account

Die Frage nach der Unit of Account stellt sich in mehrfacher Hinsicht. Zunächst thematisiert das IASB unter der Überschrift „Recognition“ die Unit of Account im Zusammenhang mit der Einbeziehung des Verhaltens der Versicherungsnehmer. Hier ist die Unit of Account der einzelne Versicherungsvertrag, da die Portfoliobildung keine Auswirkungen auf die Rechte und Pflichten aus den Versicherungsverträgen hat.[195] Letzterem ist zuzustimmen. Rechte und Pflichten ergeben sich stets aus der vertraglichen Vereinbarung zwischen Versicherer und Versicherungsnehmer. Bei der Thematik der Einbeziehung von Verhalten der Versicherungsnehmer im Zusammenhang mit der Unit of Account stellt sich jedoch vielmehr die Frage, welche Unit of Account bei der Ermittlung der Zahlungsströme sowie der Risikomarge zu verwenden ist. Auf diesen Aspekt soll im Folgenden im Zusammenhang mit der allgemeinen Diskussion über die Unit of Account bei der Ermittlung des Barwertes der Rechte und Verpflichtungen aus den Versicherungsverträgen sowie der Risikomarge eingegangen werden, da sich die Ermittlung der Zahlungsströme und der Risikomarge aus dem Verhalten der Versicherungsnehmer grundsätzlich nicht von der Ermittlung der sonstigen Zahlungsströme und der Risikomarge unterscheidet. Die Problematik des Verhaltens der Versicherungsnehmer liegt vielmehr in der Frage begründet, ob dieses überhaupt einzubeziehen ist.[196]

So hat im Weiteren nach Ansicht des IASBs die Unit of Account keinen Einfluss auf den Barwert der künftigen Zahlungsströme aus den Versicherungsverträgen, da die Summe der Barwerte der Zahlungsströme aus den einzelnen Verträgen dem Barwert der Zahlungsströme aus dem Portfolio gleicht, unter der Voraussetzung, dass alle relevanten Informationen in die Schätzung der Zahlungsströme eingehen.[197] Die Gleichheit der Barwerte gilt jedoch nur solange, wie unter dem Barwert

[195] Vgl. Abschnitt 4.5.3.7 auf Seite 137
[196] Vgl. hierzu Abschnitt 4.5.3.5.1 auf Seite 128 sowie Abschnitt 5.2.4 auf Seite 187
[197] Vgl. Abschnitt 4.5.3.7 auf Seite 137

ein risikoneutraler Erwartungswert und dem Portfolio ein homogenes Portfolio verstanden wird und somit die Risikomarge (noch)[198] nicht einbezogen ist.[199]

Das IASB räumt ein, dass in der Praxis manche Schätzungen nur auf Portfolioebene ermittelt werden können und manche auf Einzelvertragsebene.[200] Ersteres trägt dem Charakter der Versicherung Rechnung, die einen Ausgleich im Kollektiv und in der Zeit bezweckt.[201] Der Einzelbewertungsgrundsatz steht hiermit nicht im Einklang. Insbesondere die Auszahlungsströme können häufig nur für ein Kollektiv an Versicherungsverträgen bestimmt werden, weshalb als Einzelbewertungsobjekt auch in der Literatur[202] das Kollektiv gefordert wird.[203] Man denke bspw. an die Kfz-Haftpflicht- und -kaskoversicherung. Bei Betrachtung eines einzelnen Vertrages kann es durchaus zu Auszahlungsströmen von Null kommen, falls der Versicherungsnehmer keinen Unfall, oder zu Auszahlungsströmen von größer Null, falls er einen oder mehrere Unfälle erleidet. Eine Schätzung für diesen einzelnen Vertrag ist nicht zuverlässig möglich. Betrachtet man jedoch ein Kollektiv von Versicherungsverträgen, so können auf der Basis von Erfahrungen der Vergangenheit und Erwartungen über die Zukunft Wahrscheinlichkeiten der eintretenden Unfälle ermittelt und die erwarteten Auszahlungsströme geschätzt werden.

Insofern mag es bei homogenen Kollektiven unter Risikoneutralität theoretisch keinen Unterschied machen, ob die Barwerte auf Basis von Einzelverträgen oder Portfolien bestimmt werden. Vor dem Hintergrund des Kriteriums der Verlässlichkeit im Rahmen der Vermittlung entscheidungsnützlicher Informationen ist eine Bestimmung auf der Basis von Portfolien im Versicherungsgeschäft jedenfalls realitätsnäher und verlässlicher. Unter dem Gesichtspunkt der Vermittlung relevanter Information an die Kapitalgeber ist allerdings lediglich entscheidend, dass alle Ein- und Auszahlungspotenziale in die Bewertung einfließen. Ist dies verlässlicher

[198] Zur Risikomarge siehe im Folgenden in diesem Abschnitt

[199] Vgl. *Sauer* Solvabilitätsorientierte Gestaltung S. 86f., *Ellenbürger/Horbach/Kölschbach* Bewertung S. 49

[200] DP.187

[201] Vgl. Abschnitt 2.1.1.3 auf Seite 8

[202] Vgl. im handelsrechtlichen Kontext *Jäger* Versicherungstechnische Rückstellungen S. 166 sowie *Korn* Schwankungsreserven S. 303ff.

[203] Vgl. *Sauer* Solvabilitätsorientierte Gestaltung S. 86

auf Basis von Portfolien möglich, so ist zur Vermittlung entscheidungsnützlicher Information dem Portfolio als Unit of Account zu folgen.

Als dritten Aspekt behandelt das IASB die Unit of Account bei der Ermittlung der Risikomarge. Es kommt zu dem Schluss, dass die Risikomarge für ein Portfolio von Versicherungsverträgen, die weitgehend den gleichen Risiken unterliegen und als Portfolio verwaltet werden, bestimmt werden soll.[204]

Das IASB legt der Diskussion drei Vorgehensweisen der Versicherer zur Portfoliobildung zugrunde: Zusammenfassung von Risiken, Diversifizierung von Risiken sowie Hedging von Risiken. Im ersten Fall wird ein Portfolio von annähernd homogenen Risiken gebildet, um verlässlichere Schätzungen der Entwicklung des Portfolios vornehmen zu können. Im zweiten Fall wird ein Portfolio aus heterogenen Risiken gebildet, von denen erwartet wird, dass sich deren Zufallsschwankungen im Durchschnitt nahezu ausgleichen. Im dritten Fall wird ein Portfolio aus negativ korrelierten[205] Risiken gebildet, sodass sich positive und negative Veränderungen ausgleichen.[206] Da nach Ansicht des IASBs nur auf Portfolien aus weitgehend gleichen Risiken für die Bestimmung der Risikomarge abgestellt werden soll, berücksichtigt das IASB lediglich die erste Vorgehensweise, die Zusammenfassung von Risiken.

Als Begründung für die Wahl des Portfolios als Unit of Account für die Bestimmung der Risikomarge, und damit einem Abgehen von der Einzelvertragsebene, nennt das IASB die adverse Selektion[207] sowie das Risiko der Zufallsschwankungen.[208] Im Rahmen des Current Exit Value-Gedankens wird es ein Erwerber von Versicherungsverträgen vorziehen, ein Portfolio von Versicherungsverträgen zu übernehmen, als einen oder mehrere einzelne Verträge zu erwerben, da er so besser vor adverser Selektion geschützt ist.[209] Das Risiko von Zufallsschwankungen ist für ein kleines Portfolio höher als für ein größeres Portfolio, sodass das Risiko

[204] Vgl. Abschnitt 4.5.3.7 auf Seite 137
[205] D.h. der Korrelationskoeffizient ist < 1.
[206] DP.190
[207] Zu adverser Selektion siehe grundsätzlich Abschnitt 3.3.2 auf Seite 38
[208] DP.199
[209] DP.193

durch Zusammenfassung im Portfolio verringert werden kann.[210] An dieser Stelle argumentiert das IASB mit dem Charakter des Versicherungsgeschäftes als Zusammenfassung von Risiken sowie der Preisfindung der Versicherer auf Basis des Portfolios und nicht des Einzelvertrages. Die Bestimmung von Risikomargen für Einzelverträge und die anschließende Aggregation sei schwierig sowie von geringer Relevanz für die Kapitalgeber.[211]

Tatsächlich spielt die Größe des Portfolios bei der Bestimmung der Risikomarge eine Rolle. Durch den Ausgleich im Kollektiv sowie unter der Voraussetzung, dass diversifizierbare Risiken einbezogen werden[212], ist die Risikomarge umso höher, je kleiner das Portfolio ist.[213] Für den Kapitalgeber, der entscheidungsnützliche Informationen benötigt, ist relevant, ob der Versicherer die Risiken durch Zusammenfassung im Portfolio verringert und somit eine geringere Risikomarge aufweist. Da der Ausgleich im Kollektiv dem Versicherungsgeschäft immanent ist, ist im Rahmen der Zusammenfassung von Risiken bei der Bestimmung der Risikomarge stets auf ein Portfolio abzustellen.

Die Argumentation des IASBs, dass ein potenzieller Erwerber eher ein Portfolio von Versicherungsverträgen übernimmt, ist nachvollziehbar und insofern mit dem Exit Value-Gedanken vereinbar. Nur verwundert es, dass das IASB dann nicht auch durchgängig im Discussion Paper mit dieser Argumentation arbeitet und insgesamt als Unit of Account das Portfolio bestimmt.

Fraglich ist nur, ob die Beschränkung auf ein Portfolio homogener Risiken der Relevanz der bereit gestellten Informationen genügt.

Versicherer nutzen in der Praxis neben dem Portfolio homogener Risiken auch die zwei weiteren vom IASB angeführten Vorgehensweisen der Diversifizierung

[210] DP.195; das IASB spricht hier davon, dass durch Diversifizierung das Risiko von Zufallsschwankungen vermindert werden kann. Gemeint ist jedoch wohl die Zusammenfassung im Portfolio.

[211] DP.198

[212] Vgl. zur Diskussion des Einbezuges diversifizierbarer und nichtdiversifizierbarer Risiken DP.196–198 sowie Abschnitt 5.2.3 auf Seite 173

[213] Vgl. *Sauer* Solvabilitätsorientierte Gestaltung S. 87

sowie des Hedgings von Risiken zur Verringerung der Risiken aus den einzelnen Versicherungsverträgen.[214] Dies wird vom IASB auch nicht bestritten.[215]

Die Einbeziehung von Diversifikationseffekten und negativen Korrelationseffekten zwischen Portfolien in die Ermittlung der Risikomarge wird vom IASB jedoch abgelehnt.[216] Vor dem Hintergrund des vom IASB im Discussion Paper vorgeschlagenen Wertmaßstabes des Current Exit Values ist dies zum Teil folgerichtig. Ein fiktiver Erwerber eines Portfolios wäre nicht bereit, Diversifikationseffekte sowie negative Korrelationseffekte zwischen dem zu erwerbenden Portfolio sowie anderen Portfolien des Veräußerers, die nicht mit erworben werden, in den Veräußerungspreis einzubeziehen, da ihm diese risikomindernden Effekte nicht zugute kommen. Allerdings wäre es dann im Rahmen des Current Exit Value-Gedankens nur konsequent, Diversifikationseffekte sowie negative Korrelationseffekte zu anderen Portfolien des fiktiven Erwerbers zu berücksichtigen, da dieser bei der Preisfindung für das zu erwerbende Portfolio seine risikomindernden Effekte durchaus mit einbezieht. Würden Diversifizierungs- und negative Korrelationseffekte eines potenziellen Erwerbers einbezogen, würde sich die Frage stellen, auf welchen potenziellen Erwerber abzustellen ist, insbesondere welche Portfoliostrategie er verfolgt. Das Australian Accounting Standards Board (AASB) schlägt in seinem Comment Letter zum Discussion Paper vor, einen gut diversifizierten, mehrere Versicherungssparten anbietenden Versicherer mit einem typischen Rückversicherungsprogramm zu verwenden.[217] Dieser Gedanke wird vom IASB jedoch nicht diskutiert.

Vor dem Hintergrund der Bereitstellung relevanter Informationen an die Kapitalgeber ist jedoch eine Nichtberücksichtigung von Diversifikationseffekten und negativen Korrelationseffekten problematisch. Werden diese Effekte, die zweifelsohne beim bilanzierenden Versicherer zur Risikominderung führen, nicht einbezogen, so ergibt sich ceteris paribus eine Überbewertung der Schulden aus dem Versicherungsvertrag, da zu hohe Risikomargen angesetzt werden. Die Kapitalgeber sind

[214] So auch *Sauer* Solvabilitätsorientierte Gestaltung S. 87 sowie *Ellenbürger/Horbach/Kölschbach* Bewertung S. 49

[215] Vgl. DP.200

[216] Vgl. Abschnitt 4.5.3.7 auf Seite 137

[217] Vgl. *Australian Accounting Standards Board* Comment Letter S. 11

jedoch an Informationen interessiert, die die tatsächliche Risikoexposition des Versicherers widerspiegeln.

Die tatsächliche Risikoexposition ergibt sich aus der Risikostrategie des bilanzierenden Versicherers. Insofern ist es aus Relevanzgesichtspunkten angebracht, die Portfoliobildung auf Basis der Strategie des Bilanzierenden zu berücksichtigen.[218]

Die Rekurrierung auf die Diversifizierungs- und negativen Korrelationseffekte eines fiktiven Erwerbers, konsistent zum Exit Value-Gedanken, wäre jedoch problematisch, da die Kapitalgeber gerade nicht an fiktiven Effekten interessiert sind, sondern an den Gegebenheiten des bilanzierenden Versicherers.

Insofern kann dem IASB unter dem Aspekt der Relevanz hinsichtlich der Behandlung von Diversifikationseffekten und negativen Korrelationseffekten zwischen Portfolien nicht gefolgt werden.

Im Hinblick auf das zur Vermittlung entscheidungsnützlicher Informationen ebenfalls relevante Kriterium der Verlässlichkeit ist jedoch eine breite Berücksichtigung von risikomindernden Effekten aus Portfolien problematisch, da sich für den bilanzierenden Versicherer weite Ermessensspielräume bieten. So ergeben sich Spielräume bei der Festlegung der Portfolien selbst, insbesondere bei der Festlegung, was ähnliche Risiken im Sinne des Discussion Papers sind. Des Weiteren entstehen Spielräume bei dem obigen Vorschlag bei der Festlegung der Risikostrategie des bilanzierenden Versicherers sowie bei der Bestimmung, welche Portfolien untereinander Diversifikationseffekte und negative Korrelationseffekte aufweisen. Hierdurch kann ceteris paribus die Höhe der ausgewiesenen Schulden aus den Versicherungsverträgen beeinflusst werden. Würde auf die Effekte bei einem fiktiven Erwerber abgestellt, ergäben sich Spielräume bei der Bestimmung dieses Erwerbers, selbst wenn, wie oben erwähnt, eine Eingrenzung durch die Vorgabe von Charakteristika des fiktiven Versicherers erfolgen würde.

Dieser Konflikt zwischen Relevanz und Verlässlichkeit ließe sich jedoch durch Angaben des bilanzierenden Versicherers im Anhang über die Portfoliobildung, Ausgleichseffekte im Portfolio, Diversifikationseffekte sowie negative Korrelationseffekte zwischen Portfolien vermindern.

[218] So auch *Dutch Accounting Standards Board (DASB)* Comment Letter S. 11 und *Conseil National de la Comptabilité* Comment Letter S. 9

5.2.8 Behandlung der Rückversicherung

Nach dem Discussion Paper sind Schulden aus Rückversicherungsverträgen beim Rückversicherer zum Current Exit Value zu bewerten.[219]

Dies ist insofern folgerichtig, als Schulden aus Erstversicherungsverträgen ebenfalls zum Current Exit Value anzusetzen sind. Denn grundsätzlich besteht kein Unterschied zwischen der Gewährung von Versicherungsschutz im Rahmen eines Erstversicherungs- und eines Rückversicherungsvertrages. Der Charakter, d.h. das Prinzip des Risikoausgleiches im Kollektiv und in der Zeit[220], ist gleich. Dass unterschiedliche Parameter, wie z.B. die Berücksichtigung unterschiedlicher Risiken, verwendet werden, ist selbstverständlich und gilt auch für die unterschiedlichen Arten der Erstversicherungsverträge. Insofern sei im Hinblick auf die Analyse der Zweckmäßigkeit der Regelungen im Rahmen des Current Exit Values, insbesondere der drei Building Blocks, auf Abschnitt 5.2.2 und Abschnitt 5.2.3 verwiesen.

Vermögenswerte aus Rückversicherungsverträgen sollen beim Zedenten ebenfalls zum Current Exit Value bewertet werden.[221] Im Gegensatz zu Bilanzierungsregeln für Versicherungsnehmer von Erstversicherungsverträgen[222] hat das IASB also Regelungen für Zedenten bereits im Discussion Paper entwickelt.

Bei der Bewertung des Rückversicherungsvermögenswertes ist demnach ebenfalls ein Verkaufspreis zu finden. Es ergibt sich jedoch die Problematik, dass wie für Erstversicherungsverträge[223] kein Markt für Rückversicherungsverträge besteht. So kommt das IASB auch zu dem Schluss, dass auf eine Transaktion abzustellen ist, bei der sowohl der Rückversicherungsvertrag als auch gleichzeitig die von ihm gedeckten Erstversicherungsverträge veräußert werden.[224] Dies hilft jedoch insofern nicht weiter, als, wie in Abschnitt 5.2.2 gesehen, auch Erstversicherungsverträge nicht laufend gehandelt werden.

Insofern sei auch für den Current Exit Value des Vermögenswertes aus der Rückversicherung beim Zedenten auf die Ausführungen in Abschnitt 5.2.2 verwiesen.

---

219 Vgl. Abschnitt 4.5.3.8 auf Seite 138
220 Vgl. Abschnitt 2.1.1.3 auf Seite 8
221 Vgl. Abschnitt 4.5.3.8 auf Seite 138
222 Diese Thematik soll erst später in das Projekt „Insurance Contracts“ Eingang finden. DP.15
223 Vgl. Abschnitt 5.2.2 auf Seite 162
224 DP.209

Die Risikomarge erhöht den Vermögenswert und soll anteilig der Risikomarge der gedeckten Erstversicherungsverträge entsprechen.[225] Die Erhöhung des Vermögenswertes um eine Risikomarge ist konzeptionell nicht zu beanstanden. Wie das IASB ausführt, wird der Rückversicherer mehr als den Erwartungswert aus den Zahlungsströmen verlangen, um sein Risiko zu decken und einen Gewinn zu erzielen.[226] Aber auch der Zedent ist bereit, mehr als den Erwartungswert aus seinen Schadenfällen zu zahlen, da er weiß, dass er genau in dem Moment durch den Rückversicherer entschädigt wird, wenn er selbst durch den Versicherungsnehmer aus dem Erstversicherungsvertrag in Anspruch genommen wird.[227] Die Unsicherheit aus dem Erstversicherungsvertrag wird auf den Rückversicherer (teilweise) übertragen und stellt einen Wert für den Zedenten dar.[228]

Ob die Risikomarge anteilig der Risikomarge aus dem Erstversicherungsvertrag entspricht, sollte jedoch im Einzelfall ermittelt werden, dies dürfte insbesondere bei nichtproportionaler Rückversicherung erforderlich sein.[229] So schlägt auch das IASB bei nichtproportionaler Rückversicherung eine Hochrechnung der Werte vor Rückversicherung auf Basis der Werte nach Rückversicherung vor.[230]

Zur Beurteilung der Relevanz und Verlässlichkeit von Risikomargen sei auf Abschnitt 5.2.3 verwiesen.

Der Vermögenswert aus der Rückversicherung ist im Rahmen eines Expected Loss Models aufgrund von Ausfallrisiken oder Streitigkeiten inkl. einer Risikomarge zu vermindern.[231] Dieses Modell bezieht im Gegensatz zum ebenfalls im Discussion Paper diskutierten Incurred Loss Model, das Verluste erst bei Eintritt eines Ereignisses, hier des Ausfalles des Anspruches auf Rückversicherung bzw. von Streitigkeiten, berücksichtigt[232], schon prospektiv Erwartungen über

[225]Vgl. Abschnitt 4.5.3.8 auf Seite 138
[226]Dies entspricht dem Rational des Erstversicherers.
[227]DP.207
[228]Vgl. *The European Insurance CFO Forum* Comment Letter App. A S. 12
[229]Vgl. *Ernst & Young* Comment Letter S. 15, *Group of North American Insurance Enterprises* Comment Letter S. 33; zur Diskussion über die anteilige Ermittlung der Risikomarge siehe auch *Conseil National de la Comptabilité* Comment Letter S. 10 sowie *Manulife Financial* Comment Letter Question 12 (b)(i)
[230]DP.210
[231]Vgl. Abschnitt 4.5.3.8 auf Seite 138
[232]DP.211

Verluste aus Ausfällen oder Streitigkeiten ein. Aus Relevanzgesichtspunkten im Rahmen der Vermittlung entscheidungsnützlicher Information ist dieses Vorgehen zu begrüßen, da den Kapitalgebern verdeutlicht wird, inwieweit der Vermögenswert aus dem Rückversicherungsanspruch werthaltig ist. Jedoch ist fraglich, ob das Ausfallrisiko im Hinblick auf das zweite Kriterium der Vermittlung entscheidungsnützlicher Information verlässlich messbar ist. In den Comment Letters wird vorgebracht, dass aufgrund der Tatsache, dass Ausfälle von und Streitigkeiten mit Rückversicherern einzelfallbezogen sind und in der Regel nicht öffentlich ausgetragen werden, keine Marktdaten für das Ausfallrisiko vorliegen und somit wieder auf unternehmensspezifische Daten zurückgegriffen werden müsste.[233] Im Übrigen sei das Risiko des Ausfalles eines Rückversicherers gering.[234] Da es nur wenige Rückversicherer gibt[235], kann das Gesetz der großen Zahlen für die Schätzung des Ausfallrisikos nicht zur Anwendung kommen.[236]

Bei laufzeitinkongruenten Rückversicherungsverträgen soll nach Ansicht des IASBs das Recht auf künftige Rückversicherung ebenfalls (werterhöhend) prospektiv im Vermögenswert aus Rückversicherung berücksichtigt werden, wobei das IASB allerdings davon ausgeht, dass kein wesentlicher Wert vorliegen wird.[237] Der Ansatz aller künftigen Ansprüche ist unter Relevanzgesichtspunkten positiv zu beurteilen. In diesem Zusammenhang sei auf die Ausführungen zum Ansatzzeitpunkt von Versicherungsverträgen in Abschnitt 5.2.1.2 verwiesen. Bei der Bewertung der künftigen Ansprüche ergibt sich allerdings unter Verlässlichkeitsgesichtspunkten das Problem, dass sich diese künftigen Ansprüche auf durch sie gedeckte Erstversicherungsverträge beziehen, die noch gar nicht abgeschlossen wurden. Daten aus diesen Erstversicherungsverträgen, wie z.B. die Zahlungsströme an die Versicherungsnehmer im Falle des Eintrittes des Versicherungsfalles, werden jedoch auch

[233] Vgl. *Ernst & Young* Comment Letter S. 16; dagegen vertritt *Group of North American Insurance Enterprises* die Ansicht, dass ausreichende Ausfallstatistiken verfügbar seien. Vgl. *Group of North American Insurance Enterprises* Comment Letter S. 34

[234] Vgl. *Deutsches Rechnungslegungs Standards Committee e. V.* Comment Letter S. 18 sowie *Deutsche Aktuarvereinigung e. V.* Comment Letter S. 40

[235] Die zehn größten Rückversicherer in Deutschland umfassten in 2006 91,1% des Marktes gemessen an den verdienten Bruttobeiträgen. Vgl. *Bundesanstalt für Finanzdienstleistungsaufsicht* Statistik 2006 S. 10

[236] Vgl. *European Financial Reporting Advisory Group* Comment Letter S. 29

[237] Vgl. Abschnitt 4.5.3.8 auf Seite 138

für die Bewertung der Rückversicherungsverträge benötigt. Insofern ist die Berücksichtigung von künftigen Ansprüchen aus Rückversicherungsverträgen zwar für die Kapitalgeber relevant, aber wenig verlässlich bestimmbar.

5.2.9 Einbeziehung der Beteiligung der Versicherungsnehmer

Nach Ansicht des IASBs ist bei der Bewertung der Schulden aus Participating Contracts eine neutrale Schätzung der an die Versicherungsnehmer zu zahlenden Überschüsse zu berücksichtigen. Dies gilt jedoch nur, wenn eine rechtliche oder faktische Verpflichtung zur Leistung der Überschüsse besteht.[238]

Sämtliche gesetzlich vorgeschriebenen Überschussbeteiligungen wie in Deutschland aus der Verordnung über die Mindestbeitragsrückerstattung in der Lebensversicherung (MindZV)[239] sind demnach als rechtliche Verpflichtungen zu erfassen.[240] Nur leisten die Versicherer durchaus auch Überschussbeteiligungen über das geforderte Minimum hinaus oder es liegen keine rechtlichen Bestimmungen vor, wie auch das IASB erläutert.[241] Hier kommt es dann auf die Erfüllung der Kriterien für eine faktische Verpflichtung an.

Folge ist, dass nicht alle Verpflichtungen des Versicherers gegenüber den Versicherungsnehmern aus Überschussbeteiligung in die Bewertung der Schulden aus den Versicherungsverträgen eingehen, wenn sie keine faktische Verpflichtung darstellen. Dies gilt z.B. für freiwillige Überschussbeteiligungen des Versicherers, die in seinem freien Ermessen liegen.

Dies ist unter dem Aspekt der Relevanz zur Vermittlung entscheidungsnützlicher Information kritisch zu sehen. Relevant sind sämtliche Zahlungsströme, die der Versicherer erwartet, an die Versicherungsnehmer zu zahlen.[242] Hierzu gehö-

[238] Vgl. Abschnitt 4.5.3.9 auf Seite 140

[239] Bis 12. April 2008 ZRQuotenV.

[240] Vgl. *Becker/Dember* Versicherungsbilanzierung S. 266

[241] DP.242

[242] *Becker/Dember* weisen darauf hin, dass der European Embedded Value künftige Überschussbeteiligungen sowie deren Verteilung auf die Versicherungsnehmer berücksichtigt. Vgl. *Becker/Dember* Versicherungsbilanzierung S. 266

ren auch Überschussbeteiligungen, die das Kriterium der faktischen Verpflichtung nicht erfüllen.

Im Übrigen sollten auch sämtliche Zahlungsströme einbezogen werden, wenn man dem IASB folgt und die Schulden aus Versicherungsverträgen mit dem Current Exit Value bewertet. Denn auch ein (fiktiver) Erwerber würde sämtliche Zahlungsströme in den Preis einbeziehen, den er für die Übernahme der Schulden vom Versicherer verlangen müsste.[243]

In den Comment Letters wird die Besorgnis ausgedrückt, dass durch das derzeitige Projekt zur Anpassung des IAS 37, die Anwendungsvoraussetzungen der faktischen Verpflichtung eingeengt würden.[244] Dies könnte dazu führen, dass weitere Zahlungsströme aus der Bewertung der Schulden aus Versicherungsverträgen ausgeklammert werden.

Eine Bereitstellung für die Kapitalgeber relevanter Information ist somit nicht gewährleistet.

Unter dem Gesichtspunkt der Verlässlichkeit der bereit gestellten Informationen ist gegen die Einbeziehung von rechtlichen Verpflichtungen nichts einzuwenden, da diese festgelegt sind und somit keine Ermessensspielräume für den bilanzierenden Versicherer bestehen. Faktische Verpflichtungen hingegen bieten dem Versicherer durchaus Ermessensspielräume, da es in seiner Einschätzung liegt, welche Zahlungsströme an die Versicherungsnehmer zu welchem Zeitpunkt gezahlt werden und entsprechend in die Bewertung der Schulden aus Versicherungsverträgen eingehen. Diese Problematik ließe sich bedingt durch Angabe der einbezogenen Überschussbeteiligung aus faktischen Verpflichtungen mit einer Erläuterung der Ermittlung entschärfen. Freilich könnte auch hieraus nicht durch den Kapitalgeber festgestellt werden, ob sämtliche Verpflichtungen einbezogen wurden. Allerdings müsste der Versicherer im Anhang Stellung beziehen und Veränderungen über die Zeit hinweg würden deutlich, die den Versicherer erklärungspflichtig werden lassen.

[243] Vgl. *Ernst & Young* Comment Letter S. 18f., *The European Insurance CFO Forum* Comment Letter App. A S. 14, so auch *Deloitte Touche Tohmatsu* Comment Letter S. 21

[244] Vgl. beispielhaft *Ernst & Young* Comment Letter S. 19, *The European Insurance CFO Forum* Comment Letter App. A S. 15 und *Conseil National de la Comptabilité* Comment Letter S. 15

Bei Universal Life Contracts ist die über die Mindestverzinsung hinausgehende Verzinsung an die Versicherungsnehmer einzubeziehen, sofern eine rechtliche oder faktische Verpflichtung zur Zahlung der Verzinsung besteht.[245] Im Hinblick auf die Thematik der rechtlichen oder faktischen Verpflichtung sei auf die im Rahmen der Participating Contracts geführte Argumentation verwiesen. Auch hier gilt, dass die Kapitalgeber relevante Informationen erhalten, wenn sämtliche erwarteten Zinszahlungen an die Versicherungsnehmer einbezogen werden, wobei hinsichtlich der Verlässlichkeit Ermessensspielräume für die Versicherer gegeben sind.

Im Hinblick auf die einzubeziehenden Beitragszahlungen der Versicherungsnehmer bei Universal Life Contracts räumt das IASB ein, dass nicht sämtliche dieser Zahlungen das Kriterium der garantierten Versicherbarkeit erfüllen werden und will nochmals überdenken, ob dieses Kriterium auch für Universal Life Contracts Anwendung finden sollte.[246] Bezüglich der Würdigung des Kriteriums der garantierten Versicherbarkeit sei auf Abschnitt 5.2.4 verwiesen.

Bei Unit-linked Contracts thematisiert das IASB zum einen den Problembereich des Ansatzes bzw. Ausweises der mit den Versicherungsverträgen verbundenen Vermögenswerte. Es werden drei Lösungsvorschläge gemacht, jedoch ist noch keine Festlegung durch das IASB auf einen dieser Vorschläge im Discussion Paper enthalten.[247] Aus dem Relevanzgesichtspunkt ist der erste Vorschlag, die Vermögenswerte und Schulden gar nicht zu bilanzieren, abzulehnen. Hier werden Sachverhalte den Kapitalgebern vorenthalten, die sie für ihre Einschätzung des Versicherers benötigen. Vielmehr sollten die Schulden vollständig angesetzt sowie die Vermögenswerte unter entsprechender Bezeichnung separat ausgewiesen werden, damit den Kapitalgebern auch die Information vermittelt wird, dass die Vermögenswerte der Erfüllung der Unit-linked Contracts dienen. Dies entspricht dem zweiten Vorschlag[248] des IASBs.

Bei Nichtansatz der Vermögenswerte und Schulden ergäbe sich die Frage der Verlässlichkeit nicht. Ein getrennter Ausweis der Vermögenswerte ist im Hinblick

[245] Vgl. Abschnitt 4.5.3.9 auf Seite 140
[246] Vgl. Abschnitt 4.5.3.9 auf Seite 140
[247] Vgl. Abschnitt 4.5.3.9 auf Seite 140
[248] Vgl. DP.273(b)

auf die Verlässlichkeit der Informationsvermittlung unproblematisch, da die verbundenen Vermögenswerte regelmäßig (vertraglich) definiert sind.

Zum anderen thematisiert das IASB im Zusammenhang mit Unit-linked Contracts die Problematik des Accounting Mismatches und gibt auch hier Lösungsvorschläge.[249] Bezüglich der Würdigung der Thematik der Accounting Mismatches sei auf Abschnitt 5.2.6 verwiesen. Manche Comment Letters zum Discussion Paper kritisieren die Festlegung von Ausnahmen für einzelne Sachverhalte von der generellen Regelung. Vielmehr sei das Problem des Accounting Mismatches auf breiterer Basis und nicht nur bei Unit-linked Contracts bzw. Versicherungsverträgen allgemein zu lösen.[250]

Insgesamt bleibt festzuhalten, dass die im Discussion Paper vorgeschlagenen Regelungen zu Verträgen mit Beteiligung der Versicherungsnehmer im Hinblick auf die Vermittlung entscheidungsnützlicher Information nicht zufriedenstellend sind. Im weiteren Verlauf der Entwicklung eines endgültigen Standards für Versicherungsverträge sollte das IASB diese nochmals überdenken.

5.2.10 Erfordernis der Entflechtung?

Das IASB schlägt eine fallabhängige Behandlung der Entflechtung vor. Dabei greift es auf die zwei Kriterien der engen Verbundenheit sowie der Willkürfreiheit zurück.[251]

Das IASB befürchtet, dass Spar- bzw. Investmentkomponenten, die mit einem Versicherungsvertrag verbunden sind, bilanziell nicht in gleicher Weise behandelt werden wie separate Spar- bzw. Investmentverträge. Dies resultiert jedoch aus den unterschiedlichen Bewertungsmethoden zwischen dem Discussion Paper sowie IAS 39.[252] Die Entflechtung ist demnach lediglich erforderlich, da die einzelnen Standards nicht auf denselben Prinzipien basieren.

[249] Vgl. Abschnitt 4.5.3.9 auf Seite 140

[250] Vgl. *BDO Global Coordination B.V.* Comment Letter S. 9, *Deloitte Touche Tohmatsu* Comment Letter S. 22, *The Institute of Chartered Accountants of Scotland* Comment Letter S. 8 sowie *European Financial Reporting Advisory Group* Comment Letter S. 33

[251] Vgl. Abschnitt 4.5.3.10 auf Seite 147

[252] Vgl. DP.221

Die Entflechtung von eng miteinander verbundenen Versicherungs- sowie Spar- bzw. Investmentkomponenten wäre aus Relevanzgesichtspunkten nicht sinnvoll, da hier künstlich ein einheitlicher Vertrag, der in dieser Weise auch so von den Parteien gewollt und geschlossen wurde, auseinandergerissen würde. Dies hat scheinbar auch das IASB erkannt und fordert in DP.228(a) für eng miteinander verbundene Komponenten, die nicht willkürfrei getrennt bewertet werden können, eine einheitliche Behandlung nach dem Standard der Phase II.

Bei Verträgen, die nicht eng miteinander verbunden sind, ist vor dem Hintergrund des Kriteriums der Relevanz eine Entflechtung nicht zu fordern, wenn alle aus ihnen resultierenden Zahlungsströme und Risiken in die Bewertung eingehen.[253]

Komponenten, die eng miteinander verbunden sind, aber willkürfrei getrennt bewertet werden können, sind mittels einer Differenzmethode zu bewerten, indem die Spar- bzw. Investmentkomponente nach IAS 39 sowie der gesamte Vertrag nach dem Discussion Paper bewertet werden und die Versicherungskomponente sich als Differenz aus beiden Bewertungen ergibt.[254] Diese Differenzmethode wird zu Recht in der Literatur sowie in vielen Comment Letters kritisiert, da der Differenzbetrag für die Versicherungskomponente jeglicher Bedeutung entbehrt, insbesondere wenn die Spar- bzw. Investmentkomponente nach IAS 39 zu fortgeführten Anschaffungskosten bewertet wird.[255]

Aus dem Blickwinkel des Kriteriums der Relevanz ist eine Entflechtung von Versicherungs- sowie Spar- bzw. Investmentkomponenten aus Versicherungsverträgen abzulehnen, sofern alle Zahlungsströme und Risiken aus den Versicherungsverträgen in die Ermittlung des Auszahlungsbarwertes einfließen.

Vor dem Hintergrund des Kriteriums der Verlässlichkeit ergeben sich ebenfalls Probleme bei der vom IASB vorgeschlagenen Vorgehensweise. Insbesondere bei der Auslegung der beiden Kriterien der engen Verbundenheit sowie der willkürfreien Trennung entstehen weite Ermessensspielräume für die bilanzierenden Versicherer

[253] Dies gilt selbstverständlich auch für Verträge mit eng miteinander verbundenen Komponenten.

[254] Vgl. Abschnitt 4.5.3.10 auf Seite 147

[255] Vgl. *Rockel/Sauer* Versicherungsverträge S. 747, so auch *Engeländer/Kölschbach* Diskussionspapier des IASB – Analyse S. 391 und *Australian Accounting Standards Board* Comment Letter S. 38

bei der Interpretation und Anwendung dieser Begriffe.[256] Das Discussion Paper liefert keine Definition dafür.

Insofern ist die Entflechtung auch in Bezug auf die Verlässlichkeit problematisch. Eine Entflechtung von Versicherungs- sowie Spar- bzw. Investmentkomponenten ist daher unter dem Gesichtspunkt der Vermittlung entscheidungsnützlicher Information anzulehnen.

5.2.11 Einbeziehung der Bonität des Versicherers

Nach Ansicht des IASBs ist die Bonität des Versicherers bzw. genauer gesagt seiner Schulden[257] in die Bewertung der Schulden aus Versicherungsverträgen sowohl bei der Erst- als auch bei der Folgebilanzierung einzubeziehen.[258] Die Berücksichtigung der Bonität des Schuldners bei der Bewertung von Schulden ist in der Literatur äußerst umstritten.

Der Grund für die Berücksichtigung der Bonität liegt in dem Wunsch, dass im Rahmen der Full Fair Value-Bilanzierung Vermögenswerte und Schulden symmetrisch bewertet werden.[259]

Allerdings führt die Berücksichtigung der Bonität des Schuldners zu dem für den Bilanzleser unverständlichen Phänomen, dass ein Schuldner mit geringerer Bonität geringere Schulden ausweist als ein Schuldner mit höherer Bonität bzw. bei sinkender Bonität des Schuldners die Schulden ebenfalls sinken. Dies resultiert daraus, dass der Schuldner geringerer Bonität einen höheren Zinssatz für seine Schulden akzeptieren muss als der Schuldner höherer Bonität und die Abzinsung

[256] Vgl. *Conseil National de la Comptabilité* Comment Letter S. 11; so auch bzgl. der Willkürfreiheit *Rockel/Sauer* Versicherungsverträge S. 747; *Altenburger/Göttsche/Kuntner* trennen zwischen expliziten und impliziten Spar- bzw. Investmentkomponenten und kommen zu dem Schluss, dass explizite Komponenten willkürfrei zu trennen sind, räumen aber ein, dass die Bewertung mittels einer Differenzmethode, die zur willkürfreien Bewertung erforderlich ist, nicht zufriedenstellend ist. Bei impliziten Komponenten ist nach deren Art zu unterscheiden. Hier ist nur eine bestimmte Art von impliziten Spar- bzw. Investmentkomponenten willkürfrei trennbar, die jedoch auch mittels einer Differenzmethode zu bewerten ist. Vgl. *Altenburger/Göttsche/Kuntner* Unbundling S. 171–174

[257] Die Bonität der Schulden sollte allerdings mit der Bonität des Versicherers zusammenhängen. Siehe hierzu auch die Ausführungen zum Kriterium der Verlässlichkeit in diesem Abschnitt.

[258] Vgl. Abschnitt 4.5.3.11 auf Seite 147

[259] Vgl. *Rockel/Sauer* IFRS für Versicherungsverträge II S. 305

mit einem höheren Zinssatz im Rahmen der Barwertermittlung zu einem geringeren Wertansatz der Schulden führt. Der Schuldner erscheint für den Bilanzleser auf den ersten Blick geringer verschuldet. Umgekehrt erhöhen sich bei steigender Bonität die Schulden. Die Zahlungsströme, zu denen sich die Schuldner verpflichtet haben, sind jedoch gleich geblieben bzw. bei sinkender/steigender Bonität des Schuldners verändert sich seine Verpflichtung nicht.[260]

Dieses Phänomen kann bei sinkender Bonität des Schuldners dazu führen, dass eine sich anbahnende Insolvenz des Schuldners verschleiert wird, da, wie oben erläutert, der Buchwert der Schulden mit sinkender Bonität ebenfalls sinkt.[261] In diesem Zusammenhang argumentiert die Literatur mit einer Insolvenzoption der Unternehmenseigner, die nur einer auf das Eigenkapital beschränkten Haftung (bei Insolvenz) unterliegen. Darüber hinausgehende Verluste gehen zu Lasten der Gläubiger.[262] Der in diesem Zusammenhang geführten Argumentation, dass diese Option einen Vermögenswert für den Schuldner darstellt, kann nicht gefolgt werden. Vielmehr handelt es sich um einen Vermögenswert der Unternehmenseigner. Denn die Option verhindert die Insolvenz des Schuldners nicht.[263] Auch ist anzubringen, dass der Insolvenzoption weitere Faktoren, wie aufsichtsrechtliche Vorgaben, sog. Financial Distress-Kosten oder Garantien des Staates oder von anderen Einrichtungen[264] gegenüberstehen.[265]

Den Kapitalgebern, die relevante Informationen im Rahmen ihrer Entscheidungsfindung benötigen, würde durch das Einbeziehen der Bonität bei der Bewertung der Schulden aus Versicherungsverträgen ein falscher Eindruck von der Schuldensituation des Versicherers vermittelt.

[260] Vgl. *Rockel/Sauer* Versicherungsverträge S. 748, *Becker/Dember* Versicherungsbilanzierung S. 266, *Starbatty* Fair Value Accounting S. 548f., *Sauer* Solvabilitätsorientierte Gestaltung S. 110, *Lier* Einzelabschluss S. 288, *Barth/Landsman* Fundamental Issues S. 103; vgl. auch das Beispiel anhand einer Nullkouponanleihe mit 10-jähriger Laufzeit mit grafischer Darstellung in *Heckman* Credit Standing S. 72–75.

[261] Vgl. *Heckman* Credit Standing S. 75

[262] Vgl. *Rockel* Fair Value-Bilanzierung S. 174; vgl. hierzu auch *Crooch/Upton* Credit Standing S. 6

[263] Vgl. *Heckman* Credit Standing S. 75f.

[264] Zu Einrichtungen der Versicherungsunternehmen siehe etwa die Protektor Lebensversicherungs-AG für den Lebensversicherungsbereich und die Medicator AG für den Krankenversicherungsbereich

[265] Vgl. *Rockel* Fair Value-Bilanzierung S. 174–177

Ein Ausweg bestünde in der Angabe des Effektes aus der Berücksichtigung der Bonität, wie sie auch vom Discussion Paper vorgesehen ist.[266]

Auch ist die Einbeziehung der Bonität des Versicherers nicht mit dem Bewertungsmaßstab des Current Exit Values, wie er vom IASB angestrebt wird, vereinbar. Der Erwerber der Schulden aus dem Versicherungsvertrag hat die Verpflichtung gegenüber den Versicherungsnehmern in voller vereinbarter Höhe zu erfüllen. Die Bonität des veräußernden Versicherers ist insofern für den Erwerber nicht relevant.[267] Befürwortet das IASB die Einbeziehung der Bonität in die Bewertung mit einem Current Exit Value müsste vielmehr die Bonität des (fiktiven) Erwerbers relevant sein, der die Schulden gegenüber den Versicherungsnehmern übernimmt.[268]

Im Übrigen steht die Einbeziehung der eigenen Bonität des Versicherers im Widerspruch zu der allgemeinen Annahme der Unternehmensfortführung. Der Versicherer geht grundsätzlich davon aus, dass er seinen Verpflichtungen nachkommen wird, wenn er seine Financial Statements unter der Prämisse der Unternehmensfortführung aufstellt. Von dieser Prämisse geht auch das IASB in seinem Rahmenkonzept[269] grundsätzlich aus. Insofern spielt auch die Bonität des Versicherers für die Bewertung seiner Schulden keine Rolle.[270] Diese Absicht des Versicherers zur Unternehmensfortführung und Erfüllung seiner Verpflichtungen ist auch den bilanzlesenden Kapitalgebern zu vermitteln.

Im Hinblick auf das Kriterium der Verlässlichkeit im Rahmen der Vermittlung entscheidungsnützlicher Informationen ergibt sich die Problematik der Ermittlung der Bonität der einzelnen Schulden aus den Versicherungsverträgen. Denn das IASB will nicht die Bonität des Versicherers, sondern die der einzelnen Schulden berücksichtigen.[271] Wie allerdings die Unternehmensbonität, die insbesondere für große Versicherungsunternehmen von Ratingagenturen ermittelt wird, auf einzelne

[266]DP.232 (b); vgl. auch *Heckman* Credit Standing S. 82

[267]Vgl. *König* Anwendungsprobleme S. 365, *Husmann/Sauer* Versicherungsverträge Rz. 64 und *Sauer* Solvabilitätsorientierte Gestaltung S. 110

[268]Vgl. *Heckman* Credit Standing S. 77, hier allgemein zur Bonität bei der Ermittlung von Fair Values von Schulden

[269]Vgl. F.23

[270]Vgl. *Rockel* Fair Value-Bilanzierung S. 180, *Heckman* Credit Standing S. 78

[271]Vgl. DP Anh. H2

Schulden willkürfrei aufgeteilt werden soll, ist fraglich. Im Übrigen dürften nicht für alle Versicherungsunternehmen Bonitätsratings vorliegen und unterschiedliche Agenturen könnten auch zu unterschiedlichen Ergebnissen kommen.[272]

Insgesamt bleibt festzuhalten, dass die Einbeziehung der Bonität des Versicherers bzw. seiner Schulden nicht zum Ziel der Vermittlung entscheidungsnützlicher Informationen führt.

5.3 Analyse der Bilanzierung von Versicherungsverträgen i.S.d. Gewinnermittlung zur Informationsvermittlung

In den vorherigen Abschnitten wurde die Zweckmäßigkeit der Bilanzierung von Versicherungsverträgen unter dem Gesichtspunkt der Informationsbilanz untersucht. In diesem Abschnitt soll die Zweckmäßigkeit vor dem Hintergrund des informativen Gewinnes, d.h. die Prognoseeignung des Gewinnes sowie die Eignung zur Performance-Messung analysiert werden.

Die Analyse im Hinblick auf eine Informationsbilanz und einen informativen Gewinn ist streng auseinanderzuhalten[273] und wird daher auch in separaten Abschnitten behandelt.

5.3.1 Prognoseeignung der Bilanzierung von Versicherungsverträgen

Da die Verwendung zukünftiger Maßgrößen, wie z.B. der ökonomische Gewinn, aus Gründen mangelnder Nachprüfbarkeit und Glaubwürdigkeit ausscheidet, verbleibt ein Rückgriff auf vergangenheitsbezogene, prognosegeeignete Ist-Größen. Die Prognoseeignung des Ist-Gewinnes setzt jedoch voraus, dass nur nachhaltige Änderungen der Geschäftstätigkeit und keine außerordentlichen Ereignisse im

[272] Vgl. *Rockel* Fair Value-Bilanzierung S. 182f.
[273] Vgl. *Streim/Bieker/Esser* Fair Values S. 475

Ist-Gewinn Berücksichtigung finden. Des Weiteren ist erforderlich, dass von konstanten Umweltbedingungen ausgegangen wird, auch wenn dies regelmäßig nicht der Realität entspricht.[274] Außerordentliche Ereignisse sind erfolgsneutral zu behandeln oder in der Gewinn-und-Verlust-Rechnung getrennt auszuweisen.[275] Der Gewinn soll somit der Prognose zukünftiger Zahlungsströme bzw. Dividendenzahlungen dienen.[276]

Das Versicherungsgeschäft ist aufgrund des Geschäftes mit dem Risiko grundsätzlich mit erheblichen Unsicherheiten verbunden. Auszahlungen an die Versicherungsnehmer sowie hiermit verbundene Parameter wie Stornoquoten, Sterbewahrscheinlichkeiten und Schadenquoten sind durch den Versicherer zu schätzen, wenngleich zu einem gewissen Umfang statistische Datengrundlagen und Erfahrungen der Vergangenheit zur Verfügung stehen. Dennoch können sich erhebliche Schwankungen der Schulden aus Versicherungsverträgen ergeben.

Das IASB fordert die Bewertung von Schulden aus Versicherungsverträgen[277] zum Current Exit Value, legt also der Bewertung einen (fiktiven) Verkauf an einen anderen Marktteilnehmer zugrunde.[278]

Wie in Abschnitt 5.2.2 gesehen, ist fraglich, ob der Exit Value-Gedanke mit der Prämisse der Unternehmensfortführung vereinbar ist, da ein Versicherer bei geplanter Unternehmensfortführung seine Versicherungsverträge regelmäßig nicht veräußert, sondern bis zum Ende der Vertragslaufzeit gegenüber dem Versicherungsnehmer erfüllen will.

Im Rahmen der Prognose künftiger Gewinne auf Basis der vergangenheitsbezogenen Ist-Gewinne ist jedoch die Unternehmensfortführung vorauszusetzen, da sich im Falle fehlender Unternehmensfortführung eine Prognose künftiger Gewinne erübrigen würde.[279] Insofern ist der Exit Value-Gedanke vor dem Hintergrund der Prognosefunktion als unzweckmäßig einzustufen.

[274] Vgl. Abschnitt 3.4.2.3.1 auf Seite 54

[275] Vgl. *Streim/Bieker/Esser* Fair Values S. 476f.

[276] Vgl. *Streim/Bieker/Leippe* Theoretische Fundierung S. 195

[277] Ebenso für Schulden sowie Vermögenswerte aus Rückversicherungsverträgen; vgl. Abschnitt 4.5.3.8 auf Seite 138

[278] Vgl. Abschnitt 4.5.3.1.2 auf Seite 104

[279] Vgl. *Franken* Gläubigerschutz S. 204f.

Das IASB verfolgt grundsätzlich einen Current Estimate Approach. Sämtliche Parameter, seien es die Zahlungsströme im ersten Building Block[280], der Zeitwert des Geldes im zweiten Building Block[281] oder die Margen im dritten Building Block[282], sind an die aktuellen Gegebenheiten des Bewertungszeitpunktes anzupassen. Sämtliche Veränderungen im Buchwert der Schulden aus Versicherungsverträgen sind erfolgswirksam in der Gewinn-und-Verlust-Rechnung zu berücksichtigen.[283] Änderungen im Buchwert der Schulden können sich aus diversen Gründen ergeben: erwartete Zahlungsströme aus den Verträgen, erwartetes Freiwerden vom Risiko aus der Risikomarge sowie Erträge aus erbrachten Serviceleistungen in der Servicemarge, Diskontierungseffekte, Änderungen der Umstände (Änderung der Zinssätze, Differenzen zwischen erwarteten und tatsächlichen Zahlungsströmen, Änderungen der erwarteten Zahlungsströme, Änderung der Margen), Beteiligung der Versicherungsnehmer sowie Erträge oder Aufwendungen aus Rückversicherung.[284]

Bei den erfolgswirksam zu berücksichtigenden Änderungen des Buchwertes der Schulden aus Versicherungsverträgen hat eine differenzierte Betrachtung zu erfolgen. Wenn es sich um nachhaltige Änderungen handelt, z.B. in den Sterblichkeitswahrscheinlichkeiten, dann sind diese Erträge bzw. Aufwendungen in den Gewinn für Prognosezwecke einzubeziehen. Alle anderen Änderungen, die als kurzfristig, unregelmäßig oder nichtwiederkehrend anzusehen sind, sind dagegen erfolgsneutral zu behandeln oder erfolgswirksam, jedoch getrennt von den nachhaltigen Gewinnen auszuweisen.

Im Rahmen des ersten Building Blocks erläutert das IASB, dass bei der Verwendung aktueller Schätzungen auch auf die Nachhaltigkeit der Änderungen zu achten ist und nicht kurzfristige Erscheinungen die Schätzungen beeinflussen sollen.[285] Insofern entspricht dies dem Konzept eines prognosegeeigneten Gewinnes.

Das Discussion Paper enthält eine kurze Diskussion darüber, ob die Effekte aus der Neubewertung von Schulden aus Versicherungsverträgen erfolgsneutral behan-

[280] Vgl. Abschnitt 4.5.3.2 auf Seite 108
[281] Vgl. Abschnitt 4.5.3.3 auf Seite 115
[282] Vgl. Abschnitt 4.5.3.4 auf Seite 117
[283] DP.337
[284] DP.325
[285] Vgl. DP.46

delt werden sollen, wie es für die Kategorie der Finanzinstrumente „Available for Sale" nach IAS 39 der Fall ist. Dies sei deshalb erforderlich, um die langfristige Entwicklung von den kurzfristigen Marktvolatilitäten, die sich über die lange Laufzeit mancher Versicherungsverträge wieder ausgleichen könnten, zu differenzieren. Das IASB lehnt jedoch eine erfolgsneutrale Behandlung von Veränderungen der Schulden aus Versicherungsverträgen ab.[286]

Des Weiteren diskutiert das IASB, ob die Veränderungen in den Schulden aus Versicherungsverträgen in einer Linie in der Gewinn-und-Verlust-Rechnung oder aufgespalten in mehrere Linien dargestellt werden sollen. Letzteres sei erforderlich, da die Veränderungen der Schulden auch auf unterschiedlichen Gründen und Faktoren basieren. Das IASB hat sich bisher jedoch noch keine abschließende Meinung gebildet.[287]

Der letzte Vorschlag könnte, bei zweckentsprechender Umsetzung, in die Richtung eines prognosegeeigneten Gewinnes zielen, wenn nachhaltige und nichtnachhaltige erfolgswirksame Effekte aus den Schulden aus Versicherungsverträgen in der Gewinn-und-Verlust-Rechnung getrennt ausgewiesen würden.

Im Zusammenhang mit aktuellen Schätzungen wird neben dem Current Estimate Approach auch der Lock-in-Approach durch das IASB diskutiert. Nach Letzterem sind alle bei Vertragsabschluss gemachten Schätzungen während der Gesamtlaufzeit des Vertrages beizubehalten und nur im Rahmen eines Liability Adequacy Tests sich ergebende Verluste (erfolgswirksam) zu erfassen. Dieser Ansatz wird allerdings vom IASB zugunsten des Current Estimate Approaches abgelehnt.[288] Durch die Beibehaltung der Schätzungen ergibt sich grundsätzlich ein Glättungseffekt für den ausgewiesenen Gewinn, der der Prognoseeignung zuträglich ist. Die im Rahmen des Liability Adequacy Tests festgestellten Verluste müssten dann allerdings erfolgsneutral oder separat in der Gewinn-und-Verlust-Rechnung ausgewiesen werden, da sich ansonsten fallbezogene Aufwendungen ergeben, die der Prognosefunktion entgegen wirken. Veränderungen, die zu Gewinnen führen, werden allerdings gar nicht erfasst. Zu berücksichtigen wäre zudem, dass auch die Änderungen, die im Rahmen des Liability Adequacy Tests erfolgsneutral berück-

[286] DP.329
[287] DP.327 und 328
[288] Vgl. Abschnitt 4.5.3.2 auf Seite 108

sichtigt würden, nachhaltige Änderungen enthalten könnten, die im prognosegeeigneten Gewinn auszuweisen wären. Insofern kann auch der Lock-in-Approach nicht überzeugen.

Die Anpassung der einzelnen Parameter hat im Rahmen des Current Exit Values an die aktuell für einen (fiktiven) Marktteilnehmer geltenden Parameter zu erfolgen.[289] Für die Prognosefunktion ist dieses Vorgehen jedoch nicht zweckmäßig, da im Rahmen der Prognose die zukünftigen Gewinne des bilanzierenden Versicherers prognostiziert und darauf aufbauend auf die zukünftigen Zahlungsströme bzw. Dividendenzahlungen geschlossen werden sollen. Es geht nicht darum, die zukünftigen Gewinne eines (fiktiven) Marktteilnehmers zu prognostizieren.

Im Rahmen des dritten Building Blocks verfolgt das IASB für die Risikomarge den Ansatz B, d.h., es erfolgen neutrale, aktuelle Schätzungen der Marge, die durch andere Marktteilnehmer gefordert würde. Dabei sei jedoch nicht der gesamte Gewinn aus dem Versicherungsvertrag bei Vertragsabschluss zu vereinnahmen, sondern die Entschädigung für die Übernahme des Risikos (sowie die Erbringung von Dienstleistungen) sei über die Vertragslaufzeit zu realisieren.[290] Hieraus ergibt sich wiederum eine Glättung des Erfolgsausweises, im Gegensatz zur sofortigen Erfassung des vollständigen Gewinnes bei Vertragsabschluss. Insofern ist die Erfassung des Gewinnes über die Vertragslaufzeit im Hinblick auf die Prognosefunktion zweckmäßig.

Solange das Gesetz der großen Zahlen für Versicherungsverträge gilt und ein Portfolio von homogenen Risiken vorliegt, lassen sich Schätzungen der Bewertungsparameter auf Basis von Statistiken und Erfahrungen der Vergangenheit abgeben, die bei Nachhaltigkeit im prognosegeeigneten Gewinn zu erfassen sind. Eine andere Situation ergibt sich allerdings bei Großschaden- und Katastrophenversicherungen, bei denen ein Ausgleich i.d.R. erst in der Zeit erfolgt. Hier sind Glättungen der Aufwendungen zur Ermittlung eines prognosegeeigneten Gewinnes durch Schätzungen erforderlich, die den Ausgleich in der Zeit berücksichtigen. Tritt ein Schadenfall ein, so wäre für einen prognosegeeigneten Gewinn dieser

[289]Vgl. insbesondere Abschnitt 4.5.3.2 auf Seite 108 und Abschnitt 4.5.3.4 auf Seite 117, wobei sich z.T. Probleme bei der Bestimmung der Parameter, die bei anderen Marktteilnehmern gelten, ergeben können. Vgl. ebenda

[290]Vgl. Abschnitt 4.5.3.4.1 auf Seite 118

einmalig, nicht regelmäßig wiederkehrende Effekt aus dem Schadenfall erfolgsneutral oder separat vom prognosegeeigneten Gewinn darzustellen. So werden in der handelsrechtlichen Bilanzierung derzeit nach § 341h HGB Schwankungs- und Großrisikenrückstellungen gebildet, die diese unregelmäßig wiederkehrenden Effekte glätten sollen.

Des Weiteren klammert das IASB das Verhalten der Versicherungsnehmer, das für den Versicherer günstig ist, aus, wenn das Kriterium der garantierten Versicherbarkeit nicht erfüllt bzw. ein Zwang zur Prämienzahlung nicht gegeben ist. Erst allmählich bei Erfüllung des Kriteriums der garantierten Versicherbarkeit ist das günstige Verhalten der Versicherungsnehmer einzubeziehen. Ungünstiges Verhalten ist dagegen stets zu berücksichtigen.[291] Hieraus kann sich eine Volatilität des Ergebnisses ergeben, die die Prognosefunktion des Gewinnes beeinträchtigt. Für die Prognose des zukünftigen Gewinnes durch die Kapitalgeber sind jedoch auch die Erwartungen über das Verhalten der Versicherungsnehmer relevant. Insofern sollten auch hier erwartete nachhaltige Effekte berücksichtigt werden.

Wie in Abschnitt 5.2.4 dargestellt, kann es bei Nichtberücksichtigung von künftigem günstigem Verhalten der Versicherungsnehmer, aus dessen Prämien die Anschaffungskosten ganz oder zum Teil gedeckt werden, zur Erfassung von Verlusten zu Vertragsbeginn kommen, obwohl der Versicherer von einer Deckung der Anschaffungskosten grundsätzlich ausgeht. Solch ein Verlustausweis ist nicht als zweckmäßig für die Prognosefunktion einzustufen.

Bei der Thematik der Assets Backing Insurance Liabilities wurde deutlich, dass sich Accounting Mismatches im Wesentlichen aus der unterschiedlichen Bilanzierungsweise der Vermögenswerte und der Schulden aus Versicherungsverträgen ergeben.[292] So werden Finanzinstrumente nach IAS 39 fallabhängig zum Fair Value oder zu Anschaffungskosten bewertet und Wertänderungen ebenso fallabhängig erfolgswirksam behandelt oder erfolgsneutral ausgewiesen. Auch hier gilt, dass nur nachhaltige Änderungen im prognosegeeigneten Gewinn ausgewiesen werden dürfen.[293]

---

[291] Vgl. Abschnitt 4.5.3.5.1 auf Seite 128

[292] Vgl. Abschnitt 4.5.3.6 auf Seite 136 sowie Abschnitt 5.2.6 auf Seite 192

[293] Vgl. zur Analyse der Prognosetauglichkeit von Fair Values, auch von Finanzinstrumenten, *Bieker* Fair Value Accounting S. 198–201

Nach dem IASB sollen nur Zahlungsströme aus der Beteiligung der Versicherungsnehmer berücksichtigt werden, sofern eine rechtliche oder faktische Verpflichtung existiert. Dies bedeutet, dass u.U. nicht alle Zahlungsströme aus den Versicherungsverträgen erfasst werden.[294] Insofern ergibt sich eine ähnliche Problematik wie bei der Nichtberücksichtigung des Verhaltens der Versicherungsnehmer, sodass auf die obigen diesbezüglichen Ausführungen zur Prognosefunktion verwiesen wird.

Das IASB befürwortet die Anwendung des Asset-Liability-Ansatzes, wonach sich der Periodenerfolg bei Erstbilanzierung als Differenz aus den Wertansätzen der Vermögenswerte und Schulden sowie in der Folge aus den erfolgswirksamen Änderungen dieser Positionen ergibt und der der statischen Bilanzauffassung entspricht. Die periodengerechte Erfolgsermittlung wird eingeschränkt.[295] Insofern ist fraglich, wie ein auf die Bilanz fokussiertes Konzept, das die Gewinn-und-Verlust-Rechnung als Differenzrechnung betrachtet, zu einem prognosegeeigneten Gewinn führen soll.

Im Übrigen ist anzumerken, dass sich das IASB im Discussion Paper auf die Erstbewertung konzentriert und die Folgebewertung vernachlässigt.[296]

Zusammenfassend lässt sich festhalten, dass die Regelungen zur Bilanzierung von Versicherungsverträgen im Discussion Paper trotz einiger guter Ansatzpunkte nicht zu einem Ausweis eines prognosegeeigneten Gewinnes führen.

5.3.2 Eignung der Bilanzierung von Versicherungsverträgen zur Performance-Messung des Managementes

Damit der bilanzielle Gewinn den Zweck der Performance-Messung des Managementes erfüllen kann, muss er alle positiven und negativen Folgen der Managemententscheidungen aus dem zu beurteilenden Zeitraum widerspiegeln. Der Einfluss der Managemententscheidungen auf den Unternehmenswert soll ablesbar sein, ebenso sollen die Auswirkungen auf zukünftige Dividendenzahlungen und kommende Einzahlungs- bzw. Ertragsüberschüsse deutlich werden. Geplante, je-

[294] Vgl. Abschnitt 4.5.3.9 auf Seite 140 sowie Abschnitt 5.2.9 auf Seite 204
[295] Vgl. Abschnitt 4.5.1.2 auf Seite 95
[296] Vgl. *Engeländer/Kölschbach* Diskussionspapier des IASB – Analyse S. 390

doch noch nicht umgesetzte Entscheidungen des Managementes dürfen sich nicht auf den bilanziellen Gewinn des zu beurteilenden Zeitraumes als Performance-Maß auswirken.[297] Ebenso dürfen sich keine Entscheidungen des vorhergehenden Managementes mehr im Performance-Maß niederschlagen.

Im Folgenden soll untersucht werden, inwieweit die Regelungen zur Bilanzierung von Versicherungsverträgen des IASBs zur Ermittlung eines zur Performance-Messung des Managementes geeigneten Gewinnes beitragen.[298]

Nach dem IASB ist zur Bewertung von Schulden aus Versicherungsverträgen der Current Exit Value zu verwenden, der den Betrag darstellt, den ein Versicherer an einen anderen Marktteilnehmer zahlen müsste, um sich seiner Verpflichtungen inklusive seiner Ansprüche aus dem Versicherungsvertrag zu entledigen.[299] Wie auch vom IASB zugegeben[300], beabsichtigt das Management jedoch in der Regel nicht, die Versicherungsverträge zu veräußern. Stattdessen will es diese bis zu deren Laufzeitende fortführen und gegenüber dem Versicherungsnehmer erfüllen. Insofern kann ein Bewertungsmaßstab, der Entscheidungen des Managementes impliziert, die dieses weder getroffen hat noch treffen will, nicht zur Beurteilung der Performance des Managementes herangezogen werden. Ein Management wird auch nicht dazu bereit sein, sich an einem derartigen Performance-Maß messen zu lassen. Lediglich in den Ausnahmefällen, in denen das Management entschieden hat, einen Versicherungsvertrag bzw. ein Portfolio von Verträgen, z.B. im Rahmen einer Bestandsübertragung,[301] zu veräußern, sind die erfolgswirksamen Effekte hieraus im Gewinn als Performance-Maß zum Zeitpunkt der Entscheidung einzubeziehen.

Bei der Verwendung der drei Building Blocks zur Ermittlung des Current Exit Values ist bei der Bestimmung der Zahlungsströme nicht auf unternehmensspezifische Zahlungsströme, sondern auf solche, die in gleicher Weise bei anderen Markt-

[297] Vgl. Abschnitt 3.4.2.3.2 auf Seite 55

[298] Auf die grundsätzliche Zweckmäßigkeit einer bilanziellen Ergebnisgröße als Performance-Maß soll nicht eingegangen werden. Vgl. hierzu *Bieker* Fair Value Accounting S. 201, der darlegt, dass eine bilanzielle Ergebnisgröße zur Performance-Messung grundsätzlich nicht geeignet ist

[299] Vgl. Abschnitt 4.5.3.1.2 auf Seite 104

[300] Vgl. DP.94

[301] Siehe zu Bestandsübertragungen Abschnitt 5.2.2 auf Seite 162

teilnehmern entstehen würden[302], abzustellen. Dies gilt bspw. für (In-)Effizienzen bei Servicekosten.[303] Hat das Management aufgrund seiner Entscheidungen und Maßnahmen erreicht, dass im Unternehmen aufgrund von Effizienzen geringere Servicekosten anfallen als bei anderen Marktteilnehmern, so hat es trotzdem die höheren Kosten bei der Bewertung der Schulden aus Versicherungsverträgen zu verwenden und ceteris paribus höhere Aufwendungen anzusetzen. Umgekehrt gilt, dass ein Versicherer, der aufgrund von Ineffizienzen höhere Servicekosten aufweist als andere Marktteilnehmer, in der Bewertung der Schulden geringere Kosten berücksichtigt und somit ceteris paribus geringere Aufwendungen ausweist. Ein Management, das die Kostenstrukturen gesenkt hat und Effizienzen erarbeitet hat, wird somit im Gewinn als Performance-Maß bestraft. Zudem wird sich der Effekt in den kommenden Jahren umkehren, wenn die Kosten über die Laufzeit des Vertrages anfallen. Hat in dieser Zeit ein Managementwechsel stattgefunden, werden dem neuen Management bei niedrigeren (höheren) Kosten ceteris paribus Erträge (Aufwendungen) zugewiesen, die gar nicht auf seine Entscheidungen zurückgehen.

Im dritten Building Block sind Risiko- sowie Servicemargen zu verwenden, die andere Marktteilnehmer ebenfalls verlangen würden.[304] Auch hier gilt, dass auf Parameter abgestellt wird, die das Management überhaupt nicht beeinflussen kann. Vielmehr müsste auf die unternehmensindividuellen Margen abgestellt werden, deren Höhe durch das Management beeinflussbar sind.

Die Risiko- sowie die Servicemarge soll über die Laufzeit des Versicherungsvertrages entsprechend dem Freiwerden von Risiko sowie der Erbringung von Dienstleistungen vermindert und somit der Ertrag aus dem Versicherungsvertrag realisiert werden. Somit wird nicht der gesamte Gewinn aus dem Versicherungsvertrag bei der Erstbilanzierung des Vertrages im Zeitpunkt des Vertragsschlusses ausgewiesen.[305] Dieser Gewinn geht jedoch auf die in der Periode der Erstbilanzierung

[302] Für gewisse Zahlungsströme ist der Unterschied zwischen unternehmensspezifischen Zahlungsströmen und solchen anderer Marktteilnehmer jedoch von geringerer praktischer Bedeutung. Vgl. Abschnitt 4.5.3.2 auf Seite 108

[303] Vgl. Abschnitt 4.5.3.2 auf Seite 108 sowie DP.60 und 62

[304] Vgl. Abschnitt 4.5.3.4 auf Seite 117

[305] Vgl. Abschnitt 4.5.3.4.1 auf Seite 118 sowie Abschnitt 4.5.3.4.2 auf Seite 127

gefassten Entscheidungen des Managementes zurück und wäre insofern sofort zu erfassen.[306]

Im Rahmen des zweiten Building Blocks ist der Zeitwert des Geldes in die Bewertung der Schulden aus Versicherungsverträgen einzubeziehen. Dabei sind Marktzinssätze mit Merkmalen wie Zeit-, Währungs- und Liquiditätskongruenz zu verwenden.[307] Marktzinssätze sind jedoch nicht durch das Management beeinflussbar, sondern zu den externen Umweltfaktoren zu zählen. Da Versicherungsverträge auch nicht zur Veräußerung oder sogar Spekulation gehalten werden[308], können dem Management Marktfaktoren, die es nicht versucht auszunutzen, auch nicht zugerechnet werden. Würden unternehmensspezifische Zinssätze, die auf der erwarteten Verzinsung der vom Versicherer tatsächlich gehaltenen Vermögenswerte beruhen, verwendet und unterliegen diese Vermögenswerte der Entscheidung zur Investition und Desinvestition des Managementes, sodass die Zinsentwicklung dem Management zuzuordnen wäre, wäre es zu seiner Performance-Messung zweckmäßiger, diese unternehmensspezifischen Zinssätze zugrunde zu legen.

Das IASB sieht vor, für den Versicherer günstiges Verhalten der Versicherungsnehmer nur einzubeziehen, wenn das Kriterium der garantierten Versicherbarkeit erfüllt ist bzw. der Versicherer den Versicherungsnehmer zur Prämienzahlung zwingen kann.[309] Wie unter Abschnitt 5.2.4 dargestellt, kann es dazu kommen, dass nicht alle Zahlungsströme aus den Versicherungsverträgen Eingang in die Bewertung der Schulden aus Versicherungsverträgen finden. Da sich der Gewinn im Rahmen des Asset-Liability-Ansatzes aus den Ansätzen der Vermögenswerte und Schulden bei Erstbilanzierung bzw. in der Folge aus ihren Wertänderungen ergibt[310], hat diese Nichtberücksichtigung auch Auswirkungen auf den Gewinn. Die nichtberücksichtigten Zahlungsströme aus den Versicherungsverträgen sind jedoch auch den Entscheidungen des Managementes über die Annahme und Ausgestaltung der Versicherungsverträge zuzurechnen und sollten sich demnach auch

[306] Vgl. zum Realisationsprinzip *Bieker* Fair Value Accounting S. 201 sowie *Streim/Esser* Informationsvermittlung S. 839

[307] Vgl. Abschnitt 4.5.3.3 auf Seite 115

[308] Siehe zur diesbezüglichen Argumentation bei nichtbetriebsnotwendigem Vermögen *Bieker* Fair Value Accounting S. 203f.

[309] Vgl. Abschnitt 4.5.3.5.1 auf Seite 128

[310] Vgl. Abschnitt 4.5.1.2 auf Seite 95

in einer zur Performance-Messung des Managementes verwendeten Ergebnisgröße im Jahr der Entscheidung widerspiegeln.

Im Zusammenhang mit der (Nicht-)Berücksichtigung von Verhalten der Versicherungsnehmer diskutiert das IASB, ob das Verhalten der Kundenbeziehung oder dem bestehenden Versicherungsvertrag zuzuordnen ist, und kommt zu dem Schluss, dass es sich zwar um eine Folge der Kundenbeziehung handele, jedoch eine Berücksichtigung aufgrund der engen Verbundenheit mit dem Versicherungsvertrag gerechtfertigt sei. Allerdings sei nur der eng verbundene Teil der Kundenbeziehung zu erfassen.[311] Bei der Kundenbeziehung allgemein handelt es sich um einen selbst geschaffenen immateriellen Vermögenswert, der nach IAS 38.63 nicht aktiviert werden darf. Insofern werden Einzahlungspotenziale der Zukunft, die das Management jedoch, z.B. durch Investitionen in den Aufbau einer guten Vertriebsorganisation, geschaffen hat, nicht aktiviert, sondern Aufwendungen zur Schaffung der Einzahlungspotenziale ergebnismindernd berücksichtigt.[312]

Anschaffungskosten sind nach dem Discussion Paper sofort als Aufwand zu erfassen.[313] Sofern sämtliche Einzahlungspotenziale, die die Anschaffungskosten decken, in die Bewertung der Schulden aus Versicherungsverträgen einbezogen werden, ergibt sich ein erfolgswirksamer Ausgleich dieser Aufwendungen bzw. sofern die Anschaffungskosten nicht gedeckt werden, ein Verlust aus den Anschaffungskosten. Diese Vorgehensweise spiegelt die Performance des Managementes zutreffend wider. Dürfen jedoch nicht alle Einzahlungspotenziale berücksichtigt werden, weil sie das Kriterium der garantierten Versicherbarkeit oder der Möglichkeit des Zwanges zur Prämienzahlung nicht erfüllen, so könnte sich ceteris paribus ein Verlust aus der ergebniswirksamen Erfassung der Anschaffungskosten ergeben, der sich in künftigen Perioden bei sukzessiver Erfassung der Einzahlungspotenziale aus dem ausgeübten Verhalten der Versicherungsnehmer umkehrt.[314] Insofern ergibt sich auch hier das Problem, dass die Performance des Managementes nicht korrekt dargestellt wird und bei zukünftigem Managementwechsel das

[311] Vgl. Abschnitt 4.5.3.5.1 auf Seite 128
[312] Vgl. *Streim/Esser* Informationsvermittlung S. 839
[313] Vgl. Abschnitt 4.5.3.5.2 auf Seite 136
[314] Vgl. Abschnitt 5.2.4 auf Seite 187

neue Management in künftigen Perioden von den Entscheidungen des vorherigen Managementes profitiert.

Bei der Thematik der Beteiligung der Versicherungsnehmer ergibt sich ebenfalls die Problematik, dass ggf. nicht alle Zahlungsströme, hier die Auszahlung der Überschussbeteiligung, einbezogen werden.[315] Diese gehen jedoch ebenfalls grundsätzlich auf die Entscheidungen des Managementes zurück, Versicherungsverträge mit Überschussbeteiligung abzuschließen. Insofern ist in die Ermittlung der Auszahlungspotenziale die Überschussbeteiligung einzubeziehen, die das Management beabsichtigt zu zahlen. Künftige Änderungen sind in den Perioden zu erfassen, in denen die Entscheidung zur Änderung der Überschussbeteiligung getroffen wird.

Nach Ansicht des IASBs ist die Bonität der Schulden aus Versicherungsverträgen bei deren Bewertung zu berücksichtigen.[316] Dabei ergibt sich das paradoxe Ergebnis, dass bei sinkender (steigender) Bonität die Schulden sinken (steigen).[317] Daraus folgt, dass ein Management, das die Bonität erhöht, damit bestraft wird, dass die Schulden höher bewertet und somit ceteris paribus ein geringerer Gewinn ausgewiesen wird. Über die Laufzeit der Schulden gleicht sich dieser Effekt wieder aus, es werden ceteris paribus höhere Gewinne ausgewiesen. Hat inzwischen ein Managementwechsel stattgefunden, so profitiert das nachfolgende Management von den Maßnahmen des vorherigen Managementes. Entsprechend gilt für ein Management, das die Bonität verschlechtert, dass es geringere Schulden und ceteris paribus einen höheren Gewinn ausweist, wobei sich in künftigen Perioden dieser Effekt ebenfalls wieder ausgleichen wird. Im Übrigen ergeben sich falsche Anreize für das Management, die Bonität zur Beeinflussung der Schuldenhöhe zu nutzen.[318] Dies gilt freilich nur kurzfristig, da eine anhaltende Verschlechterung der Bonität die Unternehmensfortführung gefährden kann. Kurzfristige Effekte können jedoch ausgenutzt werden und falls das Management inzwischen gewechselt hat, würden die negativen Konsequenzen dem nachfolgenden Management angelastet.

[315] Vgl. Abschnitt 4.5.3.9 auf Seite 140
[316] Vgl. Abschnitt 4.5.3.11 auf Seite 147
[317] Vgl. Abschnitt 5.2.11 auf Seite 209
[318] Vgl. zu falschen Anreizen bei gewinnabhängiger Entlohnung auf der Basis von Fair Values in gläubigerschutzorientierten Rechnungslegungssystemen *Starbatty* Fair Value Accounting S. 549

Nach dem IASB sind Versicherungsverträge anzusetzen, wenn der Versicherer Vertragspartner geworden ist[319], d.h. umgekehrt, dass Versicherungsverträge, bei denen noch kein Vertragsabschluss stattgefunden hat, nicht in der Bilanz anzusetzen sind. Aus Sicht einer zur Performance-Messung genutzten Ergebnisgröße ist dies folgerichtig, da in ein Performance-Maß keine künftigen Entscheidungen des Managementes einbezogen werden dürfen und der Abschluss künftiger Versicherungsverträge auf solchen künftigen Entscheidungen beruht.

Insgesamt ergibt sich in der Praxis das Problem, dass es schwierig ist festzustellen, welche Teile der zur Performance-Messung genutzten bilanziellen Ergebnisgröße auf Entscheidungen des Managementes und welche Teile auf externe Umweltfaktoren, die das Management nicht beeinflussen kann und die ihm auch nicht zuzurechnen sind, zurückgehen.[320]

Festzuhalten bleibt, dass die vom IASB vorgesehenen Regelungen zur Bilanzierung von Schulden aus Versicherungsverträgen nicht zum Ziel eines zur Performance-Messung des Managementes geeigneten Gewinnes führen.

5.4 Bilanzierung von Versicherungsverträgen im Rahmen der sonstigen Informationsvermittlung

Je weniger entscheidungsnützliche Informationen die Kapitalgeber aus der Bilanz sowie der Gewinnermittlung entnehmen können, desto mehr muss versucht werden, dieses Defizit durch die sonstige Informationsvermittlung auszugleichen.[321]

Das IASB sieht neben der Bilanz und der Gesamterfolgsrechnung folgende Instrumente der sonstigen Informationsvermittlung vor: Anhang, Kapitalflussrechnung, Eigenkapitalveränderungsrechnung sowie für kapitalmarktorientierte Unternehmen eine Segmentberichterstattung.[322]

---

[319] Vgl. Abschnitt 4.4.2.1 auf Seite 86
[320] Vgl. *Bieker* Fair Value Accounting S. 201
[321] Vgl. Abschnitt 3.4.4 auf Seite 57
[322] Vgl. Abschnitt 3.5.3 auf Seite 65

In der Kapitalflussrechnung werden Informationen über die Zahlungsströme der vergangenen Perioden dargestellt. Insofern liefern diese auch keine künftigen Informationen, die die Informationsbilanz im Hinblick auf relevante Informationen über die Zukunft ergänzen könnten.[323]

Da sämtliche Veränderungen der Schulden aus Versicherungsverträgen in der Gewinn-und-Verlust-Rechnung[324] ausgewiesen werden und keine erfolgsneutrale Behandlung erfolgen soll[325], trägt die Eigenkapitalveränderungsrechnung auch nicht zur sonstigen Informationsvermittlung in Bezug auf die Bilanzierung von Schulden aus Versicherungsverträgen bei.

Die Segmentberichterstattung enthält Informationen, aufgespalten nach Segmenten, über Erträge und Aufwendungen sowie über Vermögenswerte und Schulden.[326] Somit werden zwar Detailinformationen etwa nach Segmenten wie Lebens- und Krankenversicherung, Schaden- und Unfallversicherung, Bankgeschäft, Finanzdienstleistungen, Asset Management, Rechtsschutz und ggf. getrennt nach Rück- und Erstversicherung[327] bereitgestellt, die interessant für die Kapitalgeber sind, da hieraus ersichtlich wird, welchen Geschäftsaktivitäten der Versicherer nachgeht. Hierdurch erhalten die Kapitalgeber jedoch keine zusätzlichen entscheidungsnützlichen Informationen, da es sich lediglich um eine Aufspaltung der nach den vorgegebenen Regelungen angesetzten und bewerteten Posten der Bilanz und Gesamterfolgsrechnung handelt.

Schließlich bleibt der Anhang, der in IFRS-Konzernabschlüssen einen breiten Raum einnimmt.[328] IFRS 4 enthält diverse Anhangangabeerfordernisse, die in Abschnitt 4.6.1 dargestellt wurden. Das Discussion Paper hält sich noch mit der

[323] Vgl. im Hinblick auf die Erhöhung der Prognosequalität die Ausführungen zur Kapitalflussrechnung von *Franken* Gläubigerschutz S. 216f.

[324] Bzw. nach dem IAS 1 (revised September 2007) Gesamterfolgsrechnung

[325] Vgl. Abschnitt 5.3.1 auf Seite 212

[326] Vgl. IFRS 8.23 und 24 sowie IFRS 8.IG3

[327] Vgl. beispielhaft die Segmentberichterstattungen in *Allianz Gruppe* Geschäftsbericht 2007 S. 166–181, *Münchener-Rück-Gruppe* Geschäftsbericht 2007 S. 164–169, *AMB Generali Gruppe* Konzern-Geschäftsbericht 2007 S. 100–105 sowie *ERGO Versicherungsgruppe* Konzerngeschäftsbericht 2007 S. 82–87, wobei nicht jeweils alle der oben genannten Segmente genutzt wurden

[328] So beläuft sich der Konzernanhang 2007 der Allianz Gruppe auf 119 Seiten, der Münchener-Rück-Gruppe auf 77 Seiten, der AMB Generali Gruppe auf 85 Seiten und der ERGO Gruppe auf 108 Seiten.

Vorgabe von Anhangangaben zurück und wird die Frage hiernach im endgültigen Standard klären.[329]

IFRS 4 gibt absichtlich lediglich zwei allgemeine Grundsätze vor:[330] Informationen, die die Beträge aus Versicherungsverträgen in den Financial Statements identifizieren und erläutern sowie Informationen, die es den Lesern ermöglichen, die Art und das Ausmaß der Risiken aus Versicherungsverträgen zu beurteilen.[331] Diese werden flankiert von einigen speziellen Anhangangaben.[332]

Die Ausgestaltung dieser allgemein gehaltenen Vorgaben soll durch die Praxis im Detail entsprechend der vorliegenden Gegebenheiten des einzelnen Versicherers erfolgen.[333] Diese Vorgehensweise hat Vor- und Nachteile. Der Vorteil liegt darin, dass die Versicherer relativ frei sind, ergänzende relevante Informationen zu den Posten der Bilanz und der Gesamterfolgsrechnung bereitzustellen und diese auf ihre Situation zuzuschneiden. Insofern sind die Vorgaben zu den Anhangangaben in IFRS 4 grundsätzlich für den Zweck der sonstigen Informationsvermittlung geeignet. Im Übrigen könnte ein Standard gar nicht alle Informationen, die für alle Versicherer in allen Sparten und allen Ländern relevant sind, festlegen. Allerdings besteht auch die Gefahr, dass die Versicherer den in gewissem Rahmen in ihrem Ermessen stehenden Umfang der Anhangangaben bestimmen und nicht alle relevanten Informationen angeben.

Positiv im Hinblick auf die Relevanz sind die folgenden von IFRS 4 geforderten Anhangangaben zu beurteilen:

- wesentliche Annahmen, die der Bewertung zugrunde gelegt wurden, da diese für die Prognosetauglichkeit wichtig sind,
- die Entwicklung der Schulden aus Versicherungsverträgen, Rückversicherungsansprüchen sowie abgegrenzten Anschaffungskosten, um so Rückschlüsse auf die künftige Entwicklung zu ziehen,

[329] Vgl. Abschnitt 4.6.2 auf Seite 153
[330] Vgl. IFRS 4.BC199
[331] IFRS 4.36 und 38
[332] Vgl. hierzu Abschnitt 4.6.1 auf Seite 149 sowie IFRS 4.37, 39 und 39A
[333] Vgl. IFRS 4.BC201

- Angaben zum Risikomanagement, inkl. Sensitivitätsanalysen und Risikokonzentrationen, da hieraus auch auf die künftige Risikoexposition des Versicherers geschlossen werden kann.

Wichtig für die Bereitstellung relevanter Informationen an die Kapitalgeber wären im Falle der Bewertung zum Current Exit Value nach dem Discussion Paper etwa Informationen über unternehmensspezifische Daten, die grundsätzlich nicht verwendet werden dürfen[334] und deren Auswirkungen auf die Bewertung, Angaben zum erwarteten Verhalten der Versicherungsnehmer sowie zur Beteiligung der Versicherungsnehmer, insbesondere zum Ausmaß des nichtbilanzierten Teiles, Angaben zur Unit of Account, Informationen über die Bonität sowie deren Auswirkungen auf die Bewertung der Schulden aus Versicherungsverträgen sowie im Rahmen des Ansatzes von Versicherungsverträgen Angaben über den Umfang an Verträgen, bei denen bereits ein Vertragsabschluss stattgefunden, ohne dass der Versicherungsschutz bereits begonnen hat.[335]

Festzuhalten bleibt, dass das Ausmaß der Bereitstellung entscheidungsnützlicher Informationen durch den Anhang im Rahmen der sonstigen Informationsvermittlung entscheidend von der Informationsbereitschaft der bilanzierenden Versicherer abhängt.

[334]Vgl. Abschnitt 4.5.3.2 auf Seite 108 sowie Abschnitt 4.5.3.4 auf Seite 117
[335]Vgl. zum Ansatz auch Abschnitt 5.2.1.2 auf Seite 161

5.5 Lösung durch den Ansatz eines Settlement Values?

In den zum Discussion Paper eingereichten Comment Letters wurde verschiedentlich anstelle des Current Exit Values die Bewertung zu einem Settlement Value[336] vorgeschlagen.

In diesem Abschnitt soll untersucht werden, ob ein Settlement Value einen zweckadäquaten Bewertungsmaßstab für die Bilanzierung von Schulden aus Versicherungsverträgen darstellt bzw. wie dieser Settlement Value auszugestalten ist, damit er zweckadäquat ist. Dabei wird zuerst auf den Zweck der Informationsvermittlung im Rahmen der Informationsbilanz eingegangen.

Zunächst soll jedoch eine Definition für einen Settlement Value der Schulden aus Versicherungsverträgen gefunden werden. Dieser ließe sich definieren als

> „der Barwert sämtlicher Zahlungsströme aus dem Versicherungsvertrag, die der Versicherer leisten muss, um seine Verpflichtungen gegenüber dem Versicherungsnehmer zu erfüllen, sowie sämtliche Zahlungsströme, die der Versicherer aus dem Versicherungsvertrag vom Versicherungsnehmer erhält, einschließlich der vom Versicherer verlangten Marge, die er benötigt, um sämtliche Verpflichtungen aus dem Versicherungsvertrag zu erfüllen.“[337]

Hierbei handelt es sich demnach um eine Nettoverpflichtung des Versicherers aus dem Versicherungsvertrag.

Diese Definition steht im Einklang mit der vom Versicherer regelmäßig verfolgten Intention, den Versicherungsvertrag bis zum Ende seiner Laufzeit fortzuführen

[336] Dabei werden leicht unterschiedliche Bezeichnungen verwendet, z.B. „entity-specific ultimate settlerment value“, *Ernst & Young* Comment Letter S. 3, „current settlement value“, *KPMG IFRG Limited* Comment Letter S. 6, „current ultimate settlement value“ oder „current extinguishment value“ oder „current performance value“, *Deloitte Touche Tohmatsu* Comment Letter S. 3, „current settlement value“, *Deutsche Aktuarvereinigung e. V.* Comment Letter S. 2, „market-consistent value in settlement“, *Grant Thornton International* Comment Letter S. 6 oder „ultimate fulfilment value“, *Deutsches Rechnungslegungs Standards Committee e. V.* Comment Letter S. 4

[337] Definition in Anlehnung an die Ausführungen in *Ernst & Young* Comment Letter S. 3.

und gegenüber dem Versicherungsnehmer zu erfüllen.[338] Im Übrigen entspricht sie der den Financial Statements regelmäßig zugrunde liegenden Prämisse der Unternehmensfortführung.[339] Lediglich in den Fällen, in denen sich der Versicherer für eine Veräußerung des Versicherungsvertrages bzw. eines Bestandes von Versicherungsverträgen entschieden hat, müsste von der Bewertung zum Settlement Value abgerückt und auf die Bewertung zu einem Exit Value übergegangen werden.

Wie aus der Definition ersichtlich, ist der Settlement Value als Barwert zu ermitteln, wie dies in Abschnitt 5.2.3 bereits erläutert wurde, um für die Kapitalgeber relevante Informationen bereitzustellen.

In den Barwert sind alle Zahlungsströme einzubeziehen, die der Versicherer erwartet, im Zusammenhang mit dem Versicherungsvertrag zu leisten. Hierzu gehören neben den Schadenzahlungen an den Versicherungsnehmer bzw. einen anderen Begünstigten[340] auch Schadenabwicklungskosten sowie sonstige interne oder externe Kosten, die im Zusammenhang mit dem Versicherungsvertrag aufgewendet werden. Ebenso gehören hierzu sämtliche erwartete Zahlungen und sonstige Effekte aus der Ausübung von Optionen, die aus dem Verhalten der Versicherungsnehmer[341] resultieren, sowie sämtliche erwartete Zahlungen aus der Beteiligung der Versicherungsnehmer.[342]

In gleicher Weise sind sämtliche erwartete Einzahlungspotenziale in Form der Prämien durch die Versicherungsnehmer einzubeziehen, wozu auch Einzahlungen sowie weitere Effekte aus der Ausübung von Optionen im Zusammenhang mit dem Verhalten der Versicherungsnehmer gehören.

Zur Vermittlung von für die Kapitalgeber relevanten Informationen ist es erforderlich, dass die Versicherer bei der Bewertung auf unternehmensspezifische Daten zurückgreifen, da die Kapitalgeber an der finanziellen Situation des bilanzierenden

[338] Vgl. hierzu Abschnitt 5.2.2 auf Seite 162

[339] Die fehlende Übereinstimmung mit der Prämisse der Unternehmensfortführung wurde in Abschnitt 5.2.2 auf Seite 162 beim Exit Value kritisiert.

[340] Z.B. im Rahmen der Haftpflichtversicherung

[341] Vgl. hierzu auch Abschnitt 4.5.3.5 auf Seite 128 und Abschnitt 5.2.4 auf Seite 187

[342] Vgl. hierzu auch Abschnitt 4.5.3.9 auf Seite 140 und Abschnitt 5.2.9 auf Seite 204

Versicherers interessiert sind.[343] Es soll der Settlement Value abgebildet werden, den der konkrete Versicherer aufwenden muss.

Hierbei können sich Unterschiede zu einem Exit Value ergeben, da der bilanzierende Versicherer bei den bewertungserheblichen Parametern durchaus zu anderen Einschätzungen als andere Marktteilnehmer kommen kann, der Versicherer i.d.R. besser über die von ihm eingegangenen Risiken informiert ist als andere Marktteilnehmer und die unternehmensspezifischen Verhältnisse von den Verhältnissen bei anderen Marktteilnehmern abweichen.[344]

Zur Barwertermittlung sind die Zahlungsströme abzuzinsen. Hierzu sollte der Zinssatz der Kapitalanlagen verwendet werden, die zur Finanzierung der Schulden aus Versicherungsverträgen dienen. Diese spiegeln den Zinseffekt des Versicherers wider, der der Barwertermittlung immanent ist.

Des Weiteren ist eine Marge einzubeziehen, die der Versicherer benötigt, um seinen Verpflichtungen aus dem Versicherungsvertrag nachzukommen. Diese schließt eine Marge ein, die der Versicherer als Kompensation für die Übernahme des Risikos benötigt, ebenso wie eine Marge für die Erbringung von Dienstleistungen sowie eine Gewinnmarge.[345]

Die Vereinnahmung der Marge erfolgt über die Laufzeit des Vertrages entsprechend dem Charakter der Versicherung, die einen Schutz über die Zeit hinweg, eine Art Dauerschuldverhältnis, bietet.

Die zur Bewertung verwendeten Parameter sind laufend anzupassen, d.h., es sollte sich um einen „Current Value“ handeln, wobei auf die Nachhaltigkeit der Veränderungen der Parameter zu achten ist.[346]

Da die meisten Bewertungsparameter, insbesondere Zahlungsströme und Wahrscheinlichkeiten, entsprechend dem Charakter der Versicherung als Risikoausgleich im Kollektiv und der Zeit[347] lediglich im Portfolio ermittelt werden können, sollte

[343] Vgl. zur Kritik an der Verwendung von Daten fiktiver Marktteilnehmer Abschnitt 5.2.3 auf Seite 173

[344] Vgl. *Sauer* Solvabilitätsorientierte Gestaltung S. 113 und die dortigen Nachweise

[345] Dabei sollte eine Abgrenzung zwischen der Marge für die Risikoübernahme, einer Marge für die Erbringung von Dienstleistungen sowie einer Gewinnmarge in der Praxis schwierig sein, sodass von einer Gesamtmarge ausgegangen werden soll.

[346] Vgl. hierzu Abschnitt 5.2.3 auf Seite 173

[347] Vgl. Abschnitt 2.1.1.3 auf Seite 8

der Bewertung zum Settlement Value ebenfalls das Portfolio als Unit of Account zugrunde liegen. Insbesondere sind in diesem Zusammenhang auch Ausgleichseffekte zwischen verschiedenen Portfolien des Versicherers sowie negative Korrelationseffekte[348] einzubeziehen, sofern sie der bilanzierende Versicherer in seiner Risikostrategie nutzt.

Die Bonität des Versicherers bzw. der Schulden aus Versicherungsverträgen, wie vom IASB vertreten[349], ist nicht in die Ermittlung des Settlement Values einzubeziehen. Der Versicherer geht von der Fortführung des Unternehmens aus und hat somit die Verpflichtungen gegenüber dem Versicherungsnehmer in voller Höhe zu erfüllen.[350] Er kann seine Verpflichtungen auch nicht einseitig gegenüber dem Versicherungsnehmer kürzen, ohne dies mit dem Versicherungsnehmer vereinbart zu haben.[351]

Insofern bietet der so definierte und ausgestaltete Settlement Value relevante Informationen im Rahmen der Vermittlung entscheidungsnützlicher Informationen an die Kapitalgeber.

Neben dem Kriterium der Relevanz hat der Settlement Value zur Vermittlung entscheidungsnützlicher Informationen jedoch auch das Kriterium der Verlässlichkeit zu erfüllen. In diesem Zusammenhang ist insbesondere die Verwendung von unternehmensspezifischen Daten kritisch. Unternehmensspezifische Daten haben den Nachteil, dass sie sehr subjektiv gefärbt sein können und dem Bilanzierenden breite Ermessensspielräume in der Bewertung und somit Beeinflussung der Wertansätze von Vermögenswerten und Schulden und daraus resultierend des Ergebnisses bieten.[352] Dieser Nachteil ist zweifelsohne gegeben. Fragt man sich al-

[348] Vgl. zur Kritik an der Ablehnung des Einbezuges von Diversifikationseffekten sowie negativen Korrelationseffekten zwischen Portfolien im Zusammenhang mit der Bewertung zum Current Exit Value Abschnitt 5.2.7 auf Seite 195

[349] Vgl. Abschnitt 4.5.3.11 auf Seite 147

[350] Siehe in diesem Zusammenhang *Barth/Landsman*, die argumentieren, dass der Value in Use ein angemessener Bewertungsmaßstab unter der Annahme der Unternehmensfortführung ist; vgl. *Barth/Landsman* Fundamental Issues S. 97, vgl. auch *Sauer* Solvabilitätsorientierte Gestaltung S. 113

[351] Vgl. *Ernst & Young* Comment Letter S. 4

[352] Vgl. zur Kritik an einem Entity-Specific Value bzw. der Einbeziehung unternehmensspezifischer Daten hinsichtlich der Verlässlichkeit *Hitz/Kuhner* Grundsätze der Barwertermittlung S. 893, *Sauer* Solvabilitätsorientierte Gestaltung S. 152, *Meyer* Full Fair Value Accounting S. 134 und *Perlet* Zeitwertbilanzierung S. 298

lerdings nach einer alternativen Quelle und richtet seinen Blick auf Marktdaten oder Daten, die bei einem anderen (fiktiven) Marktteilnehmer gelten, wie vom IASB im Discussion Paper vertreten, so geht dieser Blick zum Teil ins Leere. Dies gilt insbesondere für Nichtmarktvariable, die regelmäßig am Markt für den bilanzierenden Versicherer nicht verfügbar sind.[353] Variable, die am Markt verfügbar sind, sollten jedoch Anwendung bei der Bewertung finden, solange sie die Verhältnisse des bilanzierenden Versicherers widerspiegeln, da sie zur Erhöhung der Verlässlichkeit des Settlement Values beitragen.

Der geringeren Verlässlichkeit durch Verwendung unternehmensspezifischer Daten ist durch verstärkte Angaben und Erläuterungen über die Verwendung dieser Variablen im Anhang der Financial Statements zu begegnen. Insofern hat die sonstige Informationsvermittlung hier einen Ausgleich zwischen Relevanz und Verlässlichkeit zu schaffen.

Im Rahmen des Zweckes der Gewinnermittlung zur Prognose ist sicherzustellen, dass sämtliche nachhaltigen erwarteten Effekte aus der Bewertung mit dem Settlement Value Eingang in den Gewinn finden. Dies gilt insbesondere für die laufende Vereinnahmung der Marge über die Vertragslaufzeit. Alle unregelmäßigen, nicht nachhaltigen Effekte sind erfolgsneutral im Eigenkapital zu erfassen oder erfolgswirksam getrennt von den nachhaltigen Effekten auszuweisen.[354]

Im Zusammenhang mit der Ermittlung eines Gewinnes zur Performance-Messung des Managementes ist festzustellen, dass der Settlement Value der Intention des Managementes entspricht, die Versicherungsverträge regelmäßig bis zum Ende der Vertragslaufzeit fortzuführen.[355] Alle Zahlungsströme, die das Management in der Periode des Vertragsabschlusses veranlasst hat, sind in die Bewertung einzubeziehen. Der Gewinn oder Verlust aus dem Versicherungsvertrag ist allerdings in dieser Periode erfolgswirksam zu vereinnahmen.[356]

Wie oben im Zusammenhang mit der Informationsbilanz erläutert, hat die sonstige Informationsvermittlung einen Ausgleich der Verlässlichkeitsproblematik im

[353] So sollen nach dem IASB auch für Nichtmarktvariable alle verfügbaren internen und externen Daten herangezogen werden. Vgl. Abschnitt 4.5.3.2 auf Seite 108

[354] Vgl. hierzu im Detail Abschnitt 5.3.1 auf Seite 212

[355] Vgl. die Kritik am Current Exit Value in diesem Zusammenhang in Abschnitt 5.3.2 auf Seite 218

[356] Vgl. hierzu im Detail Abschnitt 5.3.2 auf Seite 218

Anhang zu schaffen. Im Rahmen der Prognosefunktion sollten die erfolgsneutral im Eigenkapital erfassten Effekte in der Eigenkapitalveränderungsrechnung separat dargestellt werden.

Insgesamt ist festzuhalten, dass der Settlement Value dem Current Exit Value in Bezug auf das Kriterium der Relevanz im Rahmen der Vermittlung entscheidungsnützlicher Informationen überlegen ist. Er weist ebenso wie der Current Exit Value Probleme im Rahmen des Kriteriums der Verlässlichkeit auf, die durch Anhangangaben entschärft werden können. Insofern ist der Settlement Value dem Current Exit Value im Hinblick auf die Vermittlung entscheidungsnützlicher Informationen im Rahmen der Informationsbilanz vorzuziehen.

Deutlich wird jedoch auch, dass der Settlement Value zur Erfüllung der unterschiedlichen Zwecke z.T. unterschiedlich auszugestalten ist, sodass es zu mehreren Settlement Values in Abhängigkeit vom verfolgten Zweck kommt.

6 Zusammenfassung

Ziel der vorliegenden Arbeit war es, die Bilanzierung von Versicherungsverträgen nach IFRS auf ihre Zweckmäßigkeit hin zu analysieren. Dabei erfolgte die Analyse anhand der vom IASB selbst formulierten Zwecke der Rechnungslegung nach IFRS, die im Kapitel 3 verdeutlicht wurden.

Der Kapitalgeberschutz soll erreicht werden durch

- die Vermittlung entscheidungsnützlicher Informationen im Rahmen einer Informationsbilanz,
- die Gewinnermittlung zur Informationsvermittlung in Form eines
  - prognosegeeigneten Gewinnes
  - zur Performance-Messung des Managementes geeigneten Gewinnes,
- die sonstige Informationsvermittlung.

Darin zeigt sich die Informationsfunktion der Rechnungslegung.

Entsprechend dieser Zwecke erfolgte die Analyse der in Kapitel 4 dargestellten Regelungen zur Bilanzierung von Versicherungsverträgen in Kapitel 5. Diese ist zu folgenden Ergebnissen gekommen:

1. Informationsbilanz

   Der Ansatz der Versicherungsverträge zum Zeitpunkt, in dem der Versicherer Vertragspartner geworden ist, ist als zweckmäßig anzusehen, da dieser zu diesem Zeitpunkt Rechte und Verpflichtungen begründet hat. Die Beurteilung der Zweckmäßigkeit der Definition eines Versicherungsvertrages bedarf hinsichtlich einzelner Definitionsbestandteile einer weitergehenden Analyse, die im Rahmen dieser Arbeit nicht geleistet werden kann.

Bei der Bewertung wurde der Exit Value als unzweckmäßig beurteilt, da eine Transaktion, der Verkauf der Schulden aus Versicherungsverträgen an einen anderen Marktteilnehmer, zugrunde gelegt wurde, die in der Praxis regelmäßig nicht gegeben ist.

Das Bewertungsmodell der drei Building Blocks hat sich grundsätzlich als zweckmäßig erwiesen, da die Bewertung auf dem Barwert künftiger Zahlungsströme aufgebaut wird. Allerdings haben sich die Detailregelungen zu den drei Building Blocks z.T. als unzweckmäßig herausgestellt. Dies gilt insbesondere für den Rückgriff auf Bewertungsparameter eines fiktiven Marktteilnehmers sowie für die grundsätzliche Ablehnung der Verwendung von unternehmensspezifischen Daten. Des Weiteren ergeben sich Probleme im Rahmen der Verlässlichkeit.

Die Regelungen zur Berücksichtigung des Verhaltens der Versicherungsnehmer wurden grundsätzlich als unzweckmäßig eingestuft, da Teile zukünftiger, erwarteter Zahlungspotenziale bei Nichterfüllung bestimmter Kriterien aus der Ermittlung des Barwertes ausgeklammert werden. Vor diesem Hintergrund ist auch die sofortige ergebniswirksame Erfassung der Anschaffungskosten als problematisch anzusehen, für den Fall, dass nicht alle die Anschaffungskosten deckenden Einzahlungspotenziale einbezogen werden. Jedoch sind auch hier Schwierigkeiten bei der Ermittlung des Verhaltens der Versicherungsnehmer im Hinblick auf die Verlässlichkeit nicht zu vernachlässigen.

Für die Thematik der Assets Backing Insurance Liabilities wurde festgestellt, dass diese lediglich aus der Tatsache heraus zum Problem des Accounting Mismatches führt, dass die Assets Backing Insurance Liabilities sowie die Schulden aus Versicherungsverträgen nicht durch zweckadäquate Bilanzierungsregeln abgebildet werden. Insofern sollten zur Problemlösung keine Ausnahmeregeln, sondern vielmehr entscheidungsnützliche Bilanzierungsregeln für beide Bereiche geschaffen werden.

Die Regelungen zur Unit of Account wurden für die Bestimmung der Risikomarge grundsätzlich als zweckmäßig eingestuft. Allerdings wurde unter dem Aspekt der Relevanz bemängelt, dass nicht auch Diversifikationseffekte sowie negative Korrelationseffekte zwischen Portfolien bei der Bewertung Berücksichtigung finden, die jedoch Probleme im Rahmen der Verlässlichkeit aufwerfen, durch Anhangangaben jedoch gemildert werden könnten.

Im Rahmen der Regelungen zur Rückversicherung wurde analog zu den Regelungen zur Erstversicherung die Verwendung eines Exit Values sowohl für die Schulden aus Rückversicherungsverträgen beim Rückversicherer als auch für die Vermögenswerte aus Rückversicherungsverträgen beim Zedenten kritisiert. Begrüßt wurde jedoch, dass das IASB plant, die gleichen Regelungen sowohl für Rück- als auch für Erstversicherungsverträge anzuwenden, da kein prinzipieller Unterschied besteht. Das Expected Loss Model zur Erfassung des Ausfallrisikos bei Rückversicherungsvermögenswerten wurde hinsichtlich der Relevanz positiv beurteilt, wirft bezüglich der Verlässlichkeit jedoch Probleme auf. Die Berücksichtigung künftiger Ansprüche aus Rückversicherungsverträgen wurde zwar als relevant, aber wenig verlässlich bestimmbar beurteilt.

Die Regelungen zur Berücksichtigung der Beteiligung der Versicherungsnehmer wurden als wenig relevant eingestuft, da hier abhängig von der Erfüllung der Kriterien der rechtlichen oder faktischen Verpflichtung künftige Auszahlungspotenziale ausgeklammert werden. Allerdings ergeben sich Schwierigkeiten im Bereich des Kriteriums der Verlässlichkeit, die nicht vernachlässigt werden dürfen.

Die Entflechtung von Komponenten des Versicherungsvertrages wurde abgelehnt, da sich diese Thematik lediglich aus der Tatsache ergibt, dass die Bilanzierungsregeln nicht aufeinander abgestimmt sind. Stattdessen sollten vielmehr zweckadäquate Regelungen für alle bilanziellen Sachverhalte entwickelt werden, sodass sich eine Entflechtung erübrigt. Die vom IASB vorgeschlagene Differenzbewertung der Versicherungskomponente wurde als unzweckmäßig beurteilt.

Die Einbeziehung der Bonität des Versicherers bzw. der Schulden aus Versicherungsverträgen wurde als unzweckmäßig eingestuft, da aus Sicht des bilanzierenden Versicherers sowie dessen Kapitalgeber diese keine Auswirkung auf die eigenen Verpflichtungen hat und sich überdies Ermittlungsprobleme ergeben.

2. Gewinnermittlung zur Informationsvermittlung im Rahmen eines prognosegeeigneten Gewinnes

   Bei der Analyse der Prognoseeignung des Gewinnes wurde ein Exit Value ebenfalls als unzweckmäßiger Bewertungsmaßstab identifiziert, da eine Prognose die Unternehmensfortführung beinhaltet, die nicht mit dem Exit Value-Gedanken kompatibel ist.

   Die Regelung, dass sämtliche Veränderungen im Buchwert der Schulden aus Versicherungsverträgen erfolgswirksam zu erfassen sind, ist nur bedingt als zweckmäßig einzustufen. Vielmehr ist zwischen nachhaltigen und nichtnachhaltigen Effekten zu unterscheiden, wobei die nichtnachhaltigen Effekte erfolgsneutral oder getrennt von den nachhaltigen Effekten in der Gewinn-und-Verlust-Rechnung auszuweisen sind. Erste Ansätze zu letzterer Behandlung finden sich im Discussion Paper, sind jedoch noch nicht abschließend behandelt.

   Auch wurde die Verwendung von Parametern anderer (fiktiver) Marktteilnehmer anstelle unternehmensspezifischer Parameter abgelehnt, da nur letztere für die Prognose der künftigen Entwicklung durch die Kapitalgeber relevant sind. Die Regelungen zur Erfassung der Entschädigung für die Risikoübernahme und Erbringung von Dienstleistungen aus dem Versicherungsvertrag über die Laufzeit des Vertrages wurden vor dem Hintergrund der Prognosefunktion begrüßt. Die potenzielle Nichtberücksichtigung von günstigem Verhalten der Versicherungsnehmer sowie der Beteiligung der Versicherungsnehmer in Abhängigkeit von der Erfüllung der vorgegebenen Kriterien wurde als unzweckmäßig abgelehnt.

   Insgesamt führten die Regelungen trotz einiger guter Ansatzpunkte nicht zu einem Ausweis eines prognosegeeigneten Gewinnes.

3. Gewinnermittlung zur Informationsvermittlung im Rahmen eines zur Performance-Messung des Managementes geeigneten Gewinnes

   Auch in diesem Zusammenhang wurde ein Exit Value als unzweckmäßiger Bewertungsmaßstab beurteilt, da das Management regelmäßig nicht die Veräußerung der Verträge beabsichtigt. Die Verwendung von Parametern anderer (fiktiver) Marktteilnehmer wurde ebenfalls abgelehnt, da diese nicht die Entscheidungen des Managementes widerspiegeln. Ein Gewinn aus dem Versicherungsvertrag dürfte nicht über die Vertragslaufzeit, sondern in der Periode, in der die Entscheidung zum Vertragsabschluss getroffen wurde, ausgewiesen werden.

   Des Weiteren wurde herausgestellt, dass statt Marktzinssätze zur Diskontierung der Zahlungsströme zu verwenden, auf unternehmensspezifische Zinssätze von Vermögenswerten zurückzugreifen ist, wenn das Management über (Des-)Investitionen der Vermögenswerte entscheiden kann und somit die Zinsentwicklung zurechenbar ist. Die potenzielle Nichtberücksichtigung des Verhaltens der Versicherungsnehmer sowie deren Beteiligung in Abhängigkeit von der Erfüllung der vorgegebenen Kriterien ist auch im Hinblick auf die Performance-Messung als unzweckmäßig einzustufen, da Parameter, die auf Entscheidungen des Managementes beruhen, nicht erfasst werden. Die Einbeziehung der Bonität des Versicherers bzw. der Schulden aus Versicherungsverträgen würde zu paradoxen Ergebnissen und falschen Anreizen führen und wurde daher abgelehnt.

   Insgesamt bleibt festzuhalten, dass die Regelungen zur Bilanzierung von Schulden aus Versicherungsverträgen nicht zu einem zur Performance-Messung des Managementes geeigneten Gewinnes führen.

4. Sonstige Informationsvermittlung

   Im Rahmen der sonstigen Informationsvermittlung wurde festgestellt, dass lediglich der Anhang, nicht jedoch Kapitalflussrechnung, Segmentberichterstattung und Eigenkapitalveränderungsrechnung, zusätzliche entscheidungsnützliche Informationen in Ergänzung zur Bilanz und Gesamterfolgsrechnung bereitstellen kann. Aufgrund der Vorgabe von zwei allgemeinen Grundsätzen mit Flankierung einiger spezieller Anhangangaben hängt das Ausmaß der Bereitstellung zusätzlicher entscheidungsnützlicher Informationen von der Informationsbereitschaft der bilanzierenden Versicherer ab. Für den Fall, dass das IASB nicht vom Current Exit Value abrückt, wurden einige für die Bereitstellung relevanter Informationen an die Kapitalgeber wichtige Anhangangaben formuliert.

Abschließend wurde der Settlement Value auf seine Zweckmäßigkeit hin untersucht. Die Analyse kam zu dem Schluss, dass der Settlement Value einen zweckadäquateren Bewertungsmaßstab als der Current Exit Value darstellt, da er relevantere Informationen bereitstellt, jedoch genauso wie der Current Exit Value Verlässlichkeitsprobleme aufwirft. In Abhängigkeit vom Zweck ist der Settlement Value jedoch unterschiedlich auszugestalten.

Insgesamt bleibt festzuhalten, dass das IASB mit der Bewertung zum Barwert zukünftiger Zahlungsströme den konzeptionell richtigen Weg eingeschlagen hat. Allerdings zeigten sich Schwächen in der detaillierten Ausgestaltung.

Wichtig ist, dass das IASB Regelungen zur Bilanzierung von Versicherungsverträgen in sein Standardwerk aufnimmt, da es sich bei der Versicherungswirtschaft[1] um eine bedeutende Branche handelt. Des Weiteren ist, wie vom IASB geplant[2], die Bilanzierung durch den Versicherungsnehmer zu regeln.

Es bleibt zu hoffen, dass das IASB noch Änderungen an den bisher vorgeschlagenen Regelungen vornimmt, um das Ziel einer zweckadäquaten Bilanzierung von Versicherungsverträgen zu erreichen.

Im zweiten Halbjahr 2009 ist mit einem Exposure Draft und mit dem endgültigen Standard in 2011 zu rechnen.[3] Insofern bleibt die weitere Entwicklung abzuwarten.

[1] Auch wenn der IFRS 4, und so auch das Discussion Paper, nicht als Branchenstandard konzipiert sind, sondern sich an alle Versicherer i.S.d. Definition des IFRS 4 Anh. A richtet, liegt der Hauptanwendungsbereich bei den Versicherungsunternehmen.

[2] Vgl. DP.15

[3] Vgl. *IASB* Work Plan 14. August 2008

Verzeichnis der Gesetze, Richtlinien und Verordnungen

Gesetze

Aktiengesetz (AktG) vom 6. September 1965 (BGBl. I S. 1089), zuletzt geändert durch Artikel 3 des Gesetzes vom 12. August 2008 (BGBl. I S. 1666)

Bürgerliches Gesetzbuch vom 2. Januar 2002 (BGBl. I S. 42, 2909; 2003 I S. 738), zuletzt geändert durch das Gesetz vom 12. August 2008 (BGBl. I S. 1666)

Einführungsgesetz zum Handelsgesetzbuch (EGHGB) in der im Bundesgesetzblatt Teil III, Gliederungsnummer 4101-1, veröffentlichten bereinigten Fassung, zuletzt geändert durch Artikel 11 des Gesetzes vom 12. August 2008 (BGBl. I S. 1666)

Feuerschutzsteuergesetz (FeuerschStG) vom 10. Januar 1996 (BGBl. I S. 18), zuletzt geändert durch Artikel 4 Absatz 34 des Gesetzes vom 22. September 2005 (BGBl. I S. 2809)

Gesetz über die Beaufsichtigung der Versicherungsunternehmen (Versicherungsaufsichtsgesetz – VAG) vom 17. Dezember 1992 (BGBl. 1993 I S. 2), zuletzt geändert durch Artikel 4 des Gesetzes vom 13. August 2008 (BGBl. I S. 1690)

Gesetz über eine Berufsordnung der Wirtschaftsprüfer (Wirtschaftsprüferordnung – WPO) vom 24. Juli 1961 (BGBl. I S. 1049), zuletzt geändert durch Gesetz vom 12. Juni 2008 (BGBl. I S. 1000)

Gesetz über die Bundesanstalt für Finanzdienstleistungsaufsicht (Finanzdienstleistungsaufsichtsgesetz – FinDAG) vom 22. April 2002 (BGBl. I S. 1310), zuletzt geändert durch Artikel 7 des Gesetzes vom 13. August 2008 (BGBl. I S. 1690)

Gesetz über die Pflichtversicherung für Kraftfahrzeughalter (Pflichtversicherungsgesetz – PflVG) vom 5. April 1965 (BGBl. I S. 213), geändert durch Artikel 1 und Artikel 9 Satz 2 des Gesetzes vom 10. Dezember 2007 (BGBl. S. 2833)

Gesetz über den Versicherungsvertrag (Versicherungsvertragsgesetz – VVG) vom 30. Mai 1908 (RGBl. I S. 263), zuletzt geändert durch Artikel 3 des Gesetzes vom 26. März 2007 (BGBl. I S. 368)

Gesetz über den Versicherungsvertrag (Versicherungsvertragsgesetz – VVG) vom 23. November 2007 (BGBl. I S. 2631), zuletzt geändert durch Artikel 9 des Gesetzes vom 28. Mai 2008 (BGBl. I S.874) (sog. VVG 2008)

Gesetz zur Durchführung der Richtlinie des Rates der Europäischen Union zur Änderung der Bilanz– und Konzernbilanzrichtlinie hinsichtlich ihres Anwendungsbereichs (90/605/EWG), zur Verbesserung der Offenlegung von Jahresabschlüssen und zur Änderung anderer handelsrechtlicher Bestimmungen (Kapitalgesellschaften- und Co-Richtlinie-Gesetz – KapCoRiLiG) vom 24. Februar 2000 (BGBl. I S. 154)

Gesetz zur Einführung internationaler Rechnungslegungsstandards und zur Sicherung der Qualität der Abschlussprüfung (Bilanzrechtsreformgesetz – BilReG) vom 4. Dezember 2004 (BGBl. I S. 3166)

Gesetz zur Neuregelung des Vermittlerrechts vom 19. Dezember 2006 (BGBl. I S. 3232)

Gesetz zur Verbesserung der Wettbewerbsfähigkeit deutscher Konzerne an Kapitalmärkten und zur Erleichterung der Aufnahme von Gesellschafterdarlehen (Kapitalaufnahmeerleichterungsgesetz – KapAEG) vom 20. April 1998 (BGBl. I S. 707)

Handelsgesetzbuch (HGB) in der im Bundesgesetzblatt Teil III, Gliederungsnummer 4100-1, veröffentlichten bereinigten Fassung, zuletzt geändert durch Artikel 10 des Gesetzes vom 12. August 2008 (BGBl. I S. 1666)

Luftverkehrsgesetz vom 10. Mai 2007 (BGBl. I S. 698), zuletzt geändert durch Artikel 9 Absatz 20 des Gesetzes vom 23. November 2007 (BGBl. I S. 2631)

Steuerberatergesetz (StBerG) vom 4. November 1975 (BGBl. I S. 2735), zuletzt geändert durch Artikel 4 des Gesetzes vom 12. Juni 2008 (BGBl. I S. 1000)

Versicherungssteuergesetz (VersStG) vom 10. Januar 1996 (BGBl. I S. 22), zuletzt geändert durch Artikel 5 des Gesetzes vom 29. Juni 2006 (BGBl. I S. 1402)

Richtlinien und Verordnungen

Richtlinie 2002/92/EG des Europäischen Parlaments und des Rates vom 9. Dezember 2002 über Versicherungsvermittlung (ABl. EG L 9/3 vom 15. Januar 2003) (Vermittlerrichtlinie)

Verordnung (EG) Nr. 1606/2002 des Europäischen Parlaments und des Rates vom 19. Juli 2002 betreffend die Anwendung internationaler Rechnungslegungsstandards (ABl. EG L 243/1 vom 11. September 2002) (IAS-Verordnung)

Verordnung über die Anlage des gebundenen Vermögens von Versicherungsunternehmen (Anlageverordnung – AnlV) vom 20. Dezember 2001 (BGBl. I S. 3913), zuletzt geändert durch die Verordnung vom 21. Dezember 2007 (BGBl. I S. 3278)

Verordnung über die Berichterstattung von Versicherungsunternehmen gegenüber der Bundesanstalt für Finanzdienstleistungsaufsicht (Versicherungsberichterstattungs-Verordnung – BerVersV) vom 29. März 2006 (BGBl. I S. 622)

Verordnung über die Kapitalausstattung von Versicherungsunternehmen (Kapitalausstattungsverordnung - KapAusstV) vom 13. Dezember 1983 (BGBl. I S. 1451), zuletzt geändert durch Artikel 3 des Gesetzes vom 28. Mai 2007 (BGBl. I S. 923)

Verordnung über die Mindestbeitragsrückerstattung in der Lebensversicherung (ZRQuotenV) vom 23. Juli 1996 (BGBl. I S. 1190)

Verordnung über die Mindestbeitragsrückerstattung in der Lebensversicherung (Mindestzuführungsverordnung) vom 4. April 2008 (BGBl. I S. 690)

Verordnung über die Rechnungslegung von Versicherungsunternehmen (Versicherungsunternehmens-Rechnungslegungsverordnung – RechVersV) vom 8. November 1994 (BGBl. I S. 3378), zuletzt geändert durch Artikel 6 des Gesetzes vom 23. November 2007 (BGBl. I S. 2631)

Verordnung über die Übertragung von Aufgaben und Befugnissen eines Sicherungsfonds für die Krankenversicherung an die Medicator AG (SichKVV) vom 11. Mai 2006 (BGBl. I S. 1171)

Verordnung über die Übertragung von Aufgaben und Befugnissen eines Sicherungsfonds für die Lebensversicherung an die Protektor Lebensversicherungs-AG (SichLVV) vom 11. Mai 2006 (BGBl. I S. 1170)

Verordnung über die Versicherungsvermittlung und –beratung (Versicherungsvermittlungsverordnung - VersVermV) vom 15. Mai 2007 (BGBl. I S. 733 (1967))

Verzeichnis der verwendeten Rechnungslegungsstandards

International Accounting Standards Board (IASB)[1]

Framework	Framework for the Preparation and Presentation of Financial Statements
IAS 1	Presentation of Financial Statements
IAS 7	Statement of Cash Flows
IAS 8	Accounting Policies, Changes in Accounting Estimates and Errors
IAS 12	Income Taxes
IAS 16	Property, Plant and Equipment
IAS 17	Leases
IAS 18	Revenue
IAS 19	Employee Benefits
IAS 32	Financial Instruments: Presentation
IAS 36	Impairment of Assets
IAS 37	Provisions, Contingent Liabilities and Contingent Assets
IAS 38	Intangible Assets
IAS 39	Financial Instruments: Recognition and Measurement
IFRS 3	Business Combinations
IFRS 4	Insurance Contracts
IFRS 7	Financial Instruments: Disclosures

[1]Stand: zum 1. Januar 2008 verabschiedete Standards; vgl. *IASB* IFRS 2008

IFRS 8	Operating Segments

Financial Accounting Standards Board (FASB)[2]

SFAC 1	Objectives of Financial Reporting by Business Enterprises
SFAC 7	Using Cash Flow Information and Present Value in Accounting Measurements
FAS 60	Accounting and Reporting by Insurance Enterprises

[2]Stand: auf Internetseite des FASB (www.fasb.org) veröffentlichte Statements und Standards Oktober 2008

Literaturverzeichnis

Akerlof, George A.: The Market for „Lemons“: Quality Uncertainty and the Market Mechanism. Quarterly Journal of Economics, 84. Jg., 1970, S. 488–500 (zitiert: *Akerlof* Market for „Lemons“)

Albrecht, Peter: Gesetze der großen Zahlen und Ausgleich im Kollektiv – Bemerkungen zu Grundlagen der Versicherungsproduktion. Zeitschrift für die gesamte Versicherungswissenschaft, 71. Bd., 1982, S. 501–538 (zitiert: *Albrecht* Gesetze der großen Zahlen)

Allianz Gruppe: Geschäftsbericht 2007. ⟨URL: www.allianz.com/de/allianz_gruppe/investor_relations/berichte_und_finanzdaten/geschaeftsbericht/page1.html⟩ – Zugriff am 30.06.2008 (zitiert: *Allianz Gruppe* Geschäftsbericht 2007)

Allianz Gruppe: Geschäftsbericht Allianz Gruppe 2005. ⟨URL: www.allianz.com/de/allianz_gruppe/investor_relations/berichte_und_finanzdaten/geschaeftsbericht/archiv/index.html⟩ – Zugriff am 03.02.2008 (zitiert: *Allianz Gruppe* Geschäftsbericht 2005)

Altenburger, Otto A./Göttsche, Max/Kuntner, Magdalena: Unbundling of insurance contracts according to IFRS – applicability and limitations. Zeitschrift für die gesamte Versicherungswissenschaft, 97. Bd., 2008, S. 162–176 (zitiert: *Altenburger/Göttsche/Kuntner* Unbundling)

AMB Generali Gruppe: Konzern-Geschäftsbericht 2005. ⟨URL: www.amb.de/internet/amb/amb_inter.nsf/ContentbyKey/RHEN-6MFKZL-DE-p⟩ – Zugriff am 03.02.2008 (zitiert: *AMB Generali Gruppe* Konzern-Geschäftsbericht 2005)

AMB Generali Gruppe: Konzern-Geschäftsbericht 2006. ⟨URL: www.amb.de/internet/amb/amb_inter.nsf/ContentbyKey/RHEN-6Y9LTR-DE-p⟩ – Zugriff am 03.02.2008 (zitiert: *AMB Generali Gruppe* Konzern-Geschäftsbericht 2006)

AMB Generali Gruppe: Konzern-Geschäftsbericht 2007. ⟨URL: www.amb.de/internet/amb/amb_inter.nsf/ContentbyKey/RHEN-7B4KPX-DE-p⟩ – Zugriff am 02.07.2008 (zitiert: *AMB Generali Gruppe* Konzern-Geschäftsbericht 2007)

AMB Gruppe: AMB erhält Mehrheitsaktionär Öffentliches Übernahmeangebot für AMB-Aktien. 04.06.1998. ⟨URL: www.amb.de/internet/amb/amb_inter.nsf/contentByKey/GCOI-4WTHYZ-DE-p⟩ – Zugriff am 18.09.2008 (zitiert: *AMB Gruppe* Mehrheitsaktionär 04. Juni 1998)

Australian Accounting Standards Board: Submission to the IASB on IASB Discussion Paper *Preliminary Views on Insurance Contracts.* ⟨URL: www.iasb.org/Current+Projects/IASB+Projects/Insurance-Contracts/Discussion+Paper+Preliminary+Views+on+Insurance+Contracts/Comment+Letters.htm⟩ – Zugriff am 22.03.2008 (zitiert: *Australian Accounting Standards Board* Comment Letter)

AXA Konzern AG: Geschäftsbericht 2005. ⟨URL: www.axa.de/servlet/PB/menu/1078553/index.html⟩ – Zugriff am 03.02.2008 (zitiert: *AXA Konzern AG* Geschäftsbericht 2005)

AXA Konzern AG: Geschäftsbericht 2006. ⟨URL: www.axa.de/servlet/PB/menu/1078553/index.html⟩ – Zugriff am 03.02.2008 (zitiert: *AXA Konzern AG* Geschäftsbericht 2006)

Babbel, David F./Gold, Jeremy/Merrill, Craig B.: Fair Value of Liabilities: The Financial Economics Perspective. North American Actuarial Journal, Vol. 6, Issue 1, 2002, S. 12–27 (zitiert: *Babbel/Gold/Merrill* Fair Value of Liabilities)

Bacher, David F./Hofmann, Alexander: Versicherungsbilanzierung, quo vadis? Vorschläge des IASB für einen Nachfolgestandard zu *IFRS 4 Insurance Contracts*. Zeitschrift für internationale Rechnungslegung, 2. Jg., 2007, S. 311–317 (zitiert: *Bacher/Hofmann* Versicherungsbilanzierung)

Baetge, Jörg et al.: Teil A: Grundlagen Kapitel II: Grundlagen der IFRS-Rechnungslegung. In **Jörg Baetge, Peter Wollmert, Hans-Jürgen Kirsch, Peter Oser, Stefan Bischof (Hrsg.):** Rechnungslegung nach IFRS. 2. Auflage. Stuttgart, 2003, Stand August 2008 (zitiert: *Baetge* et al. Grundlagen)

Ballwieser, Wolfgang/Küting, Karlheinz/Schildbach, Thomas: Fair value - erstrebenswerter Wertansatz im Rahmen einer Reform der handelsrechtlichen Rechnungslegung? Betriebswirtschaftliche Forschung und Praxis, 56. Jg., 2004, S. 529–549 (zitiert: *Ballwieser/Küting/Schildbach* Fair value)

Barth, Mary E./Landsman, Wayne R.: Fundamental Issues Related to Using Fair Value Accounting for Financial Reporting. Accounting Horizons, Vol. 9, No. 4, 1995, S. 97–107 (zitiert: *Barth/Landsman* Fundamental Issues)

BDO Global Coordination B.V.: Discussion Paper 'Preliminary Views on Insurance Contracts'. ⟨URL: `www.iasb.org/Current+Projects/IASB+Projects/Insurance-Contracts/Discussion+Paper+Preliminary+Views+on+Insurance+Contracts/Comment+Letters.htm`⟩ – Zugriff am 22.03.2008 (zitiert: *BDO Global Coordination B.V.* Comment Letter)

Becker, Gernot M./Dember, Martin: Die neue Versicherungsbilanzierung aus Kreditsicht. Versicherungswirtschaft, 63. Jg., 2008, S. 262–266 (zitiert: *Becker/Dember* Versicherungsbilanzierung)

Becker, Holger A./Bracht, Andrea: Katastrophen- und Wetterderivate – Finanzinnovationen auf der Basis von Naturkatastrophen und Wettererscheinungen. Wien, 1999 (zitiert: *Becker/Bracht* Katastrophen- und Wetterderivate)

Bieker, Marcus: Ökonomische Analyse des Fair Value Accounting. Frankfurt a.M., 2006 (zugl. Univ., Diss., Bochum, 2005) (zitiert: *Bieker* Fair Value Accounting)

Bittermann, Lutz: Was ein Versicherungsvertrag wirklich wert ist. Versicherungswirtschaft, 60. Jg., 2005, S. 818–820 (zitiert: *Bittermann* Versicherungsvertrag)

Botz, Hartmut: Der Ertragswert als Wertbestimmungs- und als Kontrollinstrument. Karlsruhe, 1954 (zugl. Wirtsch.H., Diss., Mannheim, 1954) (zitiert: *Botz* Ertragswert)

Bundesanstalt für Finanzdienstleistungsaufsicht: BaFinJournal Mitteilungen der Bundesanstalt für Finanzdienstleistungsaufsicht., Januar 2007–September 2008 (erscheint monatlich, erhältlich auf www.bafin.de unter Veröffentlichungen – Mitteilungsblätter) (zitiert: *Bundesanstalt für Finanzdienstleistungsaufsicht* BaFinJournal)

Bundesanstalt für Finanzdienstleistungsaufsicht: Bekanntmachung über die Übertragung eines Teil-Versicherungsbestandes vom 22. Januar 2008. Elektronischer Bundesanzeiger - Amtlicher Teil – Bekanntmachungen - Veröffentlichungsdatum 11. Februar 2008 (zitiert: *Bundesanstalt für Finanzdienstleistungsaufsicht* Bekanntmachung 22.01.2008)

Bundesanstalt für Finanzdienstleistungsaufsicht: Bekanntmachung über die Übertragung eines Versicherungsbestandes nach § 14 des Versicherungsaufsichtsgesetzes vom 16. Dezember 2005. Elektronischer Bundesanzeiger - Amtlicher Teil – Bekanntmachungen - Veröffentlichungsdatum 26. Januar 2006 (zitiert: *Bundesanstalt für Finanzdienstleistungsaufsicht* Bekanntmachung 16.12.2005)

Bundesanstalt für Finanzdienstleistungsaufsicht: Statistik der BaFin – Erstversicherungsunternehmen 2006. ⟨URL: `www.bafin.de/cln_109/nn_722564/DE/Service/Statistiken/st__erstvu.html?__nnn=true`⟩ – Zugriff am 09.07.2008 (zitiert: *Bundesanstalt für Finanzdienstleistungsaufsicht* Statistik 2006)

Bundesanstalt für Finanzdienstleistungsaufsicht: Versicherungsaufsicht. ⟨URL: `http://www.bafin.de/cln_116/nn_722834/DE/BaFin/Aufgaben/Versicherungsaufsicht/versicherungsaufsicht_node.html?_nnn=true`⟩ – Zugriff am 27.08.2008 (zitiert: *Bundesanstalt für Finanzdienstleistungsaufsicht* Versicherungsaufsicht)

Bundesanstalt für Finanzdienstleistungsaufsicht: Veröffentlichungen der Bundesanstalt für Finanzdienstleistungsaufsicht., Januar 2003–Dezember 2006 (erschien monatlich, erhältlich auf www.bafin.de unter Veröffentlichungen – Mitteilungsblätter) (zitiert: *Bundesanstalt für Finanzdienstleistungsaufsicht* VerBaFin)

Bundesministerium der Justiz: Referentenentwurf eines Gesetzes zur Modernisierung des Bilanzrechts (Bilanzrechtsmodernisierungsgesetz – BilMoG). ⟨URL: `http://www.bmj.de/files/-/2567/RefE\%20BilMoG.pdf`⟩ – Zugriff am 11.09.2008

Bundesregierung: Gesetzentwurf der Bundesregierung Gesetzes zur Modernisierung des Bilanzrechts (Bilanzrechtsmodernisierungsgesetz – BilMoG). ⟨URL: `http://www.bmj.de/files/-/3152/RegE\%20BilMoG.pdf`⟩ – Zugriff am 11.09.2008

Bundesregierung: Entwurf eines Gesetzes zur Reform des Versicherungsvertragsrechts und Begründung. Bundestagsdrucksache, 2003, 16/3945 (zitiert: *Bundesregierung* Entwurf und Begründung zur Reform des Versicherungsvertragsrechts)

BVZL: Gegenüberstellung der Zweitmärkte für Lebensversicherungen. ⟨URL: `http://bvzl.de/cms/front_content.php?idcat=23`⟩ – Zugriff am 18.07.2008 (zitiert: *BVZL* Gegenüberstellung)

BVZL: Zweitmarkt für Lebensversicherungen – Interessen vertreten, Transparenz erhöhen, Anleger- und Verbraucherschutz stärken. ⟨URL: `http://bvzl.de/`

cms/upload/pdf/Publikationen/BVZLImagebroschure.pdf⟩ – Zugriff am 03.07.2008 (zitiert: *BVZL* Zweitmarkt für Lebensversicherungen)

Bühren, Hubert W. van: § 1 Versicherungsvertragsrecht - Allgemeiner Teil. In **Hubert W. van Bühren (Hrsg.):** Handbuch Versicherungsrecht. 3. Auflage. Bonn, 2007 (zitiert: *van Bühren* Versicherungsvertragsrecht)

Cezanne, Wolfgang/Mayer, Annette: Neue Institutionenökonomik – ein Überblick. Das Wirtschaftsstudium, 27. Jg., 1998, S. 1345–1351 (zitiert: *Cezanne/Mayer* Neue Institutionenökonomik)

CFO Forum: European Embedded Value Principles. ⟨URL: www.cfoforum.nl/eev.html⟩ – Zugriff am 06.09.2007 (zitiert: *CFO Forum* EEV Principles)

Coenenberg, Adolf: Jahresabschluss und Jahresabschlussanalyse: Betriebswirtschaftliche, handelsrechtliche, steuerrechtliche und internationale Grundlagen – HGB, IAS, US-GAAP. 20. Auflage. Landsberg/Lech, 2005 (zitiert: *Coenenberg* Jahresabschluss)

Colbe, Walther Busse von/Laßmann, Gert: Betriebswirtschaftstheorie: Band 3 Investitionstheorie. 3. Auflage. Berlin, Heidelberg, New York, Tokyo, 1990 (zitiert: *von Colbe/Laßmann* Investitionstheorie)

Conseil National de la Comptabilité: Insurance Contracts Discussion Paper. ⟨URL: www.iasb.org/Current+Projects/IASB+Projects/Insurance-Contracts/Discussion+Paper+Preliminary+Views+on+Insurance+Contracts/Comment+Letters.htm⟩ – Zugriff am 22.03.2008 (zitiert: *Conseil National de la Comptabilité* Comment Letter)

Crooch, G. Michael/Upton, Wayne S.: Credit Standing and Liability Measurement. Understanding the Issues, Vol. 4, Series 1, 2001, S. 1–6 (zitiert: *Crooch/Upton* Credit Standing)

DBV-Winterthur Holding AG: Geschäftsbericht 2005. ⟨URL: http://entry.dbv-winterthur.de/b2c/Inhalte/Presse/DBV_Winterthur_Test/300_

Finanzinformationen/20_Geschaeftsberichte/1_DWH/index.jsp⟩ – Zugriff am 03.02.2008 (zitiert: *DBV-Winterthur Holding AG* Geschäftsbericht 2005)

DBV-Winterthur Holding AG: Geschäftsbericht 2006. ⟨URL: http://entry.dbv-winterthur.de/b2c/Inhalte/Presse/DBV_Winterthur_Test/300_Finanzinformationen/20_Geschaeftsberichte/1_DWH/index.jsp⟩ – Zugriff am 03.02.2008 (zitiert: *DBV-Winterthur Holding AG* Geschäftsbericht 2006)

DBV-Winterthur Holding AG: Ad hoc-Meldung gemäß § 15 WpHG – DBV-Winterthur Holding AG: Verkauf der Winterthur Group an die AXA S.A. vollzogen, Vorstandswechsel bei der DBV-Winterthur Holding AG. 22.12.2006. ⟨URL: http://entry.dbv-winterthur.de/b2c/Inhalte/Presse/DBV_Winterthur_Test/300_Finanzinformationen/50_Pflicht-Veroeffentlichungen/Ad_hoc_Meldungen/Ad_hoc_Meldungen__22_12_2006.pdf⟩ – Zugriff am 18.09.2008 (zitiert: *DBV-Winterthur Holding AG* Ad hoc-Meldung 22. Dezember 2006)

Decker, Rolf O.A.: Eine Prinzipal-Agenten-theoretische Betrachtung von Eigner-Manager-Konflikten in der Kommanditgesellschaft auf Aktien und in der Aktiengesellschaft. Bergisch Gladbach, Köln, 1994 (zugl. Univ., Diss., Berlin, 1994) (zitiert: *Decker* Eigner-Manager-Konflikte)

Deloitte Touche Tohmatsu: Discussion Paper: Preliminary Views on Insurance Contracts. ⟨URL: www.iasb.org/Current+Projects/IASB+Projects/Insurance-Contracts/Discussion+Paper+Preliminary+Views+on+Insurance+Contracts/Comment+Letters.htm⟩ – Zugriff am 22.03.2008 (zitiert: *Deloitte Touche Tohmatsu* Comment Letter)

Demming, Claudia: Grundlagen der internationalen Rechnungslegung – die Regelungen des IASC. München, 1997 (zugl. Univ., Diss., Paderborn, 1996) (zitiert: *Demming* Grundlagen)

Deutsch, Erwin: Versicherungsvertragsrecht – Ein Grundriß. 5. Auflage. Karlsruhe, 2005 (zitiert: *Deutsch* Versicherungsvertragsrecht)

Deutsch, Erwin: Das neue Versicherungsvertragsrecht mit dem Text des VVG 2008: ein Grundriss. 6. Auflage. Karlsruhe, 2008 (zitiert: *Deutsch* Das neue Versicherungsvertragsrecht)

Deutsche Aktuarvereinigung e.V.: DAV comments on the IASB Discussion Paper „Preliminary Views on Insurance Contracts“ (DP). ⟨URL: www.iasb.org/Current+Projects/IASB+Projects/Insurance-Contracts/Discussion+Paper+Preliminary+Views+on+Insurance+Contracts/Comment+Letters.htm⟩ – Zugriff am 22.03.2008 (zitiert: *Deutsche Aktuarvereinigung e. V.* Comment Letter)

Deutsches Rechnungslegungs Standards Committee e.V.: IASB Discussion Paper ‘Preliminary Views on Insurance Contracts’. ⟨URL: www.iasb.org/Current+Projects/IASB+Projects/Insurance-Contracts/Discussion+Paper+Preliminary+Views+on+Insurance+Contracts/Comment+Letters.htm⟩ – Zugriff am 22.03.2008 (zitiert: *Deutsches Rechnungslegungs Standards Committee e. V.* Comment Letter)

Dutch Accounting Standards Board (DASB): Comment on Discussion Paper Preliminary Views on Insurance Contracts. ⟨URL: www.iasb.org/Current+Projects/IASB+Projects/Insurance-Contracts/Discussion+Paper+Preliminary+Views+on+Insurance+Contracts/Comment+Letters.htm⟩ – Zugriff am 22.03.2008 (zitiert: *Dutch Accounting Standards Board (DASB)* Comment Letter)

Ebbers, Gabi: ED 5 Insurance Contracts: Die Phase I des IFRS zur Bilanzierung von Versicherungsverträgen – auf dem Weg zum Fair Value? Zeitschrift für kapitalmarktorientierte Rechnungslegung (KoR), 3. Jg., 2003, S. 523–529 (zitiert: *Ebbers* ED 5 Insurance Contracts)

Ebbers, Gabi: IFRS 4: Insurance Contracts. Die Wirtschaftsprüfung, 57. Jg., 2004, S. 1377–1385 (zitiert: *Ebbers* Insurance Contracts)

Ellenbürger, Frank/Horbach, Lothar/Kölschbach, Joachim: Bewertung von versicherungstechnischen Rückstellungen nach Vorschlägen für einen International Financial Reporting Standard (IFRS). In **Gerd Geib (Hrsg.):** Rechnungslegung von Versicherungsunternehmen, Festschrift zum 70. Geburtstag von Dr. Horst Richter. Düsseldorf, 2001, S. 45–57 (zitiert: *Ellenbürger/Horbach/Kölschbach* Bewertung)

Elschen, Rainer: Agency-Theorie. Die Betriebswirtschaft, 48. Jg., 1988, S. 248–250 (zitiert: *Elschen* Agency-Theorie)

Elschen, Rainer: Gegenstand und Anwendungsmöglichkeiten der Agency-Theorie. Zeitschrift für betriebswirtschaftliche Forschung, 43. Jg., 1991, S. 1002–1012 (zitiert: *Elschen* Gegenstand)

Elschen, Rainer: Principal-Agent. In **Walther Busse von Colbe, Bernhard Pellens (Hrsg.):** Lexikon des Rechnungswesens – Handbuch der Bilanzierung und Prüfung, der Erlös-, Finanz-, Investitions- und Kostenrechnung. München u.a., 1998, S. 557–560 (zitiert: *Elschen* Principal-Agent)

Engeländer, Stefan: Leserbrief. Der Aktuar, 7. Jg., 2001, S. 22–24 (zitiert: *Engeländer* Leserbrief)

Engeländer, Stefan: Der Zeitwert einer Lebensversicherung. Neue Zeitschrift für Versicherung und Recht, 5. Jg., 2002, S. 436–446 (zitiert: *Engeländer* Zeitwert)

Engeländer, Stefan/Kölschbach, Joachim: Der Fair-Value-Standard ist schwer umzusetzen. Versicherungswirtschaft, 58. Jg., 2003, S. 1324–1328 (zitiert: *Engeländer/Kölschbach* Fair-Value-Standard)

Engeländer, Stefan/Kölschbach, Joachim: Der International Financial Reporting Standard 4 für Versicherungsverträge. Versicherungswirtschaft,

59. Jg., 2004, S. 574–579 (zitiert: *Engeländer/Kölschbach* IFRS 4 für Versicherungsverträge)

Engeländer, Stefan/Kölschbach, Joachim: Das Diskussionspapier des IASB zur Phase II des Versicherungsprojektes – Eine Analyse des vorgeschlagenen Bewertungsmodells –. KoR – Zeitschrift für internationale und kapitalmarktorientierte Rechnungslegung, 7. Jg., 2007, S. 386–397 (zitiert: *Engeländer/Kölschbach* Diskussionspapier des IASB – Analyse)

ERGO Versicherungsgruppe: Konzerngeschäftsbericht 2005. ⟨URL: `www.ergo.com/NR/rdonlyres/A68E47BD-5880-4BFB-B9AA-5340E737D13E/0/ERGO047D_.pdf`⟩ – Zugriff am 22.03.2008 (zitiert: *ERGO Versicherungsgruppe* Konzerngeschäftsbericht 2005)

ERGO Versicherungsgruppe: Konzerngeschäftsbericht 2007. ⟨URL: `www.ergo.com/NR/rdonlyres/E59CFA41-8D54-45EC-AA46-E28649A67DD9/0/Konzerngesch\%C3\%A4ftsberichtERGO2007.pdf`⟩ – Zugriff am 30.06.2008 (zitiert: *ERGO Versicherungsgruppe* Konzerngeschäftsbericht 2007)

Ernst & Young: Discussion Paper *Preliminary Views on Insurance Contracts.* ⟨URL: `www.iasb.org/Current+Projects/IASB+Projects/Insurance-Contracts/Discussion+Paper+Preliminary+Views+on+Insurance+Contracts/Comment+Letters.htm`⟩ – Zugriff am 22.03.2008 (zitiert: *Ernst & Young* Comment Letter)

Ernst & Young: IASB IFRS 4 and IAS 39 – Insurance and Investment Contracts. ohne Ort, 2004 (zitiert: *Ernst & Young* IFRS 4 and IAS 39)

Ernst & Young: International GAAP 2007 Generally Accepted Accounting Practice under International Financial Reporting Standards. London, 2006 (zitiert: *Ernst & Young* International GAAP)

Esser, Maik: Goodwillbilanzierung nach SFAS 141, 142: eine ökonomische Analyse. Frankfurt a.M. u.a., 2005 (zugl. Univ., Diss., Bochum, 2004) (zitiert: *Esser* Goodwillbilanzierung)

European Financial Reporting Advisory Group: IASB Discussion Paper *Preliminary Views on Insurance Contracts.* ⟨URL: `www.iasb.org/Current+Projects/IASB+Projects/Insurance-Contracts/Discussion+Paper+Preliminary+Views+on+Insurance+Contracts/Comment+Letters.htm`⟩ – Zugriff am 22.03.2008 (zitiert: *European Financial Reporting Advisory Group* Comment Letter)

Farny, Dieter: Theorie der Versicherung B. Fortentwicklung der Theorie der Versicherung. In **Dieter Farny, Elmar Helten, Peter Koch, Reimer Schmidt (Hrsg.):** Handwörterbuch der Versicherung, HdV. Karlsruhe, 1988, S. 867–871 (zitiert: *Farny* Theorie der Versicherung B.)

Farny, Dieter: Versicherungsbetriebslehre. 4. Auflage. Karlsruhe, 2006 (zitiert: *Farny* Versicherungsbetriebslehre)

FASB: Exposure Draft – Conceptual Framework for Financial Reporting: The Objective of Financial Reporting and Qualitative Characteristics and Constraints of Decision-Useful Financial Reporting Information. ⟨URL: `www.fasb.org/draft/ed_conceptual_framework_for_fin_reporting.pdf`⟩ – Zugriff am 14.07.2008 (zitiert: ED Framework)

Fiala, Johannes/Schramm, Peter A.: Was ist der Rückkaufswert einer Kapitallebensversicherung? – Zu den Urteilen des BGH vom 12.10.2005. Versicherungswirtschaft, 61. Jg., 2006, S. 116–119 (zitiert: *Fiala/Schramm* Rückkaufswert)

Fischer, Marc: Agency-Theorie. Das Wirtschaftswissenschaftliche Studium, 24. Jg., 1995, S. 320–322 (zitiert: *Fischer* Agency-Theorie)

Franken, Lars: Gläubigerschutz durch Rechnungslegung nach US-GAAP. Frankfurt a.M. u.a., 2000 (zugl. Univ., Diss., Bochum, 2000) (zitiert: *Franken* Gläubigerschutz)

Fritsch, Michael/Wein, Thomas/Ewers, Hans-Jürgen: Marktversagen und Wirtschaftspolitik. 6. Auflage. München, 2005 (zitiert: *Fritsch/Wein/Ewers* Marktversagen)

Fürstenwerth, Frank v./Weiß, Alfons: Versicherungs-Alphabet (VA) – Begriffserläuterungen der Versicherung aus Theorie und Praxis. 10. Auflage. Karlsruhe, 2001 (zitiert: *v. Fürstenwerth/Weiß* Versicherungs-Alphabet)

Geib, Gerd: Diskussionsstand eines International Financial Reporting Standards (IFRS) für Versicherungsgeschäfte. In **Gerd Geib (Hrsg.):** Rechnungslegung von Versicherungsunternehmen, Festschrift zum 70. Geburtstag von Dr. Horst Richter. Düsseldorf, 2001, S. 113–126 (zitiert: *Geib* Diskussionsstand)

Gerling Beteiligungs-GmbH: Geschäftsbericht 2005. ⟨URL: www.gerling.com/de/Images/PresseUndBerichte/GBG_GB_2005.pdf⟩ – Zugriff am 09.07.2008 (zitiert: *Gerling Beteiligungs-GmbH* Geschäftsbericht 2005)

Gesamtverband der Deutschen Versicherungswirtschaft e.V.: Statistisches Taschenbuch der Versicherungswirtschaft 2005. Karlsruhe, 2005 (zitiert: *Gesamtverband der Deutschen Versicherungswirtschaft e. V.* Taschenbuch 2005)

Gesamtverband der Deutschen Versicherungswirtschaft e.V.: Statistisches Taschenbuch der Versicherungswirtschaft 2006. Karlsruhe, 2006 (zitiert: *Gesamtverband der Deutschen Versicherungswirtschaft e. V.* Taschenbuch 2006)

Gesamtverband der Deutschen Versicherungswirtschaft e.V.: Statistisches Taschenbuch der Versicherungswirtschaft 2007. Karlsruhe, 2007 (zitiert: *Gesamtverband der Deutschen Versicherungswirtschaft e. V.* Taschenbuch 2007)

Gewald, Stefan/Stichlmair, Helmut: Haben Versicherungsverträge einen festen Marktwert? Versicherungswirtschaft, 57. Jg., 2002, S. 1241–1242 (zitiert: *Gewald/Stichlmair* Fester Marktwert)

Gothaer Konzern: Bericht über das Geschäftsjahr 2007. ⟨URL: www.gothaer.de/de/zg/konzern/ueber_uns/geschaeftsberichte/

Geschaeftsberichte_1.htm⟩ – Zugriff am 04.07.2008 (zitiert: *Gothaer Konzern* Bericht 2007)

Grant Thornton International: Discussion Paper – Preliminary Views on Insurance Contracts. ⟨URL: www.iasb.org/Current+Projects/IASB+Projects/Insurance-Contracts/Discussion+Paper+Preliminary+Views+on+Insurance+Contracts/Comment+Letters.htm⟩ – Zugriff am 22.03.2008 (zitiert: *Grant Thornton International* Comment Letter)

Graumann, Mathias: Internationale Rechnungslegungsgrundsätze. Das Wirtschaftsstudium, 27. Jg., 1998, S. 354–360 (zitiert: *Graumann* Internationale Rechnungslegungsgrundsätze)

Group of North American Insurance Enterprises: GNAIE Response to IASB Insurance Contracts DP. ⟨URL: www.iasb.org/Current+Projects/IASB+Projects/Insurance-Contracts/Discussion+Paper+Preliminary+Views+on+Insurance+Contracts/Comment+Letters.htm⟩ – Zugriff am 22.03.2008 (zitiert: *Group of North American Insurance Enterprises* Comment Letter)

Götze, Uwe: Investitionsrechnung – Modelle und Analyse zur Beurteilung von Investitionsvorhaben. 5. Auflage. Berlin, Heidelberg, New York, 2006 (zitiert: *Götze* Investitionsrechnung)

Hachmeister, Dirk: Performancemaße, erfolgsorientierte. In **Hans-Ulrich Küpper, Alfred Wagenhofer (Hrsg.):** Handwörterbuch Unternehmensrechnung und Controlling. 4. Auflage. Stuttgart, 2002, Sp. 1385–1395 (zitiert: *Hachmeister* Performancemaße)

Haller, Axel/Dietrich, Ralph: Abbildung von F&E im Rahmen des nicht-finanziellen SEC-Reporting – Ableitung von Informationsanforderungen zum Zwecke der Entscheidungsnützlichkeit. In **Péter Horváth, Klaus Möller (Hrsg.):** Intangibles in der Unternehmenssteuerung – Strategien und Instrumente zur Wertsteigerung des immateriellen Kapitals. München, 2004, S. 293–316 (zitiert: *Haller/Dietrich* Abbildung von F&E)

Hartle, Joachim: Möglichkeiten der Entobjektivierung der Bilanz – Eine ökonomische Analyse. Frankfurt a.M., Bern, New York, 1984 (zitiert: *Hartle* Entobjektivierung)

Hasenburg, Christof/Drinhausen, Andrea: IFRS 4 Versicherungsverträge. Der Konzern, 3. Jg., 2005, S. 642–650 (zitiert: *Hasenburg/Drinhausen* IFRS 4)

Hasselbach, Kai/Komp, Ralf: Die Bestandsübertragung als Maßnahme zur Restrukturierung von Versicherungsunternehmen. Versicherungsrecht, 56. Jg., 2005, S. 1651–1659 (zitiert: *Hasselbach/Komp* Bestandsübertragung)

Hassler, Melanie/Sauer, Roman/Schneider, Irmgard: Möglichkeiten der bilanziellen Analyse der Sicherheitslage von Versicherungsunternehmen – Vergleich zwischen HGB, IFRS und fair-value-Bilanzierung –. Die Wirtschaftsprüfung, 59. Jg., 2006, S. 1539–1548 (zitiert: *Hassler/Sauer/Schneider* Sicherheitslage)

Hauschildt, Jürgen: Gewinn. In **Walther Busse von Colbe, Bernhard Pellens (Hrsg.):** Lexikon des Rechnungswesens – Handbuch der Bilanzierung und Prüfung, der Erlös-, Finanz-, Investitions- und Kostenrechnung. München u.a., 1998, S. 288–290 (zitiert: *Hauschildt* Gewinn)

Hax, Karl: Grundlagen des Versicherungswesens. Wiesbaden, 1964 (zitiert: *Hax* Grundlagen)

Heckman, Philip E.: Credit Standing and the Fair Value of Liabilities: A Critique. North American Actuarial Journal, Vol. 8, No. 1, 2004, S. 70–85 (zitiert: *Heckman* Credit Standing)

Hee, Christian/Hofmann, Lutz: Wetterderivate – Grundlagen, Exposure, Anwendung und Bewertung. Wiesbaden, 2006 (zitiert: *Hee/Hofmann* Wetterderivate)

Helten, Elmar: Methoden und Grenzen der Prognose im Versicherungsunternehmen. Zeitschrift für die gesamte Versicherungswissenschaft, 70. Bd., 1981, S. 335–365 (zitiert: *Helten* Methoden und Grenzen)

Helten, Elmar: Die Erfassung und Messung des Risikos. In **Walter Große, Heinz Leo Müller-Lutz, Reimer Schmidt (Hrsg.):** Versicherungsenzyklopädie, Bd. 2, Versicherungsbetriebslehre. 4. Auflage. Wiesbaden, 1991, S. 127–198 (zitiert: *Helten* Erfassung und Messung)

Hesberg, Dieter: Internationalisierung der Jahresabschlüsse von Versicherungskonzernen – Anlaß für eine Neuausrichtung der Rechnungslegung deutscher Versicherungsunternehmen? –. In **Carl-Christian Freidank (Hrsg.):** Die deutsche Rechnungslegung und Wirtschaftsprüfung im Umbruch, Festschrift für Wilhelm Theodor Strobel zum 70. Geburtstag. München, 2001, S. 175–199 (zitiert: *Hesberg* Internationalisierung der Jahresabschlüsse)

Hipp, Jörg M.: IAS/IFRS für Versicherungsunternehmen – Änderung der jahresabschlusspolitischen Gestaltungsmöglichkeiten und weiter reichende Konsequenzen für die Unternehmenspolitik deutscher Lebensversicherungsaktiengesellschaften. Karlsruhe, 2007 (zugl. Univ., Diss., Leipzig, 2006) (zitiert: *Hipp* IAS/IFRS für Versicherungsunternehmen)

Hitz, Jörg-Markus: *Fair value* in der IFRS-Rechnungslegung – Konzeption, Inhalt und Zweckmäßigkeit –. Die Wirtschaftsprüfung, 58. Jg., 2005, S. 1013–1027 (zitiert: *Hitz* Fair Value)

Hitz, Jörg-Markus/Kuhner, Christoph: Erweiterung des US-amerikanischen *conceptual framework* um Grundsätze der Barwertermittlung – Inhalt und Bedeutung des Statement of Financial Accounting Concepts No. 7. Die Wirtschaftsprüfung, 53. Jg., 2000, S. 889–902 (zitiert: *Hitz/Kuhner* Grundsätze der Barwertermittlung)

Hommel, Michael: ED5: Der neue Standardentwurf für Versicherungsverträge – ein Placebo mit Nebenwirkungen. Betriebs-Berater, 58. Jg., 2003, S. 2114–2120 (zitiert: *Hommel* ED5)

Husmann, Rainer/Sauer, Roman: § 39 Bilanzierung von Versicherungsverträgen. In **Norbert Lüdenbach, Wolf-Dieter Hoffmann (Hrsg.):** Haufe

IFRS-Kommentar. 6. Auflage. Freiburg, München, Berlin, Würzburg, 2008, S. 2259–2285 (zitiert: *Husmann/Sauer* Versicherungsverträge)

IASB: Derecognition. ⟨URL: `www.iasb.org/Current+Projects/IASB+Projects/Derecognition/Derecognition.htm`⟩ – Zugriff am 20.08.2008 (zitiert: *IASB* Derecognition)

IASB: Discussion Paper „Fair value measurement". ⟨URL: `www.iasb.org/current+projects/IASB+projects/fair+value+measurement/discussion+paper+on+fair+value+measurement/discussion+paper+on+fair+value+measurement.htm`⟩ – Zugriff am 06.09.2007 (zitiert: *IASB* DP Fair value measurement)

IASB: Discussion Paper Management Commentary – A paper prepared for the IASB by staff of its partner standard-setters and others. ⟨URL: `www.iasb.org/Current+Projects/IASB+Projects/Management+Commentary/Management+Commentary.htm`⟩ – Zugriff am 13.08.2008 (zitiert: *IASB* DP Management Commentary)

IASB: Discussion Paper „Preliminary Views on Insurance Contracts". ⟨URL: `www.iasb.org/current+projects/IASB+projects/insurance+contracts/discussion+paper+preliminary+views+on+insurance+contracts/discussion+paper+preliminary+views+on+insurance+contracts.htm`⟩ – Zugriff am 28.06.2007 (zitiert: DP)

IASB: Draft Statement of Principles Insurance Contracts vom 16. November 2001. ⟨URL: `www.iasb.co.uk`⟩ – Zugriff am 06.08.2006 (zitiert: DSOP), Dokument nicht mehr abrufbar auf Internetseite des IASB

IASB: Exposure Draft of proposed Amendments to IAS 37 Provisions, Contingent Liabilities and Contingent Assets and IAS 19 Employee Benefits. ⟨URL: `www.iasb.org/NR/rdonlyres/1CFBC1A8-50F1-4BF3-9A33-579F849560C8/0/EDAmendstoIAS37.pdf`⟩ – Zugriff am 14.07.2008

IASB: IASB update January 2003. ⟨URL: `www.iasb.org/updates/IASB+updates/2003/2003+IASB+updates.htm`⟩ – Zugriff am 06.09.2007 (zitiert: *IASB* Update January 2003)

IASB: IASB Work Plan – Projected timetable as at 14 August 2008. ⟨URL: `www.iasb.org/Current+Projects/IASB+Projects/IASB+Work+Plan.htm`⟩ – Zugriff am 11.10.2008 (zitiert: *IASB* Work Plan 14. August 2008)

IASB: International Financial Reporting Standards (IFRSs) 2008 including International Accounting Standards (IASs) and Interpretations as approved at 1 January 2008. London, 2008 (zitiert: *IASB* IFRS 2008)

Institut der Wirtschaftsprüfer: Re.: Discussion Paper – Preliminary views on insurance contracts. ⟨URL: `www.iasb.org/Current+Projects/IASB+Projects/Insurance-Contracts/Discussion+Paper+Preliminary+Views+on+Insurance+Contracts/Comment+Letters.htm`⟩ – Zugriff am 22.03.2008 (zitiert: *Institut der Wirtschaftsprüfer* Comment Letter)

Jensen, Michael C./Meckling, William H.: Theory of the Firm: Managerial Behavior, Agency Costs and Ownership Structure. Journal of Financial Economics, 3. Jg., 1976, S. 305–360 (zitiert: *Jensen/Meckling* Theory of the Firm)

Johannsen, Katharina: § 8. In **Roland Michael Beckmann, Annemarie Matusche-Beckmann (Hrsg.):** Versicherungsrechts-Handbuch. München, 2004 (zitiert: *Johannsen* § 8)

Jost, Peter-J.: Die Prinzipal-Agenten-Theorie im Unternehmenskontext. In **Peter-J. Jost (Hrsg.):** Die Prinzipal-Agenten-Theorie in der Betriebswirtschaftslehre. Stuttgart, 2001, S. 11–43 (zitiert: *Jost* Prinzipal-Agenten-Theorie)

Jäger, Bernd: Zur bilanziellen Behandlung versicherungstechnischer Rückstellungen nach Handels- und Steuerrecht. Zeitschrift für die gesamte Versicherungswissenschaft, 88. Bd., 1999, S. 149–206 (zitiert: *Jäger* Versicherungstechnische Rückstellungen)

Jäger, Harald: Der Zeitwert eines Lebensversicherungsvertrags – ein ungelöstes Rätsel? Versicherungsrecht, 53. Jg., 2002, S. 133–144 (zitiert: *Jäger* Zeitwert)

Kirsch, Hanno: Exposure Draft des Conceptual Framework für Phase A – Zielsetzung der Finanzberichterstattung und qualitative Anforderungen an die Rechnungslegung. Deutsche Steuer-Zeitung, 96. Jg., 2008, S. 511–517 (zitiert: *Kirsch* Conceptual Framework)

Kleinlein, Axel: Steigen die Zinsen, sinkt der Rückkaufswert. Versicherungswirtschaft, 61. Jg., 2006, S. 887–890 (zitiert: *Kleinlein* Rückkaufswert)

Kley, Karl-Ludwig: Die Fair Value-Bilanzierung in der Rechnungslegung nach den International Accounting Standards. Der Betrieb, 54. Jg., 2001, S. 2257–2262 (zitiert: *Kley* Fair Value-Bilanzierung)

Koch, Jens: Die Patronatserklärung. Tübingen, 2005 (zugl. Univ., Habil.-Schr., Bochum, 2004) (zitiert: *Koch* Patronatserklärung)

Koch, Peter: Geschichte der Versicherung. In **Dieter Farny, Elmar Helten, Peter Koch, Reimer Schmidt (Hrsg.):** Handwörterbuch der Versicherung, HdV. Karlsruhe, 1988, S. 223–232 (zitiert: *Koch* Geschichte der Versicherung)

Koch, Peter: Schaden A. Juristische Grundlagen. In **Dieter Farny, Elmar Helten, Peter Koch, Reimer Schmidt (Hrsg.):** Handwörterbuch der Versicherung, HdV. Karlsruhe, 1988, S. 729–733 (zitiert: *Koch* Schaden)

Koch, Peter: Theorie der Versicherung A. Anfänge der theoretischen Beschäftigung mit der Versicherung. In **Dieter Farny, Elmar Helten, Peter Koch, Reimer Schmidt (Hrsg.):** Handwörterbuch der Versicherung, HdV. Karlsruhe, 1988, S. 861–865 (zitiert: *Koch* Theorie der Versicherung A.)

Koch, Peter: Versicherungszweige, System und übrige Sparten. In **Dieter Farny, Elmar Helten, Peter Koch, Reimer Schmidt (Hrsg.):** Handwörterbuch der Versicherung, HdV. Karlsruhe, 1988, S. 1251–1257 (zitiert: *Koch* Versicherungszweige)

Koch, Peter: Versicherungswirtschaft. 6. Auflage. Karlsruhe, 2005 (zitiert: *Koch* Versicherungswirtschaft)

Koch, Peter: Einführung. In Privatversicherungsrecht. 12. Auflage. München: Deutscher Taschenbuch Verlag, 2007, S. IX–XXIV (zitiert: *Koch* Einführung)

Kohl, Torsten/Schulte, Jörn: Ertragswertverfahren und DCF-Verfahren – Ein Überblick vor dem Hintergrund der Anforderungen des IDW S1 –. Die Wirtschaftsprüfung, 53. Jg., 2000, S. 1147–1164 (zitiert: *Kohl/Schulte* Ertragswertverfahren)

Kollhosser, Helmut: § 186. In **Erich R. Prölls, Anton Martin (Hrsg.):** Versicherungsvertragsgesetz. 27. Auflage. München, 2004 (zitiert: *Kollhosser* § 186)

Korn, Jochen Heinrich: Schwankungsreserven im handelsrechtlichen Jahresabschluß von Schaden- und Unfallversicherungsunternehmen – Zugleich ein Beitrag zur pauschalierten Bewertung rückstellungsbegründender Tatbestände. Karlsruhe, 1997 (zugl. Univ., Diss., Mannheim, 1996) (zitiert: *Korn* Schwankungsreserven)

Kosiol, Erich: Pagatorische Bilanz. Berlin, 1976 (zitiert: *Kosiol* Pagatorische Bilanz)

KPMG Deutsche Treuhand-Gesellschaft: IFRS aktuell – Neuerungen 2004: IFRS 1 bis 5, Improvements Project, Amendments IAS 32 und 39. Stuttgart, 2004 (zitiert: *KPMG Deutsche Treuhand-Gesellschaft* IFRS aktuell – Neuerungen 2004)

KPMG IFRG Limited: Discussion Paper on *Preliminary Views on Insurance Contracts*. ⟨URL: `www.iasb.org/Current+Projects/IASB+Projects/Insurance-Contracts/Discussion+Paper+Preliminary+Views+on+Insurance+Contracts/Comment+Letters.htm`⟩ – Zugriff am 22.03.2008 (zitiert: *KPMG IFRG Limited* Comment Letter)

Kreeb, Markus/Rohlfs, Torsten: Die Ermittlung von Risikozuschlägen bei der Zeitwertbewertung von Verpflichtungen aus Schadenversicherungsgeschäften. Zeitschrift für die gesamte Versicherungswissenschaft, 94. Bd., 2005, S. 347–381 (zitiert: *Kreeb/Rohlfs* Risikozuschläge)

Kremer, Erhard: Risikotheorie. In **Dieter Farny, Elmar Helten, Peter Koch, Reimer Schmidt (Hrsg.):** Handwörterbuch der Versicherung, HdV. Karlsruhe, 1988, S. 671–678 (zitiert: *Kremer* Risikotheorie)

Kölschbach, Joachim: Versicherungsbilanzen: Zeitwerte auf dem Vormarsch. Versicherungswirtschaft, 55. Jg., 2000, S. 432–436 (zitiert: *Kölschbach* Versicherungsbilanzen)

Kölschbach, Joachim: Die Bilanzierung von Kundenverhalten und Überschussbeteiligung bei Versicherungsverträgen nach IFRS. In **Hans-Georg Bruns, Robert H. Herz, Heinz-Joachim Neubürger, David Tweedie (Hrsg.):** Globale Finanzberichterstattung/ Global Financial Reporting – Entwicklung, Anwendung und Durchsetzung von IFRS/ Development, application and enforcement of IFRS – Festschrift für Liesel Knorr. Stuttgart, 2008, S. 241–253 (zitiert: *Kölschbach* Kundenverhalten)

Kölschbach, Joachim/Engeländer, Stefan: Versicherungsgeschäfte. In **Edgar Löw (Hrsg.):** Rechnungslegung für Banken nach IFRS. 2. Auflage. Wiesbaden, 2005, S. 735–758 (zitiert: *Kölschbach/Engeländer* Versicherungsgeschäfte)

Kölschbach, Joachim/Engeländer, Stefan: Ein Rahmenwerk mit Lösungen füllen – zum IASB-Diskussionspapier Versicherungsverträge. Versicherungswirtschaft, 62. Jg., 2007, S. 789 (zitiert: *Kölschbach/Engeländer* Rahmenwerk)

König, Elke: Ausgewählte Anwendungsprobleme des IFRS 4 „Versicherungsveträge“ aus Sicht eines Rückversicherungsunternehmens. In **Hans-Georg Bruns, Robert H. Herz, Heinz-Joachim Neubürger, David Tweedie (Hrsg.):** Globale Finanzberichterstattung/ Global Financial Reporting

– Entwicklung, Anwendung und Durchsetzung von IFRS/ Development, application and enforcement of IFRS – Festschrift für Liesel Knorr. Stuttgart, 2008, S. 345–369 (zitiert: *König* Anwendungsprobleme)

Kümmel, Jens: Grundsätze für die Fair Value-Ermittlung mit Barwertkalkülen – Eine Untersuchung auf der Grundlage des *Statement of Financial Accounting Concepts No. 7* –. Düsseldorf, 2002 (zugl. Univ., Diss., Münster (Westfalen), 2002) (zitiert: *Kümmel* Fair Value-Ermittlung mit Barwertkalkülen)

Küting, Karlheinz: Auf der Suche nach dem richtigen Gewinn – Die Gewinnkonzeptionen von HGB und IFRS im Vergleich. Der Betrieb, 59. Jg., 2006, S. 1441–1450 (zitiert: *Küting* Suche nach dem richtigen Gewinn)

Küting, Karlheinz/Dawo, Sascha: Anwendungsfälle der fair value-Bewertung bei nicht finanziellen Vermögenswerten im Rahmen der International Financial Reporting Standards (IFRS). Zeitschrift für kapitalmarktorientierte Rechnungslegung (KoR), 3. Jg., 2003, S. 228–241 (zitiert: *Küting/Dawo* Anwendungsfälle der fair value-Bewertung)

Lammers, Barbara: Trügerische Statistik. Focus-Money, Heft 42, 2001, S. 20–22 (zitiert: *Lammers* Trügerische Statistik)

Langerfeldt, Michael: Neue Institutionenökonomik. Das Wirtschaftsstudium, 32. Jg., 2003, S. 55–58 (zitiert: *Langerfeldt* Neue Institutionenökonomik)

Leippe, Britta: Die Bilanzierung von Leasinggeschäften nach deutschem Handelsrecht und US-GAAP. Darstellung und Zweckmäßigkeitsanalyse. Frankfurt a.M. u.a., 2002 (zugl. Univ., Diss., Bochum, 2001) (zitiert: *Leippe* Leasinggeschäfte)

Lenz, Petra: Versicherungsverträge bei adverser Selektion – Eine Untersuchung unter Berücksichtigung von Anbieter-Risikoaversion und Mehrperiodigkeit. Karlsruhe, 2006 (zugl. Univ., Diss., Hamburg, 2005) (zitiert: *Lenz* Versicherungsverträge bei adverser Selektion)

Lier, Monika: „Der Einzelabschluss nach IAS ist ein merkwürdiges Konstrukt". Versicherungswirtschaft, 58. Jg., 2003, S. 286–289 (zitiert: *Lier* Einzelabschluss)

Loitz, Rüdiger/Schulze, Jörn-Christian: Jahresabschlussprüfung bei Vorliegen von Patronats-/Rangrücktrittserklärungen. Der Betrieb, 57. Jg., 2004, S. 769–774 (zitiert: *Loitz/Schulze* Patronats-/Rangrücktrittserklärungen)

Lorenz, Egon: § 1. In **Roland Michael Beckmann, Annemarie Matusche-Beckmann (Hrsg.):** Versicherungsrechts-Handbuch. München, 2004 (zitiert: *Lorenz* § 1)

Löw, Edgar: Kapitalflussrechnung. In **Edgar Löw (Hrsg.):** Rechnungslegung für Banken nach IFRS. 2. Auflage. Wiesbaden, 2005, S. 221–305 (zitiert: *Löw* Kapitalflussrechnung)

Löw, Sabine: Gewinnrealisierung und Rückstellungsbilanzierung bei Versicherungsunternehmen nach HGB und IFRS. Wiesbaden, 2003 (zugl. Univ., Diss., Magdeburg, 2003) (zitiert: *Löw* Gewinnrealisierung)

Manulife Financial: IASB Discussion Paper – Preliminary Views on Insurance Contracts – Comments from Manulife Financial. ⟨URL: www.iasb.org/Current+Projects/IASB+Projects/Insurance-Contracts/Discussion+Paper+Preliminary+Views+on+Insurance+Contracts/Comment+Letters.htm⟩ – Zugriff am 22.03.2008 (zitiert: *Manulife Financial* Comment Letter)

Medicator AG: Jahresabschluss zum 31.12.2006. ⟨URL: www.unternehmensregister.de⟩ – Zugriff am 21.07.2008 (zitiert: *Medicator AG* Jahresabschluss 2006)

Mensch, Gerhard: Grundlagen der Agency-Theorie. Das Wirtschaftsstudium, 28. Jg., 1999, S. 686–688 (zitiert: *Mensch* Agency-Theorie)

Meyer, Lothar: Full Fair Value Accounting für Versicherungsunternehmen. In **Fred Wagner (Hrsg.):** Aktuelle Fragen in der Versicherungswirtschaft,

Heft 5. Karlsruhe, 2003, S. 119–137 (zitiert: *Meyer* Full Fair Value Accounting)

Michalski, Lutz: Die Patronatserklärung. Wertpapiermitteilungen Zeitschrift für Wirtschafts- und Bankrecht, 48. Jg., 1994, S. 1229–1240 (zitiert: *Michalski* Patronatserklärung)

Moxter, Adolf: Die Grundsätze ordnungsmäßiger Bilanzierung und Stand der Bilanztheorie. Zeitschrift für betriebswirtschaftliche Forschung, 18. Jg., 1966, S. 28–59 (zitiert: *Moxter* Grundsätze)

Moxter, Adolf: Betriebswirtschaftliche Gewinnermittlung. Tübingen, 1982 (zitiert: *Moxter* Gewinnermittlung)

Moxter, Adolf: Bilanzlehre Band II: Einführung in das neue Bilanzrecht. 3. Auflage. Wiesbaden, 1986 (zitiert: *Moxter* Bilanzlehre)

Müller-Lutz, Heinz Leo: Allgemeine Versicherungslehre. In **Walter Große, Heinz Leo Müller-Lutz, Reimer Schmidt (Hrsg.):** Versicherungsenzyklopädie: Allgemeine Versicherungslehre Band 1. 4. Auflage. Wiesbaden, 1991, S. 409–491 (zitiert: *Müller-Lutz* Versicherungslehre)

Münchener-Rück-Gruppe: Geschäftsbericht der Münchener-Rück-Gruppe 2005. ⟨URL: www.munichre.com/publications/302-04801_de.pdf⟩ – Zugriff am 22.03.2008 (zitiert: *Münchener-Rück-Gruppe* Geschäftsbericht 2005)

Münchener-Rück-Gruppe: Geschäftsbericht der Münchener-Rück-Gruppe 2007. ⟨URL: www.munichre.com/publications/302-04801_de.pdf⟩ – Zugriff am 30.06.2008 (zitiert: *Münchener-Rück-Gruppe* Geschäftsbericht 2007)

Münchener Rückversicherungs-Gesellschaft: Pressemitteilung – Münchener Rück veräußert Karlsruher Versicherungsgruppe an die Württembergische Leben. 10.10.2005. ⟨URL: www.munichre.com/de/press/press_releases/printversion.aspx?/press/press_releases/2005/2005_10_10_press_release.aspx⟩ – Zugriff am 18.09.2008 (zitiert: *Münchener Rückversicherungs-Gesellschaft* Pressemitteilung 10. Oktober 2005)

Neus, Werner: Unternehmungen in unvollkommenen Märkten. Das Wirtschaftsstudium, 28. Jg., 1999, S. 955–961 (zitiert: *Neus* Unvollkommene Märkte)

Nguyen, Tristan: Wie viel ist eine Patronatserklärung wirklich wert? Versicherungswirtschaft, 61. Jg., 2006, S. 357–360 (zitiert: *Nguyen* Patronatserklärung)

Niederleithinger, Ernst: Das neue VVG: Erläuterungen – Texte – Synopse. 1. Auflage. Baden-Baden, 2007 (zitiert: *Niederleithinger* Das neue VVG)

Ordelheide, Dieter/Leuz, Christian: Die Kapitalflussrechnung – Grundlagen, International Accounting Standard No. 7 und Informationsgehalt. Wirtschaftswissenschaftliches Studium, 27. Jg., 1998, S. 176–183 (zitiert: *Ordelheide/Leuz* Kapitalflussrechnung)

Pellens, Bernhard et al.: Internationale Rechnungslegung. 7. Auflage. Stuttgart, 2008 (zitiert: *Pellens* et al. Internationale Rechnungslegung)

Pellens, Bernhard/Fülbier, Uwe: Differenzierung der Rechnungslegungsregulierung nach Börsenzulassung. Zeitschrift für Unternehmens- und Gesellschaftsrecht, 28. Jg., 2000, S. 572–593 (zitiert: *Pellens/Fülbier* Rechnungslegungsregulierung)

Perlet, Helmut: Zeitwertbilanzierung bei Versicherungsunternehmen. In **Gerd Geib (Hrsg.):** Rechnungslegung von Versicherungsunternehmen, Festschrift zum 70. Geburtstag von Dr. Horst Richter. Düsseldorf, 2001, S. 287–305 (zitiert: *Perlet* Zeitwertbilanzierung)

Pfeiffer, Christoph: Einführung in die Rückversicherung: Das Standardwerk für Theorie und Praxis. 5. Auflage. Wiesbaden, 1999 (zitiert: *Pfeiffer* Rückversicherung)

Protektor Lebensversicherungs-AG: Geschäftsbericht 2003. ⟨URL: `www.protektor-ag.de/protektor/geschaeftsberichte/358.aspx`⟩ – Zugriff am 17.07.2008 (zitiert: *Protektor Lebensversicherungs-AG* Geschäftsbericht 2003)

Protektor Lebensversicherungs-AG: Geschäftsbericht 2005. ⟨URL: www.protektor-ag.de/protektor/geschaeftsberichte/358.aspx⟩ – Zugriff am 17.07.2008 (zitiert: *Protektor Lebensversicherungs-AG* Geschäftsbericht 2005)

Protektor Lebensversicherungs-AG: Geschäftsbericht 2006. ⟨URL: www.protektor-ag.de/protektor/geschaeftsberichte/358.aspx⟩ – Zugriff am 17.07.2008 (zitiert: *Protektor Lebensversicherungs-AG* Geschäftsbericht 2006)

Protektor Lebensversicherungs-AG: Geschäftsbericht 2007. ⟨URL: www.protektor-ag.de/protektor/geschaeftsberichte/358.aspx⟩ – Zugriff am 17.07.2008 (zitiert: *Protektor Lebensversicherungs-AG* Geschäftsbericht 2007)

Protektor Lebensversicherungs-AG: Satzung. ⟨URL: www.protektor-ag.de/protektor/dokumente/206.aspx⟩ – Zugriff am 17.07.2008 (zitiert: *Protektor Lebensversicherungs-AG* Satzung)

Präve, Peter: Rückkaufswert und Bestandsübertragung in der Lebensversicherung. In **Verein der Förderer des Instituts für Versicherungswesen an der Fachhochschule Köln e.V. (Hrsg.):** 9. Kölner Versicherungssymposium – Die Vorschläge der Reformkommission für ein neues Versicherungsvertragsrecht. Ein Jahrhundertwerk am Horizont? Karlsruhe, 2005, S. 83–93 (zitiert: *Präve* Rückkaufswert)

Prölls, Jürgen: § 1. In **Erich R. Prölls, Anton Martin (Hrsg.):** Versicherungsvertragsgesetz. 27. Auflage. München, 2004 (zitiert: *Prölls* § 1)

Richter, Andreas: Zu Funktion und Ausgestaltung von Haftungsregeln bei Risikoaversion – Eine ökonomische Analyse unter besonderer Berücksichtigung von Kumulrisiken und unvollkommenen Versicherungsmöglichkeiten. Karlsruhe, 1999 (zugl. Univ., Diss., Hamburg, 1998) (zitiert: *Richter* Haftungsregeln bei Risikoaversion)

Richter, Rudolf/Bindseil, Ulrich: Neue Institutionenökonomie. Wirtschaftswissenschaftliches Studium, 24. Jg., 1995, S. 132–140 (zitiert: *Richter/Bindseil* Neue Institutionenökonomie)

Richter, Rudolf/Furubotn, Eirik G.: Neue Institutionenökonomik. 3. Auflage. Tübingen, 2003 (zitiert: *Richter/Furubotn* Neue Institutionenökonomik)

Rockel, Werner: Fair Value-Bilanzierung versicherungstechnischer Verpflichtungen. Wiesbaden, 2004 (zugl. Univ., Diss., München, 2004) (zitiert: *Rockel* Fair Value-Bilanzierung)

Rockel, Werner et al.: Versicherungsbilanzen: Rechnungslegung nach HGB, US-GAAP und IFRS. Stuttgart, 2005 (zitiert: *Rockel* et al. Versicherungsbilanzen)

Rockel, Werner/Sauer, Roman: IFRS für Versicherungsverträge (I). Versicherungswirtschaft, 59. Jg., 2004, S. 215–219 (zitiert: *Rockel/Sauer* IFRS für Versicherungsverträge I)

Rockel, Werner/Sauer, Roman: IFRS für Versicherungsverträge (II). Versicherungswirtschaft, 59. Jg., 2004, S. 303–307 (zitiert: *Rockel/Sauer* IFRS für Versicherungsverträge II)

Rockel, Werner/Sauer, Roman: Bilanzierung von Versicherungsverträgen – IASB Discussion Paper „Preliminary Views on Insurance Contracts". Die Wirtschaftsprüfung, 60. Jg., 2007, S. 741–749 (zitiert: *Rockel/Sauer* Versicherungsverträge)

Ross, Stephen A.: The Economic Theory of Agency: The Principal's Problem. The American Economic Review, 63. Jg., 1973, S. 134–139 (zitiert: *Ross* Principal's Problem)

Sauer, Roman: Was ist hinreichender versicherungstechnischer Risikotransfer? Versicherungswirtschaft, 60. Jg., 2005, S. 1815–1820 (zitiert: *Sauer* Versicherungstechnischer Risikotransfer)

Sauer, Roman: Solvabilitätsorientierte Gestaltung der Bilanzierung von Versicherungsunternehmen. Karlsruhe, 2006 (zugl. Univ., Diss., München, 2006) (zitiert: *Sauer* Solvabilitätsorientierte Gestaltung)

Scheffler, Eberhard: Internationale Rechnungslegung und deutsches Bilanzrecht. Deutsches Steuerrecht, 37. Jg., 1999, S. 1285–1292 (zitiert: *Scheffler* Internationale Rechnungslegung)

Scheffler, Eberhard: Kapitalflussrechnung – Stiefkind in der deutschen Rechnungslegung. Betriebs-Berater, 57. Jg., 2002, S. 295–300 (zitiert: *Scheffler* Kapitalflussrechnung)

Schirm, Antje: Wetterderivate – Finanzmarktprodukte für das Management wetterbedingter Geschäftsrisiken. Finanzbetrieb, 2. Jg., 2000, S. 722–730 (zitiert: *Schirm* Wetterderivate)

Schmalenbach, Eugen: Grundlagen dynamischer Bilanzlehre. 2. Auflage. Leipzig, 1920 (zitiert: *Schmalenbach* Dynamische Bilanzlehre)

Schmalenbach, Eugen: Dynamische Bilanz. 4. Auflage. Leipzig, 1926 (zitiert: *Schmalenbach* Dynamische Bilanz)

Schmidt, Martin/Schwedler, Kristina: The value in use of fair value accounting: measuring income in an imperfect world. In **Hans-Georg Bruns, Robert H. Herz, Heinz-Joachim Neubürger, David Tweedie (Hrsg.):** Globale Finanzberichterstattung/ Global Financial Reporting – Entwicklung, Anwendung und Durchsetzung von IFRS/ Development, application and enforcement of IFRS – Festschrift für Liesel Knorr. Stuttgart, 2008, S. 195–215 (zitiert: *Schmidt/Schwedler* Value in use)

Schmidt, Reinhard H.: Grundformen der Finanzierung Eine Anwendung des neo-institutionalistischen Ansatzes der Finanzierungstheorie. Kredit und Kapital, 14. Jg., 1981, S. 186–221 (zitiert: *Schmidt* Grundformen der Finanzierung)

Schmidt, Reinhard H.: Ein neo-institutionalistischer Ansatz der Finanzierungstheorie. In **Edwin Rühli, Jean-Paul Thommen (Hrsg.):** Unternehmensführung aus finanz- und bankwirtschaftlicher Sicht. Stuttgart, 1981, S. 135–154 (zitiert: *Schmidt* Neo-institutionalistischer Ansatz)

Schmidt, Reinhard H./Terberger, Eva: Grundzüge der Investitions-und Finanzierungstheorie. 4. Auflage. Wiesbaden, 1997 (zitiert: *Schmidt/Terberger* Investitions- und Finanzierungstheorie)

Schneider, Dieter: Betriebswirtschaftslehre Band 2: Rechnungswesen. 2. Auflage. München, Wien, 1997 (zitiert: *Schneider* Rechnungswesen)

Scholand, Markus/Glas, Dietrich: Wetterderivate – Szenarien eines Emerging Market. Die Bank, 2002, S. 171–175 (zitiert: *Scholand/Glas* Wetterderivate)

Schulenburg, J.-Matthias Graf von der: Versicherungsökonomik. Wirtschaftswissenschaftliches Studium, 21. Jg., 1992, S. 399–406 (zitiert: *von der Schulenburg* Versicherungsökonomik I)

Schulenburg, J.-Matthias Graf von der: Versicherungsökonomik. Karlsruhe, 2005 (zitiert: *von der Schulenburg* Versicherungsökonomik II)

Serf, Christoph: Ertragswertverfahren – Eine Einführung. In **Ulrich Schacht, Matthias Fackler (Hrsg.):** Praxishandbuch Unternehmensbewertung – Grundlagen, Methoden, Fallbeispiele. 1. Auflage. Wiesbaden, 2005, S. 155–184 (zitiert: *Serf* Ertragswertverfahren)

Sicherungsfonds für die Lebensversicherer: Geschäftsbericht 2007. ⟨URL: `www.protektor-ag.de/sicherungsfonds/geschaeftsberichte/361.aspx`⟩ – Zugriff am 22.07.2008 (zitiert: *Sicherungsfonds für die Lebensversicherer* Geschäftsbericht 2007)

Siegel, Theodor: Zeitwertbilanzierung für das deutsche Bilanzrecht? Betriebswirtschaftliche Forschung und Praxis, 50. Jg., 1998, S. 593–603 (zitiert: *Siegel* Zeitwertbilanzierung)

Simon, Herman Veit: Die Bilanzen der Aktiengesellschaften und der Kommanditgesellschaften auf Aktien. 4. Auflage. Berlin, 1910 (zitiert: *Simon* Bilanzen)

Smith, Adam: An Inquiry into the Nature and Causes of the Wealth of Nations. London, Faksimile–Ausgabe der in 1776 erschienenen Erstausgabe, Nachdruck 1986

Spremann, Klaus: Asymmetrische Information. Zeitschrift für Betriebswirtschaft, 60. Jg., 1990, S. 561–586 (zitiert: *Spremann* Asymmetrische Information)

Starbatty, Nikolaus: Fair Value Accounting gemäß Statement of Financial Accounting Concept No. 7. Die Wirtschaftsprüfung, 54. Jg., 2001, S. 543–558 (zitiert: *Starbatty* Fair Value Accounting)

Statistisches Bundesamt: Statistisches Jahrbuch 2000 für die Bundesrepublik Deutschland. Wiesbaden, 2000 (zitiert: *Statistisches Bundesamt* Statistisches Jahrbuch 2000)

Statistisches Bundesamt: Statistisches Jahrbuch 2006 für die Bundesrepublik Deutschland. Wiesbaden, 2006 (zitiert: *Statistisches Bundesamt* Statistisches Jahrbuch 2006)

Statistisches Bundesamt: Statistisches Jahrbuch 2007 für die Bundesrepublik Deutschland. Wiesbaden, 2007 (zitiert: *Statistisches Bundesamt* Statistisches Jahrbuch 2007)

Steinmüller, Heinz: Volkswirtschaftliche Bedeutung der Versicherung. In **Dieter Farny, Elmar Helten, Peter Koch, Reimer Schmidt (Hrsg.):** Handwörterbuch der Versicherung, HdV. Karlsruhe, 1988, S. 49–53 (zitiert: *Steinmüller* Bedeutung der Versicherung)

Stiglitz, Joseph E.: Incentives and Risk Sharing in Sharecropping. Review of Economic Studies, 41. Jg., 1974, S. 219–255 (zitiert: *Stiglitz* Incentives)

Streim, Hannes: Rückstellungen für Großreparaturen. Begriffsexplikation und Zweckmäßigkeitsanalyse. Betriebs-Berater, 40. Jg., 1985, S. 1575–1583 (zitiert: *Streim* Rückstellungen für Großreparaturen)

Streim, Hannes: Grundzüge der handels- und steuerrechtlichen Bilanzierung. Stuttgart, 1988 (zitiert: *Streim* Grundzüge)

Streim, Hannes: Die Generalnorm des § 264 Abs. 2 HGB – eine kritische Analyse. In **Wolfgang Ballwieser, Hans-Joachim Böcking, Jochen Drukarczyk, Reinhard H. Schmidt (Hrsg.):** Bilanzrecht und Kapitalmarkt – Festschrift zum 65. Geburtstag von Adolf Moxter. Düsseldorf, 1994, S. 391–406 (zitiert: *Streim* Generalnorm)

Streim, Hannes: Zum Stellenwert des Lageberichtes im System der handelsrechtlichen Rechnungslegung. In **Rainer Elschen, Theodor Siegel, Franz W. Wagner (Hrsg.):** Unternehmenstheorie und Besteuerung – Festschrift zum 60. Geburtstag von Dieter Schneider. Wiesbaden, 1995, S. 703–721 (zitiert: *Streim* Stellenwert des Lageberichtes)

Streim, Hannes: Internationalisierung von Gewinnermittlungsregeln zum Zwecke der Informationsvermittlung. Zur Konzeptionslosigkeit der Fortentwicklung der Rechnungslegung. In **Heribert Meffert, Norbert Krawitz (Hrsg.):** Unternehmensrechnung und -besteuerung Grundfragen und Entwicklungen, Festschrift für Dietrich Börner zum 65. Geburtstag. Wiesbaden, 1998, S. 323–343 (zitiert: *Streim* Internationalisierung von Gewinnermittlungsregeln)

Streim, Hannes: Die Vermittlung entscheidungsnützlicher Informationen durch Bilanz und GuV – Ein nicht einlösbares Versprechen der internationalen Standardsetter. Zeitschrift für Betriebswirtschaftliche Forschung und Praxis, 52. Jg., 2000, S. 111–131 (zitiert: *Streim* Entscheidungsnützliche Informationen)

Streim, Hannes/Bieker, Marcus/Esser, Maik: Vermittlung entscheidungsnützlicher Informationen durch Fair Values – Sackgasse oder Licht am Horizont. Zeitschrift für betriebswirtschaftliche Forschung und Praxis, 55. Jg., 2003, S. 457–479 (zitiert: *Streim/Bieker/Esser* Fair Values)

Streim, Hannes/Bieker, Marcus/Esser, Maik: Der schleichende Abschied von der Ausschüttungsbilanz – Grundsätzliche Überlegungen zum Inhalt einer Informationsbilanz. In **Hans Dirrigl, Dietmar Wellisch, Ekkehard Wenger (Hrsg.):** Steuern, Rechnungslegung und Kapitalmarkt – Festschrift für Franz W. Wagner zum 60. Geburtstag. Wiesbaden, 2004, S. 229–244 (zitiert: *Streim/Bieker/Esser* Schleichender Abschied)

Streim, Hannes/Bieker, Marcus/Leippe, Britta: Anmerkungen zur theoretischen Fundierung der Rechnungslegung nach International Accounting Standards. In **Hartmut Schmidt, Eberhart Ketzel, Stefan Prigge (Hrsg.):** Moderne Konzepte für Finanzmärkte, Beschäftigung und Wirtschaftsverfassung. Tübingen, 2001, S. 177–206 (zitiert: *Streim/Bieker/Leippe* Theoretische Fundierung)

Streim, Hannes/Esser, Maik: Rechnungslegung nach IAS/IFRS – ein geeignetes Instrument zur Informationsvermittlung? Steuern und Bilanzen, 5. Jg., 2003, S. 836–840 (zitiert: *Streim/Esser* Informationsvermittlung)

Streim, Hannes/Esser, Maik: Rechnungslegung nach IAS/IFRS – ein geeignetes Instrument zur Zahlungsbemessung?: Ansatzfragen. Steuern und Bilanzen, 5. Jg., 2003, S. 736–742 (zitiert: *Streim/Esser* Zahlungsbemessung)

Surrey, Inge: Die Bilanzierung von Versicherungsgeschäften nach IFRS. Düsseldorf, 2006 (zugl. Univ., Diss., Münster, 2006) (zitiert: *Surrey* Versicherungsgeschäfte)

Terberger, Eva: Neo-institutionalistische Ansätze: Entstehung und Wandel – Anspruch und Wirklichkeit. Wiesbaden, 1994 (zugl. Univ., Habil.-Schr., Frankfurt a.M., 1993) (zitiert: *Terberger* Ansätze)

The European Insurance CFO Forum: Response to IASB Discussion Paper – Preliminary Views on Insurance Contracts. ⟨URL: `www.iasb.org/Current+`

`Projects/IASB+Projects/Insurance-Contracts/Discussion+Paper+Preliminary+Views+on+Insurance+Contracts/Comment+Letters.htm`⟩ – Zugriff am 22.03.2008 (zitiert: *The European Insurance CFO Forum* Comment Letter)

The Institute of Chartered Accountants of Scotland: IASB Discussion Paper: Preliminary Views on Insurance Contracts. ⟨URL: `www.iasb.org/Current+Projects/IASB+Projects/Insurance-Contracts/Discussion+Paper+Preliminary+Views+on+Insurance+Contracts/Comment+Letters.htm`⟩ – Zugriff am 22.03.2008 (zitiert: *The Institute of Chartered Accountants of Scotland* Comment Letter)

Thiele, Mouna: Neue Institutionenökonomik. Das Wirtschaftsstudium, 23. Jg., 1994, S. 993–997 (zitiert: *Thiele* Neue Institutionenökonomik)

Wagenhofer, Alfred: Internationale Rechnungslegungsstandards – IAS/IFRS Grundkonzepte/ Bilanzierung, Bewertung, Angabe/ Umstellung und Analyse. 4. Auflage. Frankfurt, Wien, 2003 (zitiert: *Wagenhofer* Internationale Rechnungslegungsstandards)

Wagner, Franz W.: Zur Informations- und Ausschüttungsbemessungsfunktion des Jahresabschlusses auf einem organisierten Kapitalmarkt. Zeitschrift für betriebswirtschaftliche Forschung, 34. Jg., 1982, S. 749–771 (zitiert: *Wagner* Informations- und Ausschüttungsbemessungsfunktion)

Wenger, Ekkehard/Terberger, Eva: Die Beziehung zwischen Agent und Prinzipal als Baustein einer ökonomischen Theorie der Organisation. Wirtschaftswissenschaftliches Studium, 17. Jg., 1988, S. 506–514 (zitiert: *Wenger/Terberger* Agent und Prinzipal)

Wittmann, Waldemar: Unternehmung und unvollkommene Information: Unternehmerische Voraussicht – Ungewißheit und Planung. Köln, Opladen, 1959 (zitiert: *Wittmann* Unvollkommene Information)

Wollmert, Peter/Achleitner, Ann-Kristin: Konzeptionelle Grundlagen der IAS-Rechnungslegung (Teil I und II). Die Wirtschaftsprüfung, 50. Jg., 1997,

S. 209–222 und S. 245–256 (zitiert: *Wollmert/Achleitner* Konzeptionelle Grundlagen)

Wysocki, Klaus v. (Hrsg.): Kapitalflußrechnung. Stuttgart, 1998 (zitiert: *v. Wysocki* Kapitalflussrechnung)

Zeuner, Fritz Reinhard: Einige Gedanken zum Zeitwert eines Lebensversicherungsvertrages. Der Aktuar, 6. Jg., 2000, S. 63–67 (zitiert: *Zeuner* Gedanken zum Zeitwert)

Zielke, Carsten: In der neuen Marktwertwelt richtig bewerten. Versicherungswirtschaft, 61. Jg., 2006, S. 879–887 (zitiert: *Zielke* Marktwertwelt)

Ziewer, Lukas/Zielke, Carsten: Mehr Konsistenz in der Bilanzierung. Versicherungswirtschaft, 60. Jg., 2005, S. 1644–1646 (zitiert: *Ziewer/Zielke* Konsistenz in der Bilanzierung)

Zimmermann, Jochen/Schweinberger, Stefan: Gestaltungsformen der Bilanzierung von Versicherungsverträgen: ein kritischer Vergleich von Deferral/Matching und Asset/Liability-Ansätzen. Zeitschrift für die gesamte Versicherungswissenschaft, 94. Bd., 2005, S. 57–78 (zitiert: *Zimmermann/Schweinberger* Gestaltungsformen)

Zimmermann, Jochen/Schweinberger, Stefan: Zukunftsperspektiven der internationalen Rechnungslegung: Hinweise aus dem Diskussionspapier des IASB zur Bilanzierung von Versicherungsverträgen. Der Betrieb, 60. Jg., 2007, S. 2157–2162 (zitiert: *Zimmermann/Schweinberger* Zukunftsperspektiven)

Zurich Financial Services: Medien-Mitteilung – Übernahme des Deutschen Herold, der Bonnfinanz und der DGV abgeschlossen. 11.04.2002. ⟨URL: `http://zdownload.zurich.co.uk/germany/zurich/pressemitteilungen/2002/uebernahme_deutscher_herold.pdf`⟩ – Zugriff am 18.09.2008 (zitiert: *Zurich Financial Services* Medien-Mitteilung 11. April 2002)

Zurich Gruppe Deutschland: Presseinformation – Zurich Gruppe erwirbt Baden-Badener Versicherung AG. 30.07.2008. ⟨URL: `www.zurich.de/NR/rdonlyres/68BCC752_DD7B-4E51-91B7-FD2EFCAC84B2/0/zurich_versicherung_pi_2008_07_30baden_badener_final.pdf`⟩ – Zugriff am 18.09.2008 (zitiert: *Zurich Gruppe Deutschland* Presseinformation 30. Juli 2008)

Zweifel, Peter/Eisen, Roland: Versicherungsökonomie. 2. Auflage. Berlin u.a., 2003 (zitiert: *Zweifel/Eisen* Versicherungsökonomie)

EINZELSCHRIFTEN

Martin M. Bieri
Revolutorische Wettbewerbsvorteile durch endogene Regelbrüche – Dargestellt am Beispiel des Non-Food-Aktionsgeschäftes
Lohmar – Köln 2009 • 84 S. • € 42,- (D) • ISBN 978-3-89936-783-6

Cornelia A. J. Haas
Goodwill-Bilanzierung nach IFRS und Implikationen für das Controlling
Lohmar – Köln 2009 • 456 S. • € 66,- (D) • ISBN 978-3-89936-785-0

Oliver Boldt
Unternehmensübergreifendes Qualitätsmanagement für korridorbezogene Kombinierte Güterverkehre Schiene/Straße – Konzeptionelle Entwicklung eines Gestaltungsansatzes und erste Ergebnisse zur praktischen Umsetzung
Lohmar – Köln 2009 • 440 S. • € 68,- (D) • ISBN 978-3-89936-786-7

Lara T. Mohr
Die Bedeutung subjektiv-rationaler und emotionaler Manager-Motive bei Mergers & Acquisitions – Untersucht am Beispiel der Übernahme von REEBOK durch ADIDAS
Lohmar – Köln 2009 • 352 S. • € 64,- (D) • ISBN 978-3-89936-790-4

Wolfgang Dorfner
Ethno-Marketing unter dem Aspekt der demografischen Entwicklung
Lohmar – Köln 2009 • 156 S. • € 47,- (D) • ISBN 978-3-89936-791-1

Jörn-Axel Meyer (Hrsg.)
Management-Instrumente in kleinen und mittleren Unternehmen – Jahrbuch der KMU-Forschung und -Praxis 2009
Lohmar – Köln 2009 • 484 S. • € 74,- (D) • ISBN 978-3-89936-793-5

Sylvia Heller
Die Bilanzierung von Versicherungsverträgen nach IFRS – Eine ökonomische Analyse
Lohmar – Köln 2009 • 304 S. • € 59,- (D) • ISBN 978-3-89936-795-9